本书研究获

国家自然科学青年基金“农村地区典型燃烧源关键含碳组分排放特征及影响因素研究”(No：41405114)

“十一五”863计划重大项目“重点城市群大气复合污染综合防治技术与集成示范”之课题“珠江三角洲大气复合污染防治技术集成和综合示范”(No：2006AA06A309)专题 6“区域生物质燃烧和农业面源的评估与调控技术”

资助

农村典型燃烧源含碳物质排放及其环境风险研究

Research on Primary Carbonaceous Gases and Aerosol Emissions from Rural Typical Combustion Sources and Its Environmental Risks

张宜升/著

科学出版社

北京

内 容 简 介

针对我国农村生物质及煤燃烧源含碳气体与气溶胶排放量估算存在高不确定性的现状，本书采用实验室模拟，实测了显著影响排放量估算的主要含碳物质排放因子，结合统计数据，构建了中国农村生物质和煤燃烧源主要含碳物质排放清单。在此基础上，采用外场调研方法获取了珠江三角洲地区农户2008～2015年野外焚烧秸秆及家庭燃用的活动水平，进一步构建了该地区高分辨率的含碳物质排放清单。本书详细介绍了实验室模拟生物质及煤炭燃烧烟气稀释采样系统及主要含碳物质的分析测试方法、外场调研的方法及排放清单的构建方法与各参数的选取依据，依据测算的排放清单评估了其贡献水平和不确定性。研究方法及构建的排放清单可为我国评估农村生物质及煤燃烧源污染物排放提供技术支持。

本书的读者对象主要包括科研院所从事环境科学和大气科学的研究人员，也可供从事大气环境科学及大气污染控制的环境管理部门科技人员、高等院校相关专业师生阅读参考。

图书在版编目(CIP)数据

农村典型燃烧源含碳物质排放及其环境风险研究／张宜升著．—北京：科学出版社，2017．8

（中国农村环境管理解困丛书／栾胜基主编）

ISBN 978-7-03-054160-4

Ⅰ．①农…　Ⅱ．①张…　Ⅲ．①农业污染源－空气污染－研究　Ⅳ．①X51

中国版本图书馆CIP数据核字（2017）第197331号

责任编辑：林　剑／责任校对：彭　涛

责任印制：张　伟／封面设计：无极书装

科学出版社出版

北京东黄城根北街16号

邮政编码：100717

http://www.sciencep.com

北京九州迅驰传媒文化有限公司 印刷

科学出版社发行　各地新华书店经销

*

2017年8月第　一　版　开本：720×1000　1/16

2018年4月第二次印刷　印张：14 1/2

字数：280 000

定价：88.00元

（如有印装质量问题，我社负责调换）

丛　书　序

过去几十年，在不断借鉴西方工业化农业生产模式改造传统农业的过程中，我国成功地解决了粮食供给问题，但当前农业转型期表现出的问题也不可忽视。农业供给侧由产量绝对不足的匮乏，逐步转变为品种、品质难以匹配需求升级的相对失衡；农业生态环境质量受损，土壤肥力减退及污染、化肥农药过度使用、畜禽养殖污染严重等问题日益普遍。现阶段，在工业点源污染控制和治理能力迅速提高的前提下，中国农村环境保护形势之严峻、利益之复杂、任务之艰巨更加凸显。同时，我国县级以下农村基层环境管理职权缺失、构建困难，环保基础设施建设严重滞后，农村环境管理业已成为我国环境管理体系中的短板。农村环境状态的优劣不仅关系到能否为国家经济发展提供良好的物质基础和生态服务，也关系到能否为几亿农民的生活质量和身体健康提供基本的保障条件。

中国农村环境问题的根源在哪里？

政治家可溯源于城乡之间二元管理体制的制度原因，社会学家可归因于农村社区公众参与乏力，经济学家认为是公共物品管理的“搭便车”现象，环境学家则更倾向化肥农药过量使用……每一种解释都有其合理性，都能说明某一方面问题的严重程度。我们虽然是环境学的研究者，但不能仅仅停留在从污染物的治理角度认识农村环境问题，而应该有全局的视角和意识，将各环境要素整合到农村社会的大背景中进行思考。

我国正处在传统农业向现代农业的转化过程中，传统农村社会形态与非传统农村社会形态并存且广泛交织，传统农村社会正在以各种方式接受现代化的元素。然而，现代科技、工业化和城市化的高速发展，并没有给中国的农村带来福音，相反，“三农”问题日趋严重。尽管现代生产要素已经广泛应用到我国农村生产和生活的各个领域，但并没有实现我国农村的普遍富裕和资源的有效利用。当农户传统的生产方式和生活方式与现代生产和生活要素尚未彼此适应，随之而来的便是各种形式的现代环境问题。因此，农村环境问题的根源在于传统农村生产和生存方式与现代生产和生活方式的冲突，而在这个冲突当中的矛盾主体则是农户。

中国农村环境解困的出路在何方？

传统的农村社会必须要接受和容纳现代化的元素，现代化的农村社会难以放弃农村固有的传统，因为这些传统积累了千百年来农村与自然和谐共生的智慧。

要实现现代文明成果与传统生存智慧的完美结合，关键在于如何在传统和现代的碰撞中找到平衡点，或者说融合点。这也是农户环境行为演变的最终目标。正如舒尔茨关于理性小农的论断，改变传统农业的本质，重点在于提供给小农可以合理运用的"现代生产要素"。保护农村环境，需要对农户经济行为进行正确引导，使得他们可以在传统农业向现代农业的转化过程中，真正做到合理运用"现代生产要素"，努力避免农户经济行为对环境的负面影响。同时，也要认识到，传统农户基本特征的逐渐消失同样激化了传统与现代的冲突，农村生产系统中传统的物质循环和污染消纳途径逐步地在现代要素应用中被挤出，这加深了我国农村环境问题的严重性。因此，尊重和引导农户的理性选择是化解传统农村生产和生存方式与现代生产和生活方式冲突的重要途径。

农户作为基本经济组织形式，其生产行为既是经济过程，又是生态过程。相对于城市的居民和企业而言，农户对环境的理解不仅仅是污染物存在的形式，更重要的是其污染和破坏的过程是在剥夺他们自己的生产要素，蚕食他们自己的生活空间。从这种意义上理解，农户具备关心环境的原动力，因为环境就是农户生产与生活的来源与归宿，农户的行为实际上是一种寻求经济和生态共生的过程。但遗憾的是，这种过程在现行制度的缺位和短期经济利益的影响下开始被扭曲，离开既有的轨道，而且渐行渐远。

农户在我国农村"社会-经济-环境"系统中占有的核心地位不言而喻，在这个具有非线性、开放式、动态演化特点的复杂农村环境系统中，研究农户的行为与环境的关系是一件困难且极具挑战的工作。本丛书以农户环境行为为视角，厘清农村环境问题产生的原因，从而提出农村环境管理的途径。丛书中所提出的研究方法既不同于农业生产环境的研究，也不同于村落环境的研究，而是以农户为研究切入点，将农户作为农村环境的主体，研究农户行为与环境的关系，借鉴现行的城市环境管理模式，探寻改进我国农村环境管理政策与实践的突破口。

北京大学农村环境课题组在20世纪末开始致力于农村环境污染及防治的研究，先后得到国家自然科学基金委员会、环境保护部、科学技术部和联合国环境署的多方支持。有数十位研究生在不同时期分赴各地农村地区开展了各类的实地调研和环境监测，完成各类论文和科研报告多份，取得了一系列的研究进展和应用成果，现以丛书形式公开出版，以飨读者。

若本丛书多个方面的讨论，能提供给读者更多迸发思想火花的机会，那么其刊行会更有意义。

栾胜基

2011年12月2日于南国燕园塘琅山下

序

长期以来，生物质及煤炭一直是我国农村地区的主要能源。1980 年以前，以薪柴和秸秆等传统生物质燃料为主的生活用能占整个农村能源消费量的 70% 以上。目前，低效、高污染的生物质和煤炭等炊事及取暖能源的使用仍占据主导地位。世界卫生组织 2014 年的一份报告 *WHO indoor air quality guidelines: Household fuel combustion* 中指出，全球有近 30 亿人（主要在欠发达国家和地区）仍在使用包括木材、秸秆、煤炭、动物粪便和木炭等固体燃料进行烹饪和室内取暖，估计仅在 2012 年就导致了 430 万人的过早死亡，尤其是儿童和家庭妇女等敏感人群。同时，随着农村居民收入的提高以及对更舒适和健康生活的追求，高效优质且洁净的炊事能源需求将不断增加，作为传统能源的秸秆和薪柴使用量预计将大幅下降，预计在国家控制散煤燃用的背景下农村煤炭使用量总体亦将呈减少趋势。由于秸秆等作为传统炊事能源需求的减弱，其被田间直接焚烧的现象迅速增加，已成为影响局地大气环境质量的重要因素之一。在主要城市群大气污染物的来源解析中，其对 $PM_{2.5}$、VOCs 等均有较为显著的贡献，特别是夏收和秋收期间，田间秸秆焚烧极易引发重污染天气。为保证空气质量，我国在上海世博会、广州亚运会、G20 杭州峰会等重大活动举办期间均对秸秆露天焚烧进行了严格的监控。

评估农村生物质及煤炭燃烧排放对大气环境质量及室内空气质量影响的主要方法之一是获取其主要污染物排放特征并建立准确的排放清单。近年来，我国在工业、交通运输业等排放清单的编制上取得了长足的进展，排放源分类更加细致、活动水平数据更加可靠、排放因子选取更为可信，污染物种类覆盖面显著增加。在京津冀、长三角及珠三角等重点区域，已初步建设了动态高时空分辨率排放清单，为区域空气质量模型如 CMAQ 等提供了有效支撑，取得了显著的社会经济效益。然而，与欧美国家相比，我国在排放清单编制过程中使用的排放因子和活动水平两类基础数据上仍存在较严重缺失，排放因子可靠性有待提高，导致清单不确定性较高，特别是针对农村燃烧源排放及活动水平的基础研究薄弱，极大影响基于排放清单的大气环境质量预测及预报模型输出结果的准确性。在国家实施新环境空气质量标准且污染物浓度限值不断收紧的背景下，未来大气环境质量的管理将更为依赖可信的排放清单，因此亟须加强对农村典型燃烧源排放的研究。

“十一五”期间，针对我国城市群区域大气复合污染控制的重大技术需求，国家高技术研究与发展计划（863）设立了“重点城市群大气复合污染综合防治技术与集成示范”重大项目，以珠江三角洲和京津及周边省市为示范区，针对区域复合大气污染控制中的关键技术问题，开展了科学研究。该书主要内容即为该项目课题“珠江三角洲大气复合污染防治技术集成和综合示范”支持下的研究成果，为开展农村地区污染源研究提供了一个有益的视角，可为解决我国目前面临的区域大气复合污染问题提供一定的参考。

邵　敏

2017 年 3 月 5 日于燕园

目　录

第1章 导 论

目前，中国农村有近80%的家庭使用生物质能和矿物燃料作为主要生活燃料，其中生物质能约占60%，矿物燃料约占20%（国家统计局，2007）。受农村传统生活习惯的影响和经济条件的制约，预计在未来相当长的时期内中国农村使用这两类燃料的低效燃烧状况不会有很大改善。生物质和矿物燃料的大量消耗及粗放的获取、使用方式，带来了严重的资源和环境问题。燃料的不完全燃烧，尤其是在通风不良的情况下，不完全燃烧会释放出对人体健康有害的数百种污染物，造成室内外空气的严重污染。

生物质的野外焚烧是另外一种遍布于全球范围内的常见燃烧形式，它对生态环境和人类社会都有着重要影响，但其对大气环境影响的重要性在近些年才逐渐被认识到。Crutzen 等（1979）及 Seiler 和 Crutzen（1980）开创性的研究表明，生物质露天焚烧排放已成为全球大气污染的重要来源之一，并影响全球及区域气候变化、大气化学组成和空气质量。本书中，将家庭生物质能利用部分和野外焚烧部分统一划分为生物质燃烧行为，并单独对农村家庭生活燃煤展开讨论。

1.1 农村典型燃烧源大气污染物排放

生物质燃烧分为人为燃烧和自然燃烧，其中，人为燃烧分为开放式燃烧和非开放式燃烧，主要包括秸秆野外烧荒、生物质燃料使用、森林大火、草原大火等（Yevich and Logan, 2003；Liousse et al., 2004），如图1.1所示。生物质的燃烧过程是生物质中的木质素、纤维素和半纤维素等易燃物质燃烧释放出挥发性污染物的过程，其中部分转化为含碳颗粒物。主要的含碳物质有CO_2、CO、甲烷（CH_4）、非甲烷碳烃（NMHCs）、含氧挥发性有机物（OVOCs）、细颗粒物（$PM_{2.5}$）、$PM_{2.5}$的元素碳（EC）和有机碳（OC）、黑炭（BC）、水溶性有机碳（WSOC）、多环芳烃（polycyclic aromatic hydrocarbons，PAHs）等。生物质燃烧排放是大气环境中颗粒物、挥发性有机物（VOCs）、氮氧化物（NO_x）等的重要来源（Andreae, et al., 2005；Lobert and Warnatz, 1993），如表1.1和表1.2所示。

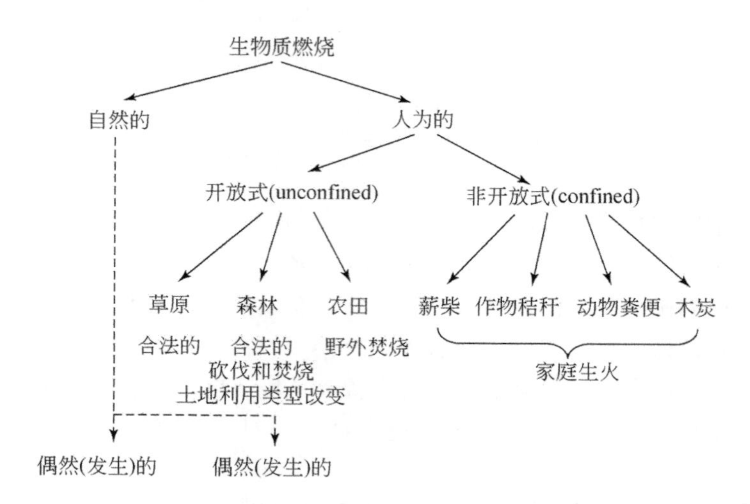

图 1.1 生物质燃烧分类

资料来源：Liousse et al.，2004

表 1.1 生物质不同燃烧阶段的主要产物

燃烧阶段	明火燃烧	焖火燃烧
主要产物	CO_2	CO、CH_4、NMHCs、PAHs
	NO、NO_2、N_2O、N_2	NH_3、HCN、CH_3CN、胺、杂环、氨基酸
	SO_2	含硫化合物（H_2S、COS、DMS、DMDS）
	颗粒物（BC 含量高）	颗粒物（OC 含量高）

资料来源：Lobert and Warnatz，1993

表 1.2 燃烧产生的主要含碳污染物及其来源和影响

污染物	来源	对环境和健康的影响
烟雾	未燃烧的碳颗粒及盐分	影响能见度、气候和健康
CO_2	燃烧的主要产物	辐射强迫，温室效应
CO	未完全燃烧的产物	影响对流层臭氧含量
CH_4	未完全燃烧的产物	低空 O_3，辐射强迫，温室效应
VOCs	未完全燃烧的产物	低空 O_3，形成二次反应污染
PAHs	C、H 氧化	对人体、生物产生毒害

1.2 燃烧排放污染物的影响

1.2.1 对气候变化的影响

燃烧产生的含碳物质在全球辐射平衡中起着重要作用。生物质燃烧及燃煤排放的颗粒物中的有机碳（OC）能散射太阳辐射，起着降低大气温度的作用，而其中的元素碳 EC［可近似认为 BC，参见 Li 等（2009）的文献］则主要是吸收太阳辐射，起着加热大气的作用（Bond et al.，2013），如图 1.2 所示。

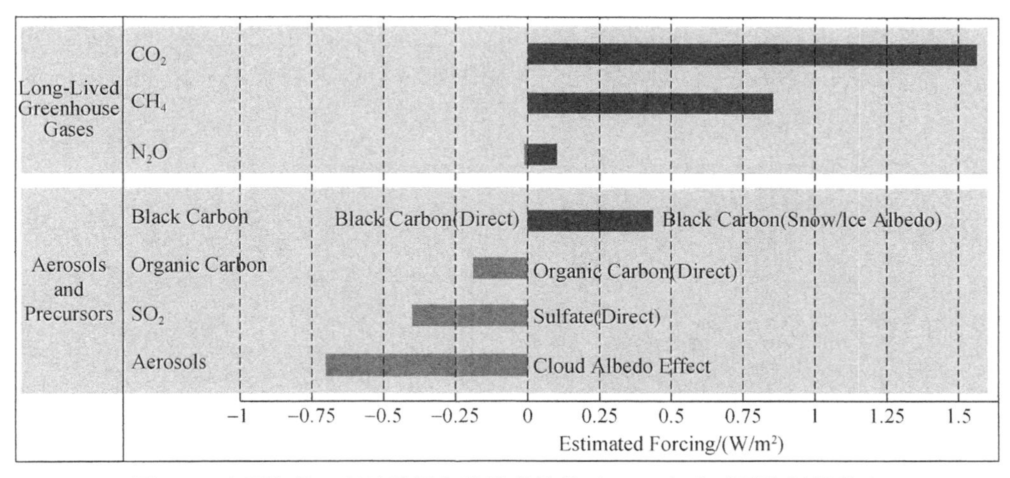

图 1.2 主要气体、气溶胶及气溶胶前体物对 2005 年全球平均辐射强迫

资料来源：USEPA，2012

由于 BC 对大尺度区域的气候变化有显著贡献，因此生物质燃烧排放对气候变化的影响得到了高度重视（Bond et al.，2004；Andreae et al，2005；Akagi et al.，2010）。近年来，考察 BC 来源、量化及其对气候变化的影响日益成为研究热点（Ramanathan and Carmichael，2008；USEPA，2012；Bond et al.，2011，2013）。Jacobson（2001）认为，黑炭气溶胶对全球气候变暖的贡献比甲烷（CH_4）大，仅次于 CO_2 的正辐射贡献。Bond 等（2013）的研究结果表明，BC 对气候变化的贡献是以前报道值的两倍［含政府间气候变化专门委员会（Intergovernmental Panel on Climate Change，IPCC）2007 年报道值］，在全球变暖效应中仅次于 CO_2，减少薪柴和煤炭燃烧的排放能迅速减缓全球变暖的趋势。

1995～1999 年，大型国际合作科研项目——印度洋实验（INDOEX）发现每年的 12 月至次年 4 月，在亚洲南部上空会出现约 3km 厚、面积约 900 万 km^2 的棕色污染尘霾，命名为“亚洲棕色云”（Asian brown clouds，ABC）或亚洲霾（Haze）（Ramanathan et al.，2008）。大气棕色云主要是由大气中含碳气溶胶颗粒物组成的复杂体系，生物质燃烧和燃煤排放的黑炭是其主要贡献源（Venkataraman et al.，2006；Gustafsson et al.，2009；Engling and Gelencsér，2010）。

我国也存在4个明显的大气棕色云区（大范围的区域性霾），即京津冀及环渤海地区（简称京津渤）、长江三角洲（简称长三角）、珠江三角洲（简称珠三角）和四川盆地（图1.3）。研究表明，位于这几个棕色云区的城市在过去30年间能见度水平显著下降，灰霾发生频率显著增加（Chang et al.，2009；Zhang et al.，2012）。联合国环境规划署（United Nations Environment Programme，UNEP）在最近发布的《大气棕色云：亚洲区域评估报告》中指出，中国东部是霾的重点覆盖区域，北京、上海和深圳位列亚洲13个霾热点城市之中（Ramanathan et al.，2008）。有研究认为，露天生物质焚烧排放是导致这种现象发生的重要因素之一（Ramanathan et al.，2008；Zhang et al.，2012）。

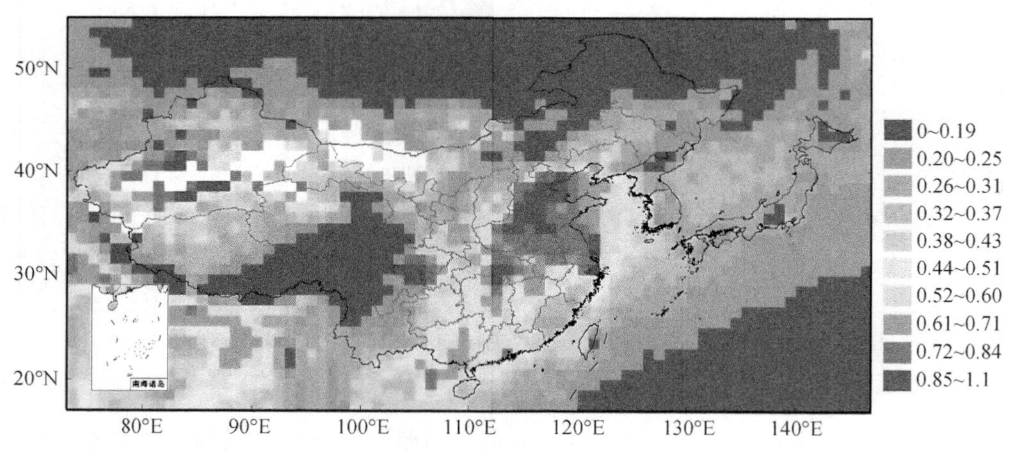

图1.3　中国2010年大气气溶胶厚度（MODIS AOD 550nm）

注：基于NOAA MODIS数据绘制

1.2.2　对区域大气环境质量的影响

Andreae等估算了20世纪90年代生物质燃烧过程中不同大气污染物排放占人为源总排放的比例情况，结果表明，生物质燃烧排放已成为大气污染的重要来源之一，CO_2、CO、CH_4、NMHCs、TPM和BC排放分别占人为源排放的40.1%、42.5%、15.6%、42%、23.1%和45%（Andreae，1991；Andreae and Merlet，2001）。2000年，开放式生物质燃烧排放的BC和OC约分别占全球总排放量的36.1%和66.8%（Lamarque et al., 2010）。

自20世纪90年代起，国外开展了一系列大规模的外场观测活动，以考察生物质燃烧排放对区域空气质量的影响。其中，在非洲、巴西、西伯利亚、南亚、北美洲（墨西哥）等地相继开展了SAFARI 92（Lindesay et al., 1996）、SCAR-B（Kaufman et al., 1998）、TRACE-A和TRACE-P（Woo et al., 2003）、MILAGRO（Aiken et al., 2010）等有影响的研究项目。鉴于生物质燃烧排放对区域空气质量的显著影响，2013年，由全球大气化学会议（International Global Atmospheric Chemistry, IGAC）、陆地生态系统与大气过程综合研究（Integrated Land Ecosystem-Atmosphere Processes Study, ILEAPS）和世界气象组织（World Meteorological Organization, WMO）发起了对生物质燃烧的进一步研究计划——跨学科生物质燃烧倡议（interdisciplinary biomass burning initiative, IBBI）（Kaiser et al., 2013）。

虽然，生物质燃料在中国城市居民家庭中已不再使用，煤炭也逐渐退出城市居民日常炊事使用，但这两者仍是经济落后的农村地区的主要生活能源。落后的能源利用模式排放出大量的含碳污染物，直接影响中国含碳污染物的排放清单，如多环芳烃（PAHs）、黑炭（BC）等（张彦旭，2010；Wang et al., 2012）。近期研究表明，生物质燃烧排放的颗粒物PM占中国PM总排放的10%～50%（Feng et al., 2012），排放的BC（267.7～443.5 kt）占全国总量（1963.8kt）的13.6%～22.6%（陆炳等，2012；田贺忠等，2011；Wang et al., 2012）。

伴随着政府部门对工业、交通运输业等的严格控制，加之工艺技术的不断进步，传统的大气污染物排放行业的排污量在不断削减，而生物质燃烧排放污染物成为区域复合污染的重要来源，引起了研究者的广泛重视。以中国四大快速发展区域（京津冀、长三角、珠三角和四川盆地）为例，系列研究表明，位于该区域的城市大气质量受到生物质燃烧排放的影响显著，由秸秆焚烧引起的灰霾天气和大气污染事件占有重要比例，且具有季节高发性（Duan et al., 2004；Wang et al., 2007；苏继峰，2011）。生物质燃烧和燃煤导致农村农户室内外严重的大气污染。在取暖季，中国农村大气中部分含碳污染物种（如PAHs等）的浓度甚至高于同纬度城市地区（刘刚和沈镭，2007；Wang et al., 2008a）。

1.2.2.1 对珠江三角洲地区大气环境质量的影响

生物质燃烧排放的含碳污染物对珠江三角洲大气质量有着显著影响。Zheng等（2011）对珠三角四城市的研究表明，生物质燃烧排放占整个珠三角一次细粒子有机碳源的14%～22%。2002年10月～2003年6月，生物质燃烧对城市大气细粒子中有机碳的贡献分别为26.6%（从化）、20.6%（广州）、18.0%（中山）

和14.1%（深圳）。Guoet 等（2006）利用2001～2002年获得的采样信息进行受体模型源解析，研究结果显示，珠三角地区生物质燃烧对非甲烷烃（NMHCs）总排放量的贡献为25%左右。Song 等（2008）运用正矩阵分解方法（probabilistic matrix factorization，PMF）对广州市2004年12月～2005年11月的悬浮颗粒物来源进行了解析，研究结果表明，生物质燃烧的贡献比例约占15%。Bi 等（2011）利用单颗粒气溶胶质谱仪（single particle aerosol mass spectrometer，SPAMS）获取了珠三角城区（广州）2010年4月30日～5月22日近70万个大气亚微米颗粒，其中，约20.3%被鉴定为生物质燃烧颗粒。在生物质燃烧颗粒中，硝酸盐的比例比非生物质燃烧颗粒高10%，可能是由于生物质燃烧颗粒富含K和Na，这些物质对于颗粒相硝酸的形成有促进作用（Bi et al.，2011）。

左旋葡聚糖（Levoglucosan）被认为是生物质燃烧的有效示踪物种（Simoneit et al.，2004；Wang et al.，2007）。马社霞等（2007）测定了广州市荔湾区气溶胶中水溶性有机物的含量，研究结果表明，秋季左旋葡聚糖含量高达234.9ng/m^3，约为其他季节的1.5倍，说明该地区秋季受到严重的生物质燃烧排放影响，原因可能是枯枝落叶及农作物秸秆的焚烧。Wang 等（2007）以环境大气颗粒物中左旋葡聚糖为示踪物种，解析了2004年广州市大气细颗粒物来源。研究结果表明，广州市郊和市区的空气污染事件中由生物质燃烧排放造成的比例分别达到100%和58%，生物质燃烧排放的$PM_{2.5}$分别占市郊和市区大气$PM_{2.5}$质量的3.0%～16.8%（新科）和4.0%～19.0%（广州市区）。另外，也有研究指出乙腈也是生物质燃烧排放对大气环境贡献的有效指示物种（Yuan et al.，2010）。

1.2.2.2 对长江三角洲地区大气环境质量的影响

通过受体模型等方法解析的生物质燃烧对大气质量的影响见表1.3。王格慧等以大气细颗粒物$PM_{2.5}$中的有机示踪物为指标，得到生物质燃烧排放的$PM_{2.5}$对南京市区日间$PM_{2.5}$的贡献为9%～14%，而夜间的贡献为13%～19%（Wang and Kawamura，2005；Wang et al.，2009）；在粮食作物抢收抢种期间，由于大量的秸秆被就地焚烧，生物质燃烧排放的$PM_{2.5}$对大气$PM_{2.5}$总量的贡献可高达33%～85%（Wang et al.，2009a）。浙江如东农村的监测结果也表明，生物质燃烧排放对夜间城市大气质量的影响高于日间（Pan et al.，2012）。浙江临安农村的研究结果显示，生物质燃烧对CO和VOCs的贡献分别为18%和11%（Guo et al.，2004）。Yang 等（2008）在江苏宿迁夏季收获季节观测到秸秆燃烧对大气颗粒物的浓度影响显著，PM_{10}浓度从0.1 mg/m^3增加到0.3mg/m^3，持续时间10天左右。Huang 等（2011a）通过排放清单方法计算的2007年生物质燃烧对长三角PM_{10}、$PM_{2.5}$、

VOCs 总排放的贡献率分别为 1.6%、2.6%和 3.5%，显著低于通过受体模型和有机示踪物法得到的贡献值。

1.2.2.3 对京津冀及环渤海地区大气环境质量的影响

京津冀及环渤海地区农业人口密集，每年都会消耗大量秸秆及薪柴作为日常生活能源，冬季则多以煤炭作为取暖燃料。同时，该地区也是我国重要的冬小麦产区，麦秸焚烧污染也是当地生物质燃烧的重要特征，易造成重大空气污染事件。2000 年 6 月 18～20 日，北京出现的重大污染事件就是农田秸秆焚烧引起的（Duan et al.，2004）。由于生物质被用作民用燃料的现象在北京郊区及周边地区十分普遍，所以北京会常年受到生物质燃烧的影响（Wang et al.，2009）。已有研究表明，生物质燃烧排放对北京市大气颗粒物的贡献为 0～24.9%，对颗粒物中有机碳的贡献为 0～37.3%（表 1.3）。

表 1.3 生物质燃烧排放对区域大气污染的贡献

地点		采样时间	物种	方法*	贡献	参考文献
长三角		2007 年	PM_{10}	Bottom-up EI	1.6%	Huang et al.，2011a
			$PM_{2.5}$		2.6%	
			VOCs		3.5%	
上海	市区	2007～2010 年	VOCs	PMF	9%	Cai et al.，2010
南京	市区	2004 年、2005 年	$PM_{2.5}$	OT	9%～14%（日间）	Wang and Kawamura，2005
					13%～19%（夜间）	
南京	市区	2007 年	$PM_{2.5}$	OT	33%～85%	Wang et al.，2009
临安[d]	农村	1999 年 6 月～2000 年 7 月	VOCs	PCA/APCS	11%	Guo et al.，2004
			CO		18%	
如东	农村	2010 年	EC in $PM_{2.5}$	PMF	33.4%（夜间）	Pan et al.，2012
					3.7%（日间）	
北京	市区	2000 年	OC in $PM_{2.5}$	CMB	0～61.8%	Zheng et al.，2005
			$PM_{2.5}$		0～21.2%	
北京	市区	2000 年	$PM_{2.5}$	CMB	8.4%	Song et al.，2006a
				PMF	10.2%	
北京	市区	2000 年	$PM_{2.5}$	CMB	6%	Song et al.，2006b
				PMF	11%	
北京	市区	2004 年	$PM_{2.5}$	PMF	4.0%～22.2%	Song et al.，2007

续表

地点		采样时间	物种	方法*	贡献	参考文献
北京	市区	2001～2006年	$PM_{2.5}$	PMF	11.8%	Wang et al.，2008b
			PM_{10}	PMF	10.2%	
北京	背景点	2006年	$PM_{2.5}$	PMF	15.6%	Wang et al.，2008b
			PM_{10}	PMF	18.1%	
北京	市区	2005～2007年	OC in $PM_{2.5}$	CMB	9.9%～26.1%	Wang et al.，2009
			$PM_{2.5}$	CMB	8.4%～24.9%	
北京	农村	2008年	OC in $PM_{2.5}$	OT	8.9%	Guo et al.，2012
	市区	2008年	OC in $PM_{2.5}$	OT	7%	

注：*Bottom-up EI，自下而上排放清单法；PMF，正矩阵分解方法；OT（organic tracer），有机示踪物；PCA（principle component analysis），主成分分析法；d 未考虑生物质燃料燃烧排放的贡献

1.2.2.4 对四川盆地大气环境质量的影响

生物质燃烧及燃煤排放对四川盆地城市大气质量影响的相关研究目前较为缺乏。Yang 等（2012）采用主成分分析法对成都市区 2009 年 4～5 月大气 $PM_{2.5}$ 进行来源解析，结果表明生物质燃烧排放的贡献高达 36.9%，如图 1.4 所示。

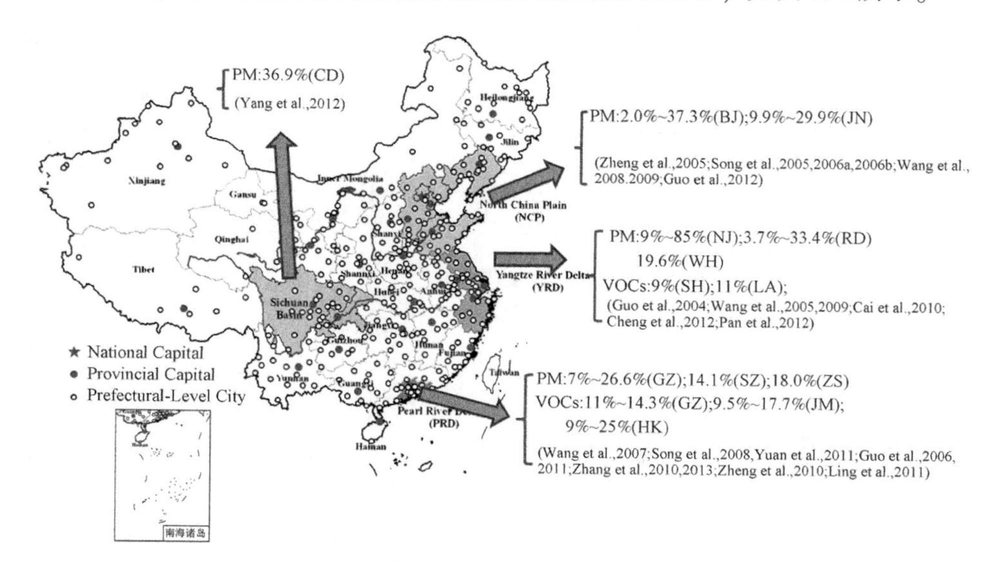

图 1.4 生物质燃烧对各城市大气污染的贡献

注：数据不包括澳门和台湾地区

1.2.3 对城市能见度的影响

生物质燃烧及燃煤产生的颗粒物和气体污染物通过散射和吸收消光作用造成大气能见度的下降（Chan et al.，1999；Sloane et al.，1986；Nam et al.，1996），直接影响人类社会活动和日常生产生活。

Streets 等（2001）的研究显示，家用燃煤的炭黑排放量约占我国炭黑总排放的45%。燃煤排放是以煤炭为主要能源的城市大气能见度降低的重要因素，尤其在中国北方城市的冬季，燃煤排放的影响更为显著（杨凌霄，2008；姚青等，2012）。近几十年来，黑炭造成了我国华北地区上空大气的光学深度和能见度明显下降（Qiu and Yang，2000；罗云峰等，2000）。

生物质燃烧及燃煤排放是灰霾天气和低能见度产生的重要原因之一（Li et al.，2010）。对环渤海区域灰霾天气和清洁天气的监测及细颗粒物的来源解析表明，生物质燃烧排放是该区域城市大气细颗粒物的重要来源（山东大学，2009）。尤其在夏季及秋季，环渤海区域城市大气受到当地粮食夏收及秋收后秸秆焚烧的影响显著，生物质燃烧排放的贡献超过了17%（表1.4）。谭吉华（2007）研究了广州灰霾期间大气能见度与空气污染及气象条件之间的关系，研究结果显示，灰霾天气期间总碳（OC 和 EC）和硝酸盐的浓度对大气能见度降低起主要作用。

表1.4 灰霾及清洁天气条件下 $PM_{2.5}$ 的各种来源贡献* （单位:%）

天气条件	污染物来源	冬季	春季	夏季	秋季	全年
灰霾天气	生物质燃烧	9.90	9.27	29.87	17.54	16.21
	燃煤源	27.73	9.59	5.81	8.06	14.60
清洁天气	生物质燃烧	14.09	12.09	20.04	22.03	16.87
	燃煤源	34.76	12.94	0.23	4.33	15.00

注：* PMF 方法解析，本表未列出其他源，包括城市扬尘、二次源、汽车尾气、冶炼尘

1.2.4 对人群健康的影响

家庭生物质燃烧和燃煤排放造成的细颗粒物、多环芳烃（PAHs）等污染物的高水平暴露是影响我国居民健康的重要室内污染源，可导致人罹患癌症、心脑血管疾病甚至过早死亡等。已有研究显示，家用燃煤的污染物排放系数比大型工业锅炉高出很多倍，民用煤炉的多环芳烃等毒害有机物的排放系数比工业锅炉高出3～5个数量级，这主要跟家庭燃煤燃烧温度低、供氧条件差等因素有关（毛健雄等，2000；朱先磊等，2002；Davies et al.，1992）。当室内通风条件较差时，煤烟中的细颗粒物会携带表面吸附的重金属及多环芳烃等有毒有害物质进入人体

肺泡内沉积，从而危害人体健康。在农村地区，由于妇女经常处于生物质焚烧的场景，因此其健康更容易受到侵害（Zhang and Smith，2007；USEPA，2012）。例如，云南省宣威地区的高肺癌死亡率就与吸入室内空气中含有多环芳烃的煤烟颗粒有关（Mumford et al.，1987）。

根据世界卫生组织最新公布的研究报告，黑炭对人体健康的危害程度高于细颗粒物（Janssen et al.，2012），减少黑炭排放可每年减少全球70万~470万人口的过早死亡（Shindell et al.，2012）。

1.3 燃烧排放物国内外采样及分析方法研究进展

近20年来，国内外学者对生物质燃烧排放的气态和颗粒态污染物进行了较为深入的研究，一定程度上深化了对生物质燃烧排放特征的认识。现有的生物质燃烧实验主要是监测和模拟秸秆等的野外开放式燃烧及秸秆与薪柴的家庭燃烧。

1.3.1 现场实测

1.3.1.1 国外研究

Ryu等（2007）监测了韩国农作物收获季节后由于焚烧秸秆导致的空气质量变化情况。Viana等（2008）通过流动监测车辆对生物质燃烧前、中、后三个阶段的监测结果表明，密集燃烧季节生物质燃烧排放对部分气态污染物的贡献超过50%，对PM_{10}的贡献接近40%。

Nguyen（1994a，1994b）通过现场测试对比了东南亚地区旱季和雨季水稻秸秆露天焚烧CO和CO_2排放因子的差异，研究结果显示，焖烧期间CO排放因子显著增大。Dhammapala等（2007）对野外田地中小麦秸秆和肯塔基州牧草茬焚烧进行了监测，获得了上风向和下风向的CO_2、CO、CH_4、$PM_{2.5}$（含EC、OC）及PAHs的浓度。研究结果表明，下风向各污染物浓度均有显著增加，以$PM_{2.5}$、CO增加最为明显，是背景值的10倍左右，而CO_2浓度变化不明显，表明燃烧被焖烧主导。研究还发现，颗粒物中OC的含量相比背景值也有显著提升，而EC值提升不明显，再次证明了野外燃烧以不完全燃烧为主（焖烧），这证实了Liousse等（2004）按焖烧来处理发展中国家的秸秆野外焚烧是合理的。Roden和Bond（2006）采用多孔管对洪都拉斯家庭炒菜过程中的烟气进行了监测。

1.3.1.2 国内研究

朱先磊（2004）、祝斌等（2005）等在北京密云古北口对秸秆野外燃烧进行监测，取得了部分研究成果，并陆续开展了对农户家庭炉灶燃烧污染物排放的监测。Li 等（2007a，2007b）在山东开展了小麦秸秆和玉米秸秆野外焚烧的监测实验，将其采样仪器架设在三轮车上，用手推动三轮车进行监测。研究表明，秸秆露天焚烧 VOCs 排放在 C_6 的比例最高，分别为 46.06%（小麦秸秆）和 20.29%（玉米秸秆）。小麦秸秆燃烧在 C_4 和 C_7 的比例为 10% 左右，而玉米秸秆焚烧则在 C_3 和 C_{10} 的比例相对较高。秸秆露天焚烧排放的 VOCs 中，芳香烃是最主要的物种，在小麦和玉米秸秆焚烧产生的 VOCs 中的比例分别为 38.7% 和 49.1%。其次，为烷烃类化合物，比例分别为 37.2%（小麦秸秆）和 25.2%（玉米秸秆）。再次为烯烃，分别为 21.9%（小麦秸秆）和 24.1%（玉米秸秆）。炔烃含量较少，分别为 2.2%（小麦秸秆）和 1.6%（玉米秸秆）（李兴华，2007）。Lin 等（2010）对珠三角地区的生物质燃烧进行现场采样，分析了其中类腐殖质物质（humic-like substances，HULIS）等的排放特征。

在薪柴和秸秆炉灶燃烧方面，李兴华等（2007a，2007b，2009）采用稀释通道对四川、河南和北京等地农户薪柴和秸秆炉灶燃烧排放的 PM、EC、OC、非甲烷烃（NMHCs）等进行了现场监测（Li et al.，2007a，2007b，2009）。王书肖等对中国北方农户不同季节生物质炉灶燃烧排放的 CO_2、CO、PM、VOCs 等进行了监测，发现不同季节的污染物排放特征存在显著差异，说明气象条件对生物质燃烧排放有着显著影响（Wang et al.，2009）。

1.3.2 实验室模拟

由于生物质燃烧期间污染物大量排放，产生的污染物瞬间浓度值极高，往往超出现有监测仪器的检出限，因此一般需通过稀释后进行样品采集。目前，国内外已开发出多套固定燃烧源稀释通道采样系统，用以研究燃烧源污染物排放特征。

按照对烟气的采集方式，采样系统一般可分为两类：烟尘罩法（Venkataraman et al.，2006；Iinuma et al.，2007；Johnson et al.，2008）和箱式法（Kannan et al.，2004）。其中，箱式法假设前提较多，其应用受到限制。

1.3.2.1 国外采样系统

发达国家在颗粒物及气态污染物的排放因子测定和影响因素方面的研究工作开展得比较早，建立了系列稀释采样系统，用以研究薪柴、秸秆、森林植被、枯草等燃烧污染物排放特征。美国是稀释通道研发最早的国家，20 世纪 70 年代就开始发展稀释通道采样技术，最先用于机动车尾气的采样，后逐步改进应用于各种固定源采样。以美国国家环境保护局（U.S. Environmental Protection Agency，EPA）推荐的 Method 5G 民用源采样系统为例，该套系统使用大流量风机配合小型烟尘罩，将民用源排放烟气吸入一次混合管［图1.5（a）］。风机前使用可调节的挡板控制管道内气体流速。在管道前段设置湍流片使烟气和外界空气湍流混合均匀，在管道中部设置采样口，供后续系统采样分析。系统稀释管路直径6～12in[①]（15～30cm），管道内气流流速高于220m/min（3.7m/s），相当于流速65L/s。等速采样管位于一次稀释管中心，并且稀释管前端留有足够长度作为烟气稀释混合的稳定段（2m为最小长度）（USEPA，1989）。

美国农业部林务局在位于蒙大拿州密苏拉市（Missoula，Montana）建成了一座大型火灾科学实验室（Fires Sciences Laboratory，FSL），对森林和草原各类植被、农作物秸秆等进行了一系列燃烧排放测试实验（Chen et al.，2007；McMeeking et al.，2009；Burling et al.，2010；Watson et al.，2011）。图1.5（b）是FSL的结构示意图，其用一个巨型烟尘罩来收集开放式燃烧释放的烟气，并在距离地面17m处搭建了平台，分析和采集基本冷却后的烟气样品。该采样系统的优点在于其燃烧条件基本接近实际燃烧情况，可以模拟生物质自然燃烧状态下的燃烧状况。

其他常见的固定源采样系统参见图1.5（c）～（f）。Venkataraman等、Saud等和Kim Oanh等分别在实验室建立了烟尘罩加稀释采样系统，测定了印度、泰国、马来西亚等亚洲发展中国家室内煤炭、薪柴、动物粪饼等燃烧时排放的CO、VOCs、$PM_{2.5}$（含EC和OC）和PAHs等含碳污染物的排放因子，并研究了燃料性质，如挥发性组分和湿度等对排放因子的影响（Bhattacharya et al.，2002；Gadi et al.，2012；Habib et al.，2008；Kim Oanh et al.，1999，2002，2005，2011；Parashar et al.，2005；Saud et al.，2011，2012；Singh et al.，2012；Venkataraman and Rao，2001；Venkataraman et al.，2002）。Iinuma等（2007）采用烟尘罩-烟雾箱的方式模拟了园林落叶的燃烧。Yonemura和Kawashima（2007）设计了一种类似于烟尘罩法的采样系统，并用该装置研究了风速对水稻谷壳堆烧排放CO_2和CO的影响。

Lipsky等对稀释采样系统条件进行了测试，研究结果表明，稀释系统对固定源燃烧排放的颗粒物质量影响不大，但对粒径分布和总排放颗粒数有显著影响（Lipsky et al.，2002；Lipsky and Robinson，2005；Wang et al.，2013）。进一步的研究表明，当将机动车在低负载条件下排出的烟气稀释比由20：1提升到350：1时，元素碳排放不受影响，颗粒物排放量降低了50%，推断原因可能是在低稀释比条件下更多的半挥发性有机物吸附在颗粒态上，随着稀释比的增加，半挥发

① 1in＝2.54cm。

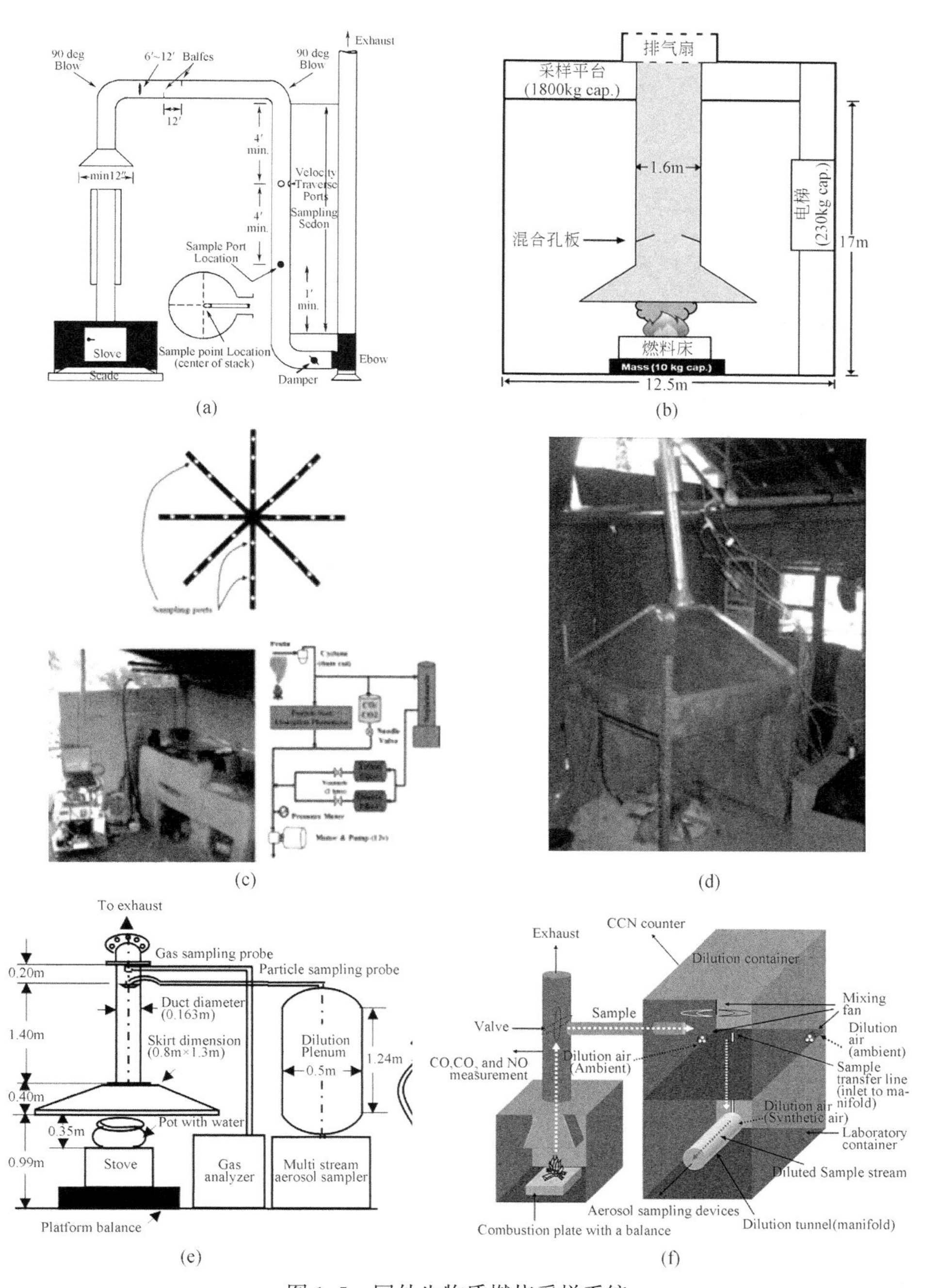

图 1.5 国外生物质燃烧采样系统

资料来源：(a) USEPA, 1989；(b) Burling et al. , 2010；(c) Roden and Bond, 2006；(d) Johnson et al. , 2008；(e) Venkataraman et al. , 2006；(f) Iinuma et al. , 2007

性有机物进入气态来保持相平衡（Lipsky and Robinson, 2006；Shrivastava et al., 2006）。Lipsky 和 Robinson（2006）因此建议采用稀释比时应尽可能接近自然大气条件下的稀释，太低的稀释比可能高估细粒子排放，过高的稀释比则可能低估细粒子排放。England（2004）和 Jokiniemi 等（2008）等总结了国外已有的稀释采样系统的特点，并对各类系统进行了阐述。

1.3.2.2 国内采样系统

庄亚辉等建立了动态与静态燃烧室，对典型乔木和灌木的树枝、树叶及凋落物等进行燃烧实验，获取了 CO_2、CO 和 CH_4等气态含碳物质的排放因子（庄亚辉等，1998；王效科等，2001）。

白志鹏等（2004）设计了一种烟道稀释混合湍流分级采样器，由稀释舱、普通大气颗粒物分级采样器、空气压缩系统和排气系统构成。稀释舱内的底部安置普通大气颗粒物分级采样器的切割头，烟气通过稀释舱顶部的烟气入口与通过空气入口进入的压缩空气混合进入稀释舱，稀释舱多余混合气体通过排气口排出。南开大学采用该套系统测量了工业燃煤颗粒物的排放特征（Ge et al., 2001）。

朱先磊（2004）和祝斌（2004）等开发了国内首套可进行二次稀释的烟气采样系统，在实验室内分别模拟了秸秆明火和焖烧状态下颗粒物的排放特征。该系统比较笨重，不便进行野外测量。曾立民等在固定源稀释通道采样系统的基础上进一步改进，通过计算机和 D/A 输出信号提升了等速采样的准确度，实现了烟气的等速追踪采样（于雪娜，2004；周楠，2005；刘源，2006）。该套系统包括烟气导入部分、皮托管测速部分、一级稀释部分、二级稀释部分、零空气发生器部分、大流量分流部分、停留室、样品分级采集系统等 8 个部分（周楠，2006）。

Cao 等（2008）利用自制的燃烧塔对我国普遍使用的，也是使用量最大的小麦、玉米、水稻等秸秆进行了测试。燃烧塔的形状如倒置的漏斗，底座为圆柱形，内部附属设备为燃烧平台；从底座向上收缩，上部为排气筒；排气筒上端有小孔，插入各种探头（烟气温度、流速、CO_2、CO 等），在排气筒上端进行颗粒物样品采集。

李兴华（2007）等开发了一套固定燃烧源颗粒物稀释采样系统，该系统主要包括烟气进气部分、一级稀释系统、二级稀释系统、停留室等四部分。其中，一级和二级稀释系统中均采用芬兰 Dekati 公司制造的喷射型稀释器 DI-1000 [图 1.6（a）]。压缩空气高速通过环形喷射孔时在喷嘴处形成负压，诱导烟道内烟气从进气部分通过喷嘴进入稀释器内腔；烟气和稀释气体在环形喷射孔处混合，进一步在稀释器内腔混合［图1.6（b）］。一、二级稀释系统均可提供1～10倍的稀释比，最终可实现10～100倍的稀释比，足以将高温烟气冷却到接近大气环境。

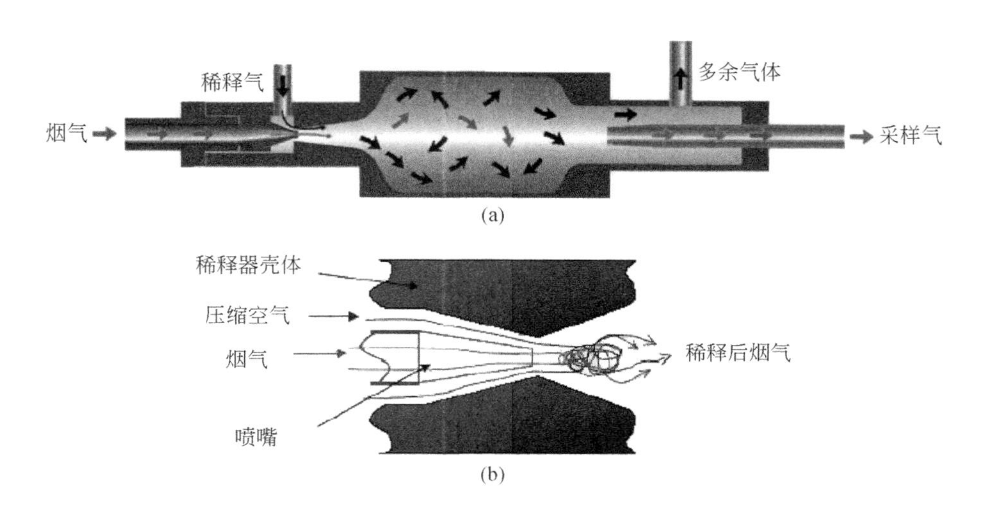

图1.6 Dekati DI-1000稀释器原理构造

资料来源：李兴华，2007

张鹤丰（2009）等设计的实验系统由两部分组成：一部分是密闭的燃烧炉；另一部分是4.5m^3不锈钢气溶胶烟雾箱。通过抽气使气溶胶烟雾箱处于负压状态，将燃烧产生的烟气完全收集，进而可以进行秸秆燃烧释放污染物排放量的计算。

朱先磊（2004）、于雪娜（2004）、周楠（2005）、李兴华（2007）、林云（2009）等对国内外固定源采样系统进行了详尽的总结，比较了不同采样通道的优劣，指出为保证采集样品的代表性，需等速采集燃烧释放的烟气，并使烟气样品尽可能接近实际环境条件。孔少飞等（2011）进一步总结了国内外固定源标准采样方法，指出固定源稀释通道采样设备在设计时应考虑以下几个因素，包括：①稀释比应足够大，以保证采样设备能最大程度模拟烟气在大气环境中的演化过程，同时稀释管道应足够长，以保证烟气与洁净空气能充分混合；②所用材料应对采集样品的污染最小，耐烟气腐蚀；③采样设备能提供足够的停留时间，以保证颗粒物的凝结、成核；④烟气中颗粒物和气体的损失最小，管道直径应尽可能的大，以防止烟气在管壁上沉积；⑤采样设备易于安装、拆卸、清洗和运送。

1.3.3 现场实测和实验室模拟的比较

Roden 和 Bond（2006）采用多孔管对洪都拉斯炉灶烟气进行了采集，通过对比实验室研究和野外测定的结果发现，实验室测定的排放因子与现场测定结果之间会有较大的差别。现场测定的颗粒物排放因子是实验室测定结果的 4 倍左右。即使是同种类型的薪柴在结构相似的炉灶中的燃烧，其颗粒物的排放因子也存在显著差别，分别为 6.6g/kg 和 1.8g/kg（Roden et al.，2006，2009）。Dhammapala 等（2006，2007a，2007b）分别在野外和实验室反应箱内测定了小麦和杂草秸秆的开放式燃烧排放。研究结果表明，尽管考虑反应箱和野外测试燃烧实验中的燃烧效率的差别，但两种情况下 EC、PM 和 PAHs 的排放因子有较为明显的差别，CO 的排放因子差别不大。Kim Oanh 等（2011）分别在野外和实验室对露天秸秆焚烧产生的颗粒物进行了研究。研究结果表明，实验室稀释通道采集的水稻秸秆焚烧 $PM_{2.5}$排放因子显著高于田间现场采样值，两者分别为 20.1g/kg 和 8.3g/kg。稀释通道采集的颗粒物中总 PAHs 的排放因子显著低于田间现场采样值，两者分别为 0.11mg/kg 和 2.0mg/kg。推测其原因可能是稀释通道为强制稀释，烟气稀释倍数高于自然条件下的实际稀释情况，导致 PAHs 进入气态来保持相平衡（Lipsky and Robinson et al.，2006；Shrivastava et al.，2006）。Venkataraman 等（2006）总结了国外部分实验室研究和实地监测的炉灶木材燃烧的排放因子，研究结果表明，实验室模拟和实地家庭监测的排放因子有显著差异，指明在直接应用实验室结果时应更加谨慎。

国内有关生物质或民用燃煤现场实测和实验室模拟含碳物质排放结果的比较研究相对较少。沈国锋（2012）比较了几种常见秸秆和薪柴在江苏农户家庭炉灶和实验室模拟厨房炉灶燃烧获得的排放因子。研究结果表明，除多环芳烃外，相同秸秆燃烧排放的含碳污染物并没有显著的差别。尽管现场实测的多环芳烃排放因子要远高于实验室模拟的结果，但其谱分布相似，几组常用的多环芳烃特征比值也没有明显差别。

1.3.4 燃料成分分析

生物质组成分析包括 C、H、N 分析，水分、挥发分、灰分和固定碳的分析，化学成分分析。C、H、N、O、S 元素的分析一般通过对秸秆 80～105℃条件下干燥后彻底粉碎，再运用 Elementar Vario EL（德国）或 CHN 快速分析仪（美国）测试得到。水分、挥发分、灰分和固定碳的分析则参照《煤的工业分析方法》（GB 212—2001）标准来执行。C、H、N 分析结果表明，不同植物秸秆之间并无太大差异，木质的含碳量略高，具体见表 1.5。

表1.5 文献中生物质材料成分分析

种类	产地	元素分析（干燥基）/%			工业分析（收到基）/%				出处
		碳	氢	氮	湿度	挥发分	固定碳	灰分	
水稻秸秆	中国	38.52	6.13	0.69	8.11	61.1	15.54	15.25	Liao et al.，2004
水稻秸秆	重庆	41.42	5.57	0.94	6.24	62.50	16.56	14.70	Li et al.，2007a
水稻秸秆	中国北方	39.0	6.5	0.8	11.5	72.7	18.5	8.8	Wang et al.，2009
水稻秸秆	上海	49.40	6.88	1.39		72.95[a]	9.93[a]	17.12[a]	Wu et al.，2009
水稻秸秆	加利福尼亚州	38.06	5.28	0.64		68.77[a]	12.64[a]	18.59[a]	Jenkins et al.，1996 Turn et al.，1997
水稻秸秆	印尼	35.4	4.73	0.68				22.3	Christian et al.，2003
小麦秸秆	中国	42.11	6.53	0.58	8.63	63.96	14.96	12.45	Liao et al.，2004
小麦秸秆	山东	44.8	7.01	0.56	9.59	65.54	18.83	6.04	Li et al.，2007b
小麦秸秆	河南	44.64	5.85	0.56	5.42	68.74	18.07	7.77	Li et al.，2007a
小麦秸秆	中国北方	43.4	6.3	1.0	6.1	70.5	23.6	5.9	Wang et al.，2009
小麦秸秆	上海	47.03	10.80	0.58		76.90[a]	13.09[a]	10.01[a]	Wu et al.，2009
玉米秸秆	山东	41.09	6.85	1.62	8.79	68.93	18.43	3.85	Li et al.，2007b
玉米秸秆	重庆	46.32	6.09	1.62	6.49	70.33	16.87	6.31	Li et al.，2007a
玉米秸秆	中国北方	44.6	6.7	0.5	7.3	69.0	25.6	5.4	Wang et al.，2009
棉花秆	中国	46.1	6.85	1.09	7.66	67.36	18.57	6.41	Liao et al.，2004
棉花秆	河南	49.50	6.28	1.25	8.40	70.83	17.54	3.23	Li et al.，2007a
棉花秆	上海	48.93	6.26	0.59		71.05[a]	21.51[a]	7.44[a]	Wu et al.，2009
大豆秆	中国	43.16	6.9	0.95	9.34	68.95	15.62	6.08	Liao et al.，2004
大豆秆	重庆	47.54	6.35	1.15	10.07	71.35	15.59	2.99	Li et al.，2007a

续表

种类	产地	元素分析（干燥基）/%			工业分析（收到基）/%				出处
		碳	氢	氮	湿度	挥发分	固定碳	灰分	
甘蔗秆	加利福尼亚州	42.35	5.83	0.40[b]		76.45[a]	14.97[a]	8.57[a]	Turn et al.，1997
芝麻秆	中国	41.34	6.57	0.81	7.66	68.93	17.3	6.11	Liao et al.，2004
高粱秆	河南	47.76	6.12	0.59	5.47	72.72	17.98	4.28	Li et al.，2007a
高粱秆	中国北方	46.5	6.8	0.6	5.9	70.1	23.5	6.4	Wang et al.，2009
小叶桉枝	中国	50.15	7.45	0.50	6.5	67.75	20.19	5.55	Liao et al.，2004
薪柴	重庆	50.68	6.37	0.29	7.51	76.14	14.41	1.94	Li et al.，2007a
树枝	重庆	48.96	6.23	0.76	7.90	73.16	17.14	1.80	Li et al.，2007a
树枝	北京	49.90	6.36	0.70	7.06	75.33	16.71	0.90	Li et al.，2007a
矮灌木枝	中国北方	46.2	6.5	1.0	9.8	61.9	30	8.1	Wang et al.，2009

a. 干燥基下测得

1.3.5 燃烧排放物种检测分析方法

燃烧产生的含碳物质主要有 CO_2、CO、CH_4、$PM_{2.5}$（含组分 OC 和 EC）、VOCs、OVOCs 和 PAHs 等。各含碳物质的常用检测分析方法总结如下。

1.3.5.1 CO_2、CO

CO_2、CO 可以通过气相色谱热导检测器（GC-TCD）进行测定，也可通过光化学方法进行测定。常用的在线分析仪器有 Thermo 公司的 Thermo 410i 和 Thermo 48i 及 IAQ-CALC（李兴华，2007）。

1.3.5.2 OC、EC

OC 与 EC 并不是严格定义的实体，而是分别包含大量的有机物和功能基团（贺克斌等，2011）。国际上对 OC 和 EC 的分析尚无统一的实验室标准。根据热稳定性的区别，OC 和 EC 的分割方法主要有热学方法（thermal method）和热–光学方法（thermal-optical method）两大类（Watson et al.，2005）。

采用热学方法分析时，部分 OC 会在加热过程中焦化，形成焦化碳（pyrolyzed organic carbon），无法使其与 EC 分开，从而造成 OC 和 EC 两者分割产生偏差。20 世纪 80 年代初发展起来的热光法能够对焦化碳进行有效修正，因此得到了广泛应用。热光法可以分为热–光反射法（thermal-optical reflectance，TOR）和热–光透射法（thermal-optical transmittance，TOT）两大类，主要分析仪器有美国 Sunset 实验室和沙漠研究所的碳分析仪（Model 2001a；Desert Research Instiute，DRI）。对比不同方法的检测结果表明，它们对于气溶胶总碳量的检测结果基本相当，但 OC 和 EC 所占比例有很大区别（USEPA，2004）。但近期研究也发现，EC 在惰性环境中也能发生解析，说明 OC、EC 在热学性质方面并不存在明确的分界线（Cheng et al.，2009，2010，2011a，2011b）。热–光学方法同时也存在系统偏差，主要是 EC 和焦化碳光学性质的差异使得 EC 浓度被低估，同时相应的 OC 浓度被高估（Cheng et al，2010）。

1）NIOSH TOT（Sunset）

使用 Sunset Laboratory Inc. 碳分析仪测量有机碳（OC）和元素碳（EC）的浓度，分析方法参考美国 Sunset 实验室的 NIOSH TOT，该方法是美国 EPA 推荐的大气气溶胶 OC、EC 测量方法。分析程序为：截取 1.45cm^2 的石英膜样品在氦气下程序升温到 850℃，释放的有机化合物和热解产物被氧化成 CO_2。CO_2 和 H_2 混合被还原成 CH_4，用火焰离子化检测器（flame ionization detector，FID）定量检测 CH_4。此过程中挥发氧化的是 OC。首次程序升温完成后，炉子冷却到 500℃ 并

把载气转换成 He/O_2混合气，再程序升温至 900℃，此过程中 EC 被氧化并进入氧化炉，EC 的测量同 OC。通过计算得到样品膜上 OC 和 EC 的质量浓度。在整个分析过程中，采用 He-Ne 激光进行热解校正，通过石英膜的透光率确定 OC 和 EC 的分割点。分割点之前所有峰面积积分为 OC，之后的峰面积积分为 EC。仪器的精密度为±5%，最低检测限都是 2μg C/cm^2。

2）IMPROVE TOT/TOR

IMPROVE 协议升温程序为：在纯 He 的环境下，分别在 140℃、280℃、480℃和 580℃提取得到 OC1、OC2、OC3 和 OC4；然后样品在 98% He/2% O_2混合气环境里，分别提取 EC1（580℃）、EC2（740℃）和 EC3（840℃）。采用 He/Nd 激光同时获得反射和透射下的聚合碳（OPR 和 OPT）。

惰性阶段峰值温度是准确切割 OC 和 EC 的重要因素。Cheng 等（2009，2010，2011a，2011b）评估了 IMPROVE-A 程序中的 580℃和 NIOSH 程序中的 850℃的不同情形。研究结果表明，对惰性阶段峰值温度而言，580℃是合适的，850℃则过高；如果惰性阶段峰值温度在 580℃的基础上再升高，即使尚未达到 850℃，仍有可能导致焦化碳和 EC 的提前解析，进而可能导致 OC 浓度被高估，EC 的浓度被显著低估；而对生物质燃烧样品的分析，IMPROVE-A 程序获得的 EC 值最高能达到 NIOSH 程序的 11 倍。

1.3.5.3 VOCs

目前，检测 VOCs 的方法主要有 USEPA TO15 与 USEPA TO17，两种检测方法的不同主要在于采样方法，USEPA TO15 为不锈钢罐采样，USEPA TO17 为固体吸附剂泵采样。

USEPA TO15 是 ASTM 标准方法，用一定体积的不锈钢真空 Canister 罐，内壁经 SUMMA（γ）技术抛光电钝化处理，并涂上熔融石英薄层，配上压力显示计和毛细管的不锈钢限流阀等采样通道装置进行采样。在分析的时候用预浓缩系统进行 VOCs 预浓缩，然后用气相色谱-质谱联用（GC/MS）进行分析。每次采样前要进行采样罐的洗涤。

USEPA TO17 的方法是用泵将空气样品通过固体吸附剂来采集目标化合物，为主动采样方法，然后将采样管用热解析-气相色谱（质谱或者 FID 检测器等）进行分析。固体吸附剂分为无机吸附剂与有机吸附剂两大类，无机吸附剂包括活性炭、硅胶、氧化铝、石墨化炭黑、碳分子筛等，其特点是吸附能力强、吸附量大、热稳定性好，但大都对水亲和力强，热脱附温度高；有机吸附剂一般为多孔聚合物吸附剂，与无机吸附剂相比，其脱附温度低，疏水性强。Tenax 吸附剂具有较高的热稳定性，脱附温度低，疏水性好，并可再生使用，适合于富集非极性和弱极性挥发有机物，是目前国内外比较常用的吸附剂之一。Sunesson 等（1995）对高聚物吸附剂 TenaxTA、Tenax GR、Chromosorb 102、Carbot rap C、Carbopack B、Anasorb 727、Anasorb747 和 Durapak 等进行了评价，结果表明，Tenax TA 在采样和分析中表现出的吸附量、穿透能力及标准偏差等均是最好的。

1.3.5.4 OVOCs

醛酮类物质由于反应活性强，极性较高，不适合直接采样分析，因此，目前一般多采用衍生化采样法。目前发展较成熟、国际较通用的醛酮类物质检测方法为 USEPA TO-11 标准方法。此方法是用 2，4-二硝基苯肼（2，4-Dinitrophenylhydrazine，DNPH）-硅胶吸附柱衍生化采集空气中的醛酮分子，用泵主动采样，然后用有机溶剂洗脱后采用高效液相色谱（high performance liquid chromatography，HPLC）进行分析，紫外光谱（UV）检测（Marchand et al.，2006；Jurvelin et al.，2003）。衍生化采样法的原理为肼与醛酮双键加成再脱水生成腙，具体如下：

$$\mathrm{(R^1)(R)C{=}O + H_2N\text{-}NH\text{-}C_6H_3(NO_2)\text{-}NO_2 \xrightarrow{H^+} (R^1)(R)C{=}N\text{-}NH\text{-}C_6H_3(NO_2)\text{-}N_2O + H_2O}$$

臭氧会氧化醛酮类物质，造成烟气中醛酮类物质采集和分析的偏差。为防止臭氧分子对醛酮采样的影响，在采样通路前端加一个除臭氧管，常用的除臭氧材料为碘化钾。研究表明，用饱和 KI 溶液浸润一根不锈钢管，用氮气吹干，应用该除臭氧管在采样流量为 2L/min、臭氧浓度 1ppm（ppm 表示 10^{-6}）的情况下去除效率可达 99.5%（Spaulding et al.，1999）。

姚婷婷（2010）选择 Tenax TA 吸附剂制作采样管，泵采样后应用二次热解析-GC/MS 的方法对 $C_6 \sim C_{12}$ 的 35 种低极性 VOCs 进行了定性定量分析。王琴（2011）采用2，4-二硝基苯肼（DNPH）/HPLC 方法对大气羰基化合物进行采样和分析，实现了对 22 种羰基化合物的准确定量。

1.3.5.5 多环芳烃

多环芳烃（PAHs）是一类广泛存在于环境中，由两个或两个以上苯环以线状、角状或簇状排列而成的碳氢化合物，是典型的持久性有机污染物，具有高毒性、生物积累性、持久性和远距离迁移性（Nisbet and Lagoy，1992）。PAHs 大多数蒸气压很小，沸点及熔点较高，易溶于有机溶剂，极不易溶于水，辛醇/水分配系数很大，化学性质稳定，某些高环的 PAHs 属于强致癌物质。虽然，PAHs

在环境中的含量微少，但它在环境介质中广泛分布，是人类致癌的重要原因之一。USEPA 早在 20 世纪 70 年代就把 16 种 PAHs 列为“优先控制污染物”，分别为萘（NAP）、苊烯（ACY）、苊（ACE）、芴（FLO）、菲（PHE）、蒽（ANT）、荧蒽（FLA）、芘（PYR）、苯并［a］蒽（BaA）、䓛（CHR）、苯并［b］荧蒽（BbF）、苯并［k］荧蒽（BkF）、苯并［a］芘（BaP）、茚并［1，2，3-cd］芘（IcdP）、二苯并［a，h］蒽（DahA）和苯并［g，h，i，］苝（BghiP）。图 1.7 和表 1.6 分别给出了美国环保局（US EPA）优先控制的 16 种 PAHs 的结构和物理化学性质。

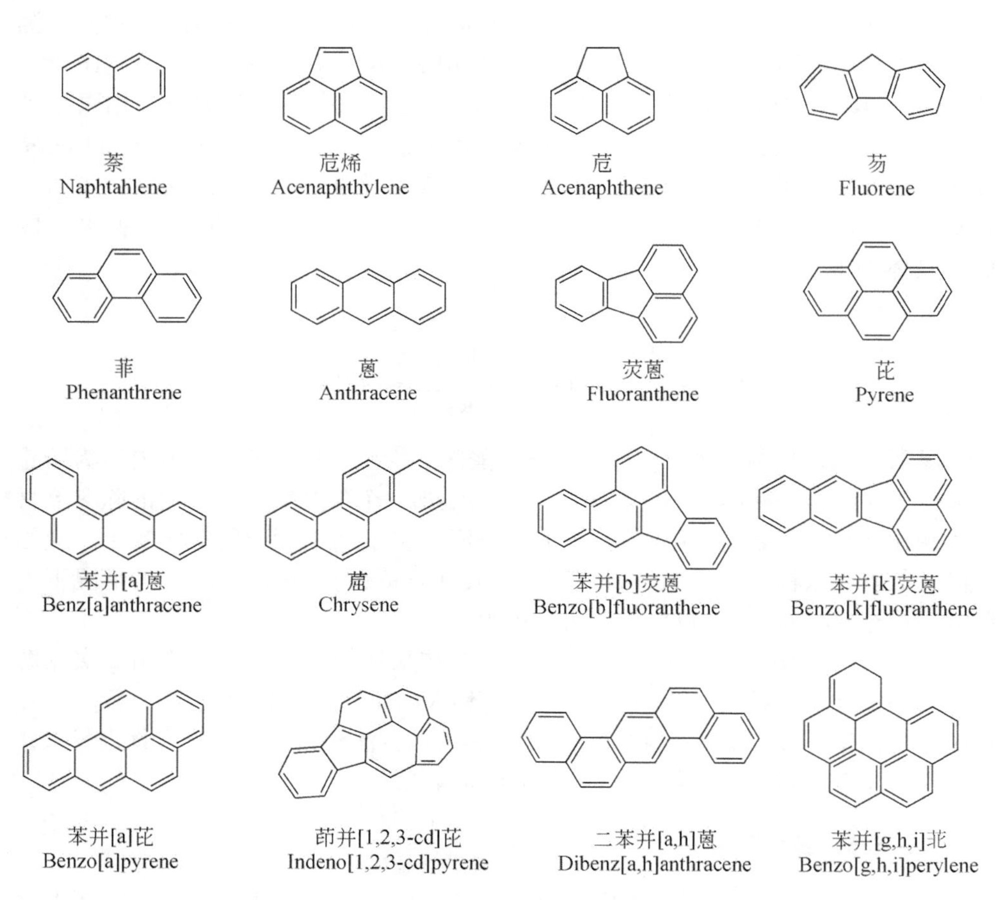

图 1.7　USEPA 优先控制的 16 种 PAHs 的结构

表 1.6 16 种 PAHs 命名和物化参数

中文名称	简称	全称	分子式	苯环数	分子量	熔点	沸点	S	V_p	H	$\lg K_{ow}$($\lg K_{oc}$)	主要分布相	TEF	PEF	致癌性‡	致癌性¶
萘*	NAP	Naphtahlene	$C_{10}H_8$	2	128.18	81	218	12.5-34.0	1.1×10^{1}	43.0	3.37	气相	0.001		2B	—
苊烯	ACY	Acenaphthylene	$C_{12}H_8$	3	152.20	93	270	3.42	8.9×10^{-1}	11.55	4.07 (3.40)	气相	0.001			—
苊	ACE	Acenaphthene	$C_{12}H_{10}$	3	154.20	96	279		2.9×10^{-1}	24.0	3.98 (3.66)	气相	0.001		3	—
芴	FLO	Fluorene	$C_{13}H_{10}$	3	166.23	117	294	0.8	8.0×10^{-2}	8.50	4.18 (3.86)	颗粒相/气相	0.001		3	—
菲	PHE	Phenanthrene	$C_{14}H_{10}$	3	178.24	101	340	0.435	2.5×10^{-2}	4.0	4.46 (4.15)	颗粒相/气相	0.001		3	—
蒽	ANT	Anthracene	$C_{14}H_{10}$	3	178.24	216	340	0.059	1.1×10^{-3}	6.0	4.5 (4.15)	颗粒相/气相	0.01		3	—
荧蒽*	FLA	Fluoranthene	$C_{16}H_{10}$	4	202.26	111	383	0.26	1.1×10^{-3}	0.659	4.90 (4.58)	颗粒相/气相	0.001		3	—
芘	PYR	Pyrene	$C_{16}H_{10}$	4	202.26	156	383	0.133	5.5×10^{-4}	1.10	4.88 (4.58)	颗粒相	0.001		3	—
苯并［a］蒽#	BaA	Benz［a］anthracene	$C_{18}H_{12}$	4	228.30	162	435	0.011	1.5×10^{-5}	0.102	5.63 (5.30)	颗粒相	0.1	0.1	2B	+
䓛#	CHR	Chrysene	$C_{18}H_{12}$	4	228.30	256	435	0.0019	6.1×10^{-7}	0.106	5.63 (5.30)	颗粒相	0.01	0.01	2B	±
苯并［b］荧蒽*#	BbF	Benzo［b］fluoranthene	$C_{20}H_{12}$	5	252.32	168	481	0.0024	2.1×10^{-5}	0.054	6.04 (5.74)	颗粒相	0.1	0.1	2B	++
苯并［k］荧蒽*#	BkF	Benzo［k］fluoranthene	$C_{20}H_{12}$	5	252.32	217	481		1.3×10^{-7}	0.111		颗粒相	0.1	0.1	2B	—
苯并［a］芘*#	BaP	Benzo［a］pyrene	$C_{20}H_{12}$	5	252.32	177	496	0.0038	7.5×10^{-7}	0.009	6.06 (5.74)	颗粒相	1	1	1	+++
茚并［1，2，3-cd］芘*#	IcdP	Indeno［1，2，3-cd］pyrene	$C_{22}H_{12}$	6	276.34	162.5-164	534		1.0×10^{-10}	N/A	6.58 (6.20)	颗粒相	0.1	0.1	2B	+
二苯并［a，h］蒽#	DahA	Dibenz［a，h］anthracene	$C_{22}H_{14}$	5	278.36	270	535	0.0004	4.3×10^{-10}	0.007	6.86 (6.52)	颗粒相	5§	0.4	2A	+++
苯并［g，h，i］苝*	BghiP/BPE	Benzo［g，h，i］perylene	$C_{22}H_{12}$	6	276.34	278	542	0.0003	1.4×10^{-8}	0.001	6.78 (6.20)	颗粒相	0.01		3	—

注：*已列入中国环境优先污染物黑名单的7种PAHs。#USEPA列出的7种具有潜在人体致癌性的PAHs；沸点单位为℃；熔点单位为℃；S表示25℃水溶解度（mg/L）；V_p表示25℃饱和蒸气压（Pa）；H表示亨利常数（Pa · m^3/mol）；$\lg K_{ow}$表示辛醇-水分配系数的对数值，引自 http://www.env.gov.bc.ca/wat/wq/BCguidelines/pahs/pahs-01.htm#tbl1。TEF［toxic equivalency factors（Tefs）］为毒性当量系数，由Nisbet和Lagoy（1992）提出。§环境暴露低剂量，高剂量暴露时TEF值为1更合适。PEF（potency equivalency factors）为加权当量系数，由OEHHA（1994）提出。‡引自国际癌症研究中心（International Agency for Research on Cancer，IARC），2012. 引自 http://monographs.iarc.fr/ENG/Classification/index.php。1表示有致癌性，2A的致癌性比2B高，3表示该物质对人体的致癌性尚未明确，4表示该物质很可能对人体无致癌性。¶致癌性：-不具致癌性，±未知或弱致癌性，+具致癌性，++、+++强致癌性。

资料来源：National Research Council（U. S.）. Committee on Biologic Effects of Atmospheric Pollutants，1972

为采集颗粒相PAHs，常用的滤纸有玻璃纤维滤膜和石英纤维膜。采集气相PAHs时，可以用固体吸附剂或液体吸收剂吸收的方法，常用的固体吸附剂有Tenax、XAD、Florisil、Chromosorb102、SepPark-C18及聚氨基甲酸乙酯泡沫（PUF）等，液体吸收剂有二甲基亚砜（段小丽等，2011）。已有研究表明，PUF是一种理想的气态PAHs吸附剂，因此被广泛用来采集气相PAHs（李军等，2004）。

常规分析方法是对样品采用索氏提取后，再用GC-MS分析，一般只测定US EPA优先监测的16种多环芳烃。索氏提取法被认为是经典的提取方法而被许多国家作为法定的提取大气颗粒物或气溶胶中有机物的标准方法。但是，索氏提取法具有溶剂消耗量大、消耗时间长、样品经多次转移易造成分析误差等缺点。因此，近年来超声波萃取、微波萃取、超临界流体萃取、固相微萃取、真空充氮升华法及加速溶剂提取（accelerated solvent extraction，ASE）等新技术作为索氏提取法的替代法被越来越广泛地应用到多环芳烃等有机物的前处理中来。其中，加速溶剂提取法又名加压流体萃取（pressurized liquid extraction，PLE），是一种新兴、快速、全自动的固体样品前处理方法，主要通过施加高压来增强溶剂的溶解性能和加速分析物的分离热力学过程（段小丽等，2011）。由于具有消耗溶剂少、提取时间相对较短、回收率较高等优点，近年来加速溶剂提取法在分析颗粒态及气态PAHs中得到了广泛应用（He and Balasubramanian，2009）。

近年来，部分学者采用新型热解气相分析方法处理膜样品，其基本思路是改有机溶剂提取为热解析，减少溶剂的消耗。例如，陈冬蕾（2011）开发了居里点热解析-GC/MS法（CPP-GC/MS），并与传统溶液提取法进行了比较，结果发现，绝大多数物质的比较结果较好，少数浓度较低的物质和有本底干扰的物质比对结果较差，总体上满足分析要求。CPP-GC/MS方法不消耗溶剂，没有样品前处理过程，相对于传统方法具有省时省溶剂的特点。另外，此方法对样品的利用率高，对采样量小的样品的测定比传统提取法容易，具有较高的时间分辨率，也适用于突发性大气污染的颗粒物样品分析。其利用CPP-GC/MS方法研究了水稻、甘蔗、金合欢、松枝露天焚烧颗粒态PAHs的排放因子。

1.3.5.6 杂环胺

杂环胺（heterocyclic amines，HAs）是具有较强诱变性和致癌性的一类化合物，其多数物种已被证实可致动物多种器官的癌变（Cheng et al.，2006；Alaejos et al.，2008）。HAs主要通过饮食摄入，于20世纪70年代研究加热的蛋白质食物时首先被发现（Nagao et al.，1977）。HAs在环境中普遍存在，不仅存在于餐饮源排放的油烟中，还存在于大气颗粒物、雨水、土壤、香烟烟雾、柴油机烟气、垃圾处理厂焚烧飞灰中（Kataoka，1997；Manabe et al.，1992）。发达国家已对 HAs 的形成、生物活性、暴露水平、致癌性等开展了系列研究，为定量评估其对人体健康的损害提供了基础。研究表明，HAs 主要生成机制是基于美拉德反应，即羰基化合物（还原糖类）和氨基化合物（氨基酸和蛋白质）在常温或加热时发生的一系列复杂反应（Sara et al.，2003）。不同学者推测煤炭和生物质燃烧会产生几种特定 HAs。在北京（董雪玲，2008）、东京（Manabe et al.，1993）等国内外超大城市开展的环境大气观测结果表明，主要 HAs 单体浓度存在明显的季节特征，均表现为冬季显著高于夏季，推测这些 HAs 部分源自冬季取暖燃煤和薪柴排放。但目前对 HAs 源排放的研究多集中在餐饮源油烟及食物原料和烹饪方法导致的排放差异（Oz and Kaya，2011；Jinap et al.，2013），以及香烟烟气中的 HAs 含量特征上（Zhang et al.，2011），对生物质、煤炭等燃烧过程的排放研究基本空白。

拟测定的 5 种 HAs 在环境样品中含量较高，分别为 2-氨基-3-甲基咪唑并[4，5-f]喹啉（IQ）、2-氨基-3，4-二甲基-3H-咪唑并喹啉（MeIQ）、2-氨基-1-甲基-6-苯基咪唑并[4，5-b]吡啶（PhIP）、2-氨基-9H-吡啶[2，3-b]吲哚（AaC）、2-氨基-3-甲基-9H-吡啶[2，3-b]吲哚（MeAaC），其结构、CAS 号等参见董雪玲（2008）文献。其中，IQ 致癌等级为 2A，MeIQ、PhIP、AaC、MeAaC 致癌等级为 2B，具体见表 1.7。

表 1.7 5 种 HAs 标样的名称、结构及 CAS 号

化学名称	简称	结构式	分子式	CAS 号	致癌性*
2-氨基-3-甲基咪唑并[4，5-f]喹啉 2-Amino-3-methylimidazo[4，5-f]quinoline	IQ	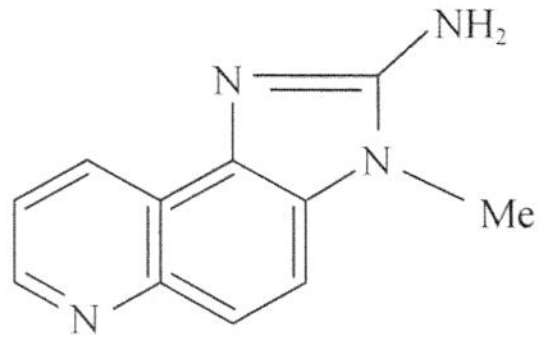	$C_{11}H_{10}N_4$	76180-96-6	2A
2-氨基-3，4-二甲基-3H-咪唑并喹啉 2-Amino-3，4-dimethylimidazo[4，5-f]quinoline	MeIQ	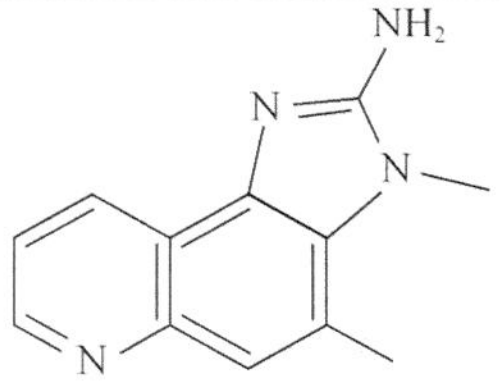	$C_{12}H_{12}N_4$	77094-11-2	2B
2-氨基-1-甲基-6-苯基咪唑并[4，5-b]吡啶 2-Amino-1-methyl-6-phenylimidazo[4，5-b]pyridine	PhIP	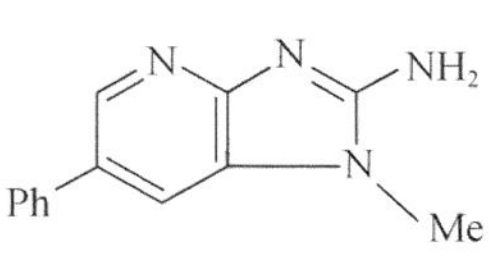	$C_{13}H_{12}N_4$	105650-23-5	2B

续表

化学名称	简称	结构式	分子式	CAS 号	致癌性*
2-氨基-9H-吡啶[2，3-b]吲哚 2-Amino-9H-pyrido[2，3-b] indole	AaC	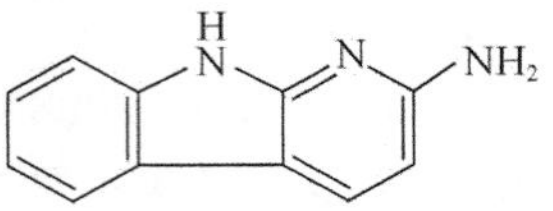	$C_{11}H_9N_3$	26148-68-5	2B
2-氨基-3-甲基-9H-吡啶[2，3-b]吲哚 2-amino-3-methyl-9H-pyrido[2，3-b] indole	MeAaC	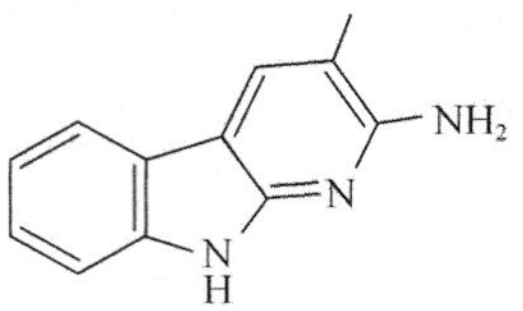	$C_{12}H_{11}N_3$	68006-83-7	2B

注：*引自国际癌症研究中心（IARC）。1 表示有致癌性，2A 的致癌可能性比 2B 高，3 表示该物质对人体的致癌性尚未明确，4 表示该物质很可能对人体无致癌性

1.4 排放清单研究进展

大气污染源排放清单是指在一定空间和时间范围内，各类空气污染源排放各种污染物的综合清单。大气污染源排放清单是研究大气污染成因、开展大气污染防治、制定污染控制政策和进行空气质量预报预警的关键环节。美国、欧盟等均建立了较为可靠的细分类源排放清单，以更加客观准确地调查和掌握污染源排污情况，作为排放源控制方案和灰霾治理政策的依据（USEPA，2006；EEA，2009）。

国际上排放清单研究方法主要有两种：一是分部门、分行业、分地域调查，用活动水平、排放因子等外推方法"自下而上"（bottom-up approach）估算；二是用地面、飞机、高塔、航船、卫星等观测资料，结合同期气象资料和模式"自上而下"（top-down approach）推算（UNEP，2011；USEPA，2012）。

现有的区域大气污染物排放清单研究主要以"自上而下"法为主，该方法可以帮助人们较快地掌握研究一地区的大气污染物排放总量，但对排放量分解落地的分辨率相对较低，容易造成模型模拟的偏差，同时不利于各地落实有针对性的污染源排放控制措施（Liu et al.，2010；黄成等，2011）。

近年来，通过"自下而上"法构建的含碳物质排放清单数量迅速增加（Cao et al.，2006；Xu et al.，2006；Lei et al.，2011；Lu et al.，2011；Zhang et al.，2011；Zhao et al.，2011），其中部分的可靠性受到质疑。Wang 等（2011）基于实测的 $\Delta BC/\Delta CO$ 的比值结果，推测通过"自下而上"法构建的 INTEX-B 清单高估了北京

地区生活源的排放。Fu 等（2012）基于 INTEX-B 排放清单模拟了中国各地 OC 和 EC 分布情况，并与实际的监测值进行了比对。其研究结果表明，在西藏等西部地区一些重要的源可能被遗漏了，特别是 OC 排放源，另外已有的清单排放量分布准确性较差。Pan 等（2012）基于长江三角洲地区观测到的 ΔEC/ΔCO 和 ΔOC/ΔCO 等特征，推断源于野外秸秆焚烧排放的 OC 和 EC 可能被低估了 50% 以上。

考虑目前对农村燃烧源排放的认识还不清晰，构建适合我国国情的区域及全国尺度上生物质燃烧及农户燃煤源含碳物质排放清单将在分析污染源现状和发展趋势、强化环境监督管理、城市和区域空气质量模拟及预测和测算大气环境容量、制定大气污染物排放总量控制规划和计划等领域发挥作用。构建生物质燃烧及农户燃煤区域高时空分辨率排放清单主要涉及燃烧排放源分类、活动水平数据获取及处理、排放因子测试、源清单估算方法与模型、时空特征识别与分配方法、污染源化学物种谱建立、排放清单不确定性分析与校验等。

1.4.1 排放清单编制方法

一般来讲，可以通过实地调研获得农户的活动水平，通过实验室或野外测定获取污染物的排放因子，再依据活动水平和排放因子计算获得某种污染物的排放量，但这种方法仅适用于小规模区域。在国家层面上，开展大规模的调研和监测耗时耗力，几乎不可能实现。因此，研究学者通常利用国家或省级的统计资料及国内外已有的排放因子相关文献进行清单的计算。

燃烧源排放清单可由活动水平与相应燃料的排放因子乘积获得，见式（1-1）。

$$Q_{j,k} = \sum_{i} M_{i,k} \times \mathrm{EF}_{i,j} \tag{1-1}$$

式中，$Q_{j,k}$ 为 k 地区 j 种污染物生物质燃烧总排放量；$M_{i,k}$ 为第 i 种生物质类型的燃烧量；$\mathrm{EF}_{i,j}$ 为 i 种生物质类型燃烧排放 j 种污染物的排放因子。其中，排放因子是指单位质量（一般为干重）燃料燃烧消耗伴随的污染物的生成量，是表征污染源含碳污染物排放的重要参数，经常用来判断某种污染源的排放强度，单位通常为 g/kg。排放因子的测定通常有两类方法：一是通过模拟燃烧实验直接获得燃料的消耗量和污染物排放量来计算；二是通过同步测定燃烧现场排放的污染物和 CO_2 浓度来推算（杨意峰，2010）。已有研究中采用的排放因子一般借鉴国内已有的实测结果结合国外相关研究结果（如美国环保署 AP-42 排放因子库）选定（Cao et al.，2006；Yan et al.，2006）。

理论上，式（1-1）得出的排放总量需乘以污染物排放未去除比例（即 $1-\eta$，其中，η 代表去除效率）。家庭炉灶燃烧时去除效率与不同燃烧器的设计构造有关。中国农村炉灶通常为烟道直排，由于烟道吸附容量有限，一般认为家庭燃烧排放的污染物基本上未被去除（即 $\eta=0$）（USEPA，2012）。开放式生物质燃烧不存在去除一项。

1.4.2 活动水平的估算方法

1.4.2.1 基于统计资料及调研

已有文献中生物质野外燃烧的活动水平主要根据生物质的产量和估算的焚烧比例进行计算。草谷比法是估算农作物秸秆产生量最常用的方法，一般由田间试验或专家估算得出。该方法的难点集中在草谷比和焚烧比例的确定。

（1）草谷比。毕于运等（2008）考察了我国草谷比数据的使用情况，认为该项数据的取值不当是秸秆产量估算存在显著差异的重要原因。本书对已有代表性草谷比进行了总结，具体见表 1.8。

表 1.8 文献中草谷比汇总

水稻	小麦	玉米	薯类	大豆	甘蔗	花生	麻类	来源
0.623		2.0	0.5	1.50	0.10	2.00	1.70	Li et al.，1998
1.0	1.0	2.0	1.0	1.5	—	2.0	—	李京京等，2001
0.97		1.37	0.61	1.71	0.25	1.52	1.70	韩鲁佳等，2002
1.76		2.00	0.20	0.21	0.30	—	—	Streets et al.，2003a
0.623	1.366	2	0.5	1.5	0.1	2	1.7	曹国良等，2005a
1.0		2.0	1.0	1.7	0.10	1.5	1.7	刘刚和沈镭，2007
0.623		2.0	0.50	1.50	0.10	—	2.50	Liu et al.，2008
0.95		1.25	—	—	—	—	—	田宜水，2008
1.0		2.0	1.0	1.5	0.1	2.0	1.0	北京土木建筑学会，2008
1.4		2.0	—	2.5	0.17	—	—	Bijay-Singh et al.，2008
1.01		1.10	0.77	1.44	0.1	1.26	2.00	Yuan et al.，2008

（2）焚烧比例。秸秆露天焚烧比例与农民的生活水平密切相关，随着经济生活水平的提高，农作物秸秆原有的一些用途被新的方式所取代，由于利用农作物秸秆的成本相对较高，农作物收割后直接在地头焚烧秸秆成为便利的处理方式。

农田秸秆的露天焚烧活动具有极强的季节性规律，其燃烧量水平受不同地区所处的气候带、农村生活水平、植被覆盖特征及各种农作物的产量等因素的影响。以中国为例，关于秸秆的露天焚烧量，2008 年之前我国基本没有这方面的统计资料。原国家环境保护总局开展的“全国生态现状调查与评估”中零星报告了几个省份 2000 年左右的秸秆露天焚烧比例（国家环境保护总局，2005a，2005b）。高祥照等（2002）基于土壤肥料专业统计数据报道了 2000 年各省份秸秆作为燃料和野外焚烧的比例。2003 年，农业部开展了秸秆利用与禁烧调查，初步了解了我国各地秸秆综合利用情况。Yan 等（2006）认为因瞒报等原因，使得统计数据值显著偏低，其推断中国秸秆露天焚烧比例为 24.2%。

部分学者开展过相关的研究，如通过调查问卷获取焚烧状况，或采用卫星监测的火点数计算焚烧面积等。曹国良等（2005a，2005b，2006，2007）在计算农田秸秆露天焚烧时，按田间废弃秸秆量的 50% 开展估算，其认为各地秸秆露天焚烧的比例主要由农民的收入水平、秸秆利用成本所决定，其进一步通过居民年平均收入来估算各地区秸秆露天焚烧量。李兴华（2007）、王书肖和张楚莹（2008）等通过 2006 年开展的 206 份有效问卷确定了省级水平上的秸秆焚烧情况，并将结果应用于 2002 年全国生物质燃烧排放清单计算；但将其结果应用于地级市，甚至更小维度的县级行政区划上存在困难。张彦旭（2010）采用 29 个省份的人均收入水平作为自变量（不含甘肃、新疆和港澳台地区），将秸秆焚烧量占总秸秆产量的比例作为回归变量，建立了估算野外秸秆焚烧比例的公式，公式可决系数 r^2 达 0.70。秸秆焚烧量占秸秆总产量的比例与人均收入水平成正相关关系，表明收入较低的家庭更趋向于更合理地使用秸秆作为生活用能源。本书通过对文献的整理，得出中国不同地区（华北、华东、西北、西南）秸秆的利用情况，结果表明，不同区域及同一区域的不同城市间对秸秆的处理方式均存在巨大差异（表 1.9）（我国港澳台地区因数据暂缺，相关数据未予统计分析）。

1.4.2.2 卫星遥感

近年来，随着卫星遥感影像获取渠道多样化，遥感数据更加公开，而且对于森林和草原火灾的监测，目前的卫星监测基本能做到全覆盖。以 2009 年为例，通过我国风云卫星、美国 NOAA 和 EOS 系列卫星监测的热点数为 15 009 个，其中，反馈为森林火灾的为 1895 个，占热点总数的 12.6%（国家林业局，2011）。因此，使用卫星监测得到的着火点来预警生物质燃烧和计算野外生物质焚烧量成为一种新的方法。

早期研究人员一般利用卫星火点产品反演燃烧面积，从而估算生物质燃烧量。主要的卫星火点数据有中分辨率成像光谱仪（moderate resolution imaging spectroradiometer，MODIS）、沿轨扫描辐射计（along track scanning radiometer，ATSR）和高级甚高分辨率辐射计（advance very high resolution radiometer，AVHRR）。虽然，卫星火点产品能够较为准确地捕捉燃烧发生的时间和地点，但

表 1.9 文献中报道的中国秸秆焚烧比

（单位：%）

地区	2000 年[§]	2000 年[※]	2000～2003 年[‡]	2000 年[*]	2001 年[*]	2002 年[*]	2003 年[*]	2003 年[¶]	2003 年[⊥]	2006 年[#]	2006 年[+]	污染源普查值	最大值	最小值	中值
北京	0		0	45.3	45.3	45.1	45.2	37.7		0		0.92	45.3	0	29.25
天津	1		0	40.4	40.5	40.3	40.6	32.4		0	33.9	17.50	40.6	0	32.4
河北	10	8.1	20	24.2	24.2	24.2	24.2	19.2		16.1		3.90	24.2	3.9	20
山西	2	3.5	20	21	21	21	21	18.5	18.9	16.1	14.7	5.00	21	2	18.5
内蒙古	12.5		0	21.3	21.3	21.3	21.3	13.9		16.1	0.5	3.38	21.3	0	15.6
辽宁		1.4	20	21.1	21.1	21.1	21.1	18.7		12.5	55.7	1.80	55.7	1.4	21.1
吉林	0.1		30	21	21	21	21	17.5		12.5	51.4	20.98	51.4	0.1	21
黑龙江	8	2.9	30	22.4	22.4	22.4	22.4	20.2	10.8	12.5		16.00	30	2.9	18.1
上海		7.5	0	48.8	48.4	48.8	48.7	47.5		0	0	23.53	48.8	0	23.53
江苏	33	7.2	30	34.2	34.2	34.2	34.2	32	14.8	24.6	36.7	10.00	36.7	7.2	33
浙江	13.7	12	30	42.6	42.6	42.6	42.6	48.6		24.6	27.1	22.00	48.6	12	28.55
安徽		14.6	20	18.7	18.7	18.7	18.7	29.6		24.6	28.6	24.90	29.6	14.6	20
福建		11.2	30	32.6	32.6	32.6	32.5	38		24.6	4.2	11.20	38	4.2	30
江西		2	20	21.7	21.7	21.7	21.7	31.7		24.6	18.1	12.50	31.7	2	21.7
山东	20	5.8	30	26.5	26.5	26.5	26.5	21	13.6	24.6	26.7	11.50	30	5.8	26.5
河南	14.1	5.2	20	19.7	19.7	19.7	19.7	18.4	15.5	19.7		6.33	25.7	5.2	19.7
湖北		0	20	23.4	23.4	23.4	23.4	30.6		19.7	28.5	0.00	30.6	0	23.4
湖南		12.2	20	22.3	22.3	22.3	22.3	29		19.7		15.20	29	12.2	22.3
广东	12.60	7.60	30.00	36.40	36.50	36.40	36.50	30.10		19.70	10.00	10	36.5	7.6	30
广西			20	16.7	16.7	16.7	16.7	22.9		19.7	22.1		22.9	15	16.7

续表

地区	2000年[§]	2000年[※]	2000～2003年[‡]	2000年[*]	2001年[*]	2002年[*]	2003年[*]	2003年[¶]	2003年[⊥]	2006年[#]	2006年[+]	污染源普查值	最大值	最小值	中值
海南	0	25	30	30.3	30.7	30.8	30.2	27.1		19.7		3.30	30.8	0	27.1
四川		3.1	20	19.9	19.9	19.9	19.9	14.4		14.4	25	12.52	25	3.1	19.9
重庆			20	19.4	19.4	19.4	19.4	22		14.4	36	22.90	36	14.4	19.7
贵州		30	20	15	15	15.1	15	13.5		14.4	10.8	15.80	30	10.8	15
云南	17.1		20	11.5	11.5	11.4	11.4	18.4		14.4	19.4	32.75	32.75	11.4	15
西藏			0	8.3	8.3	8.2	8.5	16.2		14.4		0.00	16.2	0	8.3
陕西		6.4	20	14.8	14.8	14.8	14.8	15.2	13.3	15.9	15.6	5.44	20	5.44	14.8
甘肃		1.7	10	16.6	16.6	16.6	16.6		10.2	15.9	11.7	11.17	16.6	1.7	11.7
青海			0	9.9	9.9	10.3	10.1	17.9	10.1	15.9	53.1	8.70	53.1	0	10.1
宁夏		7.5	10	20.2	20.1	20.3	20.1	19.5		15.9	24.3	9.25	24.3	7.5	19.5
新疆	0		10	19.1	19.1	19.2	19.2	37.7		15.9		4.22	37.7	0	17.5

注：§表示引自国家环境保护总局（2005a，2005b），报告中仅报道了废弃和焚烧的合计值，本书按废弃量占总秸秆量的5%估算，若合计值小于5%，则假定全部废弃。※表示引自高祥照等（2002）。‡表示引自曹国良等（2005a，2005b）。*表示引自曹国良等（2007），曹国良等（2006）中的焚烧比例设置与此相近。¶表示引自张彦旭（2010）。⊥表示引自刘建胜（2005）。#表示引自李兴华（2007）、王书肖和张楚莹（2008）。+表示引自李彦明等（2008），来自2006年农业部有机肥调研数据。空白处为文献未报道。本表未包含台港澳地区数据

无法表征燃烧范围，而且利用火点代替相应的燃烧面积可能会引入较大误差，增加燃烧排放估算的不确定性（Smith et al.，2007）。因此，包含燃烧面积的火烧迹地产品能更准确地估算实际燃烧情况，常见的卫星遥感燃烧面积和火点产品见表1.10。

表1.10　现有卫星遥感燃烧面积和火点产品

产品	卫星类型	卫星	覆盖范围及分辨率	运行状态
Global Burned Area (GBA) 1982～1999	极地	NOAA-AVHRR	全球，8 km，每周	终止
GBA 2000	极地	SPOT VEGETATION	全球，1 km，每月	终止
GLOBSCAR 2000	极地	European Remote Sensing Satellites (ERS) Along Track Scanning Radiometer (ATSR)	全球，1 km，每月	终止
L3JRC 2000～2007	极地	SPOT VEGETATION	全球，1 km，每天	终止
Global Fire Emissions Database version 2 (GFED v2)	极地	MODIS (2001 onward), TRMM-VIRS and ATSR (for the pre-2001 period), and burned area (MODIS)	0.5km，每月，1997～2006年	终止
GFED v3			0.5km，每月，1997～2009年	终止
Global Carbon Burnt Area Estimate (BAE)		VEGETATION, (A) ATSR and MERIS	每月，1998～2007年	终止
Fire count products TRIMM	极地	Tropical Rainfall Measuring Mission (TRMM)——Visible and Infrared Scanner (VIRS)	0.5°×0.5°，38°N和38°S之间，1998年	终止
World Fire Atlas	极地	European Remote Sensing Satellites (ERS) Along Track Scanning Radiometer (ATSR)	全球，1km×1km，每日，1996年7月	运转
MODIS	极地	MODIS	1km × 1km，每日，2001年	运转
Fire counts and fire radiative power 2004	同步	Spinning Enhanced Visible and Infrared Imager (SEVIRI) Meteosat-8 satellite	非洲，3 km，每15分钟	终止

资料来源：Keywood et al.，2013；Langmann et al.，2009

GLOBCARBON Burnt Area Estimate（BAE）产品存在大量燃烧面积未能捕捉到的问题，并且严重低估了亚洲的实际燃烧面积（European Space Agency,

2006）。L3JRC 产品来自 SPOT VEGETATION 卫星传感器的观测，具有中等尺度（1km）的空间分辨率和逐日分辨率。MCD45A1 产品来自 MODIS 传感器。尽管 L3JRC 和 MCD45A1 产品获得的全球范围燃烧面积大致相当，但具体到大陆尺度上差别非常大（常迪，2010）。常迪（2010）进一步比较了 2001 ~2006 年 L3JRC 和 MCD45A1 产品估算的中国非农业生物质燃烧面积，并将其与《中国林业年鉴》的结果进行了比对，结果表明，与 L3JRC 相比，MCD45A1 产品与中国的森林火灾统计数据吻合较好，因此该火迹产品更适用在亚洲。宋宇等进一步运用卫星监测的野外着火点面积估算了中国非农业生物质开放式燃烧的面积和总量（主要为森林大火和草原大火）（Song et al.，2009，2010；Huang et al.，2011b，2012）。GFED v2.1 产品同样来自 MODIS 火点产品反演，其结果与 MCD45A1 产品接近（Giglio et al.，2006）。

表 1.11 列出了针对中国提供卫星监测火点信息的国内数据库。环境保护部基于 Terra MODIS、Aqua MODIS 数据，在秸秆焚烧期发布当日环境卫星秸秆焚烧遥感监测日报。中国科学院基于历史 Terra MODIS、Aqua MODIS 数据，制作了多个分辨率为 1km 的温度异常/火 L3 级产品。同时，国家卫星遥感数据服务网提供分别基于 FY-3A、FY-3B、FY-3C 三颗国产卫星的火点日产品，但时效性较 MODIS 滞后。

表 1.11　提供卫星监测火点信息的国内数据库

名称	详细	原理	网址	时效性	分辨率
环境卫星秸秆焚烧遥感监测日报	秸秆焚烧期，每日公布	基于 Terra MODIS、Aqua MODIS 数据	环境保护部	当日发布	火点经纬度
MOD14A1 每日 1km 温度异常/火 L3 级产品	MODIS 国内镜像，区域为中国境内。中国区域范围内数据与 NASA 同步更新	基于 Terra 和 Aqua 两颗卫星	中国科学院数据云	历史数据 2010 年 7 月 28 日前	1km
MOD14A2 1km 温度异常/火 8 天合成产品	MODIS 国内镜像	同上	中国科学院数据云	同上	1km
MYD14A1 每日 1km 温度异常/火 L3 级产品	MODIS 国内镜像	同上	中国科学院数据云	同上	1km
MYD14A2 1km 温度异常/火 8 天合成产品	MODIS 国内镜像	同上	中国科学院数据云	同上	1km
VIRR 火点日产品	火点判别	FY-3A 卫星	国家卫星遥感数据服务网	滞后 2 天	1km

续表

名称	详细	原理	网址	时效性	分辨率
VIRR 火点日产品	火点判别	FY-3B 卫星	国家卫星遥感数据服务网	滞后 1 天	1km
VIRR 全球火点监测产品	火点判别	FY-3C 卫星	国家卫星遥感数据服务网	滞后 2 天	1km

国外方面，可以获取中国火点信息的包括美国国家航空航天局（National Aeronautics and Space Administration，NASA）接近实时的 Global Daily MODIS Fire Products 和 EOSDIS Active Fire Data；美国地质勘探局（United States Geological Survey，USGS）提供的每 8 天一次的 MYD14A1.005 和 MOD14A1.005 产品，同样基于 Aqua 卫星和 Terra 卫星，分辨率为 1km，至 2014 年 10 月；马里兰大学（UMD）发布的每月 MODIS 火点和燃烧面积产品 MCD45A1.005 和 MCD45A1.051，分辨率为 500m，至 2014 年 9 月；欧洲航天局（European Space Agency，ESA）提供的基于 ATSR-2 卫星（1995～2002 年）和 AATSR 卫星（2003～2012 年）制作的 ATSR World Fire Atlas，分辨率为 1km，至 2012 年年底；以及 Global Fire Monitoring Center（GFMC）提供的火点信息。

受卫星分辨率、监测时间、云层遮挡等因素的影响，卫星产品在有效反演燃烧范围一般较小的农田燃烧上存在极大困难，众多燃烧活动没有被监测到，导致获得的农田秸秆焚烧活动水平一般为低估值。以 EOS-MODIS 为例，其最小探测面积虽然可以达 $50m^2$，但难以探测到以户为单元的或成堆的秸秆焚烧，而且 EOS-MODIS 过境时间在中午前后和午夜前后（Terra 卫星白天过境时间为 10：30 左右、Aqua 卫星白天过境时间为 13：30 左右），中间 12h 无监测，但农民一般在傍晚焚烧秸秆，而且秸秆燃烧时间短，因此会存在较大比例的漏测现象（毕于运等，2008）。而中国气象局国家卫星气象中心秸秆火点监测所采用的气象卫星数据（白天图像）仅能探测最小为 $100m^2$的完全燃烧的火场，若干小规模的秸秆焚烧会被漏掉（毕于运，2010）。宋宇等运用卫星监测的野外着火点面积估算了中国生物质开放式燃烧的面积和总量，显著低于已有的研究结果（Song et al.，2009，2010；Huang et al.，2011，2012）。基于以上因素，近期国内外相关研究均采用卫星数据来估算草原及森林大火的焚烧量，而对秸秆野外焚烧量仍采用基于粮食产量得到的秸秆产生量和焚烧比进行确定（Huang et al.，2011b；Permadi and Kim Oanh，2013）。

1.4.3 燃烧排放清单的时空分布

Reddy 和 Venkataraman（2002）给出了 $0.25°\times0.25°$ 水平上印度生物质燃烧

的气溶胶和二氧化硫排放清单，并基于土地利用类型、农村和人口分布、农村及城市薪柴使用量和森林植被覆盖等得出GIS分布。其他学者根据类似方法对生物质燃烧源清单进行了空间分配（Streets et al.，2003b；Bond et al.，2004；曹国良等，2005a，2006；Cao et al.，2006）。关于中国生物质燃烧时间分布的研究相对较少。野外燃烧的季节分配一般根据MODIS监测点数进行时间上的分配（Streets et al.，2003b）。宋宇等进一步结合模型解析了MODIS着火点的具体面积，进而构建了中国不同地区和季节的露天秸秆燃烧排放特征（Song et al.，2009；Huang et al.，2012）。其他学者基于问卷调查对露天秸秆焚烧月度数据进行了分配，其中6～11月的焚烧量占全年的74%以上（王书肖和张楚莹，2008）。

1.4.4 清单不确定性分析

排放清单不确定性评估方法有定性评估、半定量评估和定量评估三种（NARSTO，2005）。鉴于清单不确定性评估的重要性，已有研究多选择方法较为科学、描述较为准确的定量评估法来完成该工作。在数据可得且具有随机代表性的情况下，统计分析手段适用于分析定量排放因子或活动因子的不确定性（钟流举等，2007）。在源排放清单估算时，不确定性来自生物质燃烧量和相应的排放因子。一般认为，排放因子的不确定性是源排放清单估算值范围偏差较大的主要原因。

1.4.4.1 假定排放因子正态分布

Streets（2003b）等估算排放清单不确定性的方法如下，其假定排放因子误差为正态分布。

$$CV = \frac{U}{Q} = 1.96 \times \sqrt{(1 + C_a^2)(1 + C_f^2) - 1} \tag{1-2}$$

$$U = \sqrt{\sum_i (U_i^2)} \tag{1-3}$$

式中，Q为排放源排放量；i为生物质的燃烧方式；C_a为排放源活动水平的相对标准差；C_f为排放源排放因子的相对标准差；U为排放源的不确定性；CV为排放量的相对标准差。

Streets等（2003b）据此估算了中国和亚洲地区生物质燃烧（剔除家庭燃料）排放量的不确定性。研究结果表明，各污染物排放量的不确定性在180%～420%，其中，CO_2、CH_4、VOC的不确定性较小，BC和OC排放量的不确定性在400%以上。李兴华（2007）将秸秆露天明火焚烧量、秸秆和薪柴作为燃料的消耗量不确定度均取为50%，草原火灾和森林大火生物质燃烧量不确定度取为100%进行了不确定估算。研究结果表明，草原火灾和森林火灾的不确定度相对较高，原因是活动水平的不确定性高，同时由于缺乏实测的排放因子，排放因子的不确定度较高（表1.12）。

表1.12　各种燃烧方式排放的不确定度（95%置信度）　（单位：%）

燃烧方式	CO_2	CO	CH_4	NMHCs	$PM_{2.5}$	OC	EC
秸秆炉灶燃烧	105	145	207	215	136	142	183
薪柴炉灶燃烧	99	122	234	226	101	116	116
秸秆露天焚烧	100	117	165	225	142	148	120
森林火灾	150	164	187	211	172	156	212
草原火灾	198	234	255	231	227	260	250
平均	63	94	138	137	81	88	86

1.4.4.2　假定排放因子偏正态分布

Bond等（2004）对Streets的方法进行了改进，其根据2侧K-S goodness-of-fit检验已有的排放因子库，结果表明，已经发表的各地区排放因子更符合偏正态分布。

$$E(x) = \exp(\mu + 0.5\sigma^2) \tag{1-4}$$

$$\text{c. i.}_{(1-\alpha)} = \exp\left(\mu \pm \frac{\sigma}{\sqrt{n}} t_{\alpha/2,\ n-1}\right) \tag{1-5}$$

在亚洲地区，家庭燃烧排放的BC是不确定度最大的，主要是因为排放因子和活动水平是与人口及大量能源的消费相关联。Bond认为，随着薪柴燃烧排放BC特征研究的不断深入，不确定性将更多地受活动水平影响。对于OC而言，活动水平和排放因子的变动对不确定性均有显著贡献。

1.4.4.3　蒙特卡罗模拟

通常，用来估测排放因子的测量数据来自同一个污染源的多次随机抽样。这些数据的分布代表了该污染源某种污染物排放大小的变化范围，这个变化范围常常可以用一个概率分布模型来描述。基于自展抽样（bootstrap simulation）的数值分析方法被广泛运用来估算排放因子或活动因子的不确定性大小（Frey and Zheng，2002；NARSTO，2005）。排放因子或活动数据的不确定性通过排放清单模型传递到模型输出，以量化源清单的不确定性范围，通常使用蒙特卡罗（Monte Carlo）数值模拟技术来完成这项工作。蒙特卡罗模拟的优点是使用的灵活性及不限制模型输入分布的类型，因而在不确定性传递过程中得到了广泛的运用。Zheng等（2009）运用该方法估算了珠三角地区生物质燃烧排放的不确定性。Yuan 等（2008）运用蒙特卡罗模拟法估算了中国野火燃烧排放 PAHs 量的不确定性。

定量不确定性评估过程中需要使用大量现代统计学、数学理论和技术。目前已有不少相应的软件得到了开发和应用，其中 AuvTool 软件得到了广泛应用。该软件由 J. Y. Zheng 及 H. Christopher Frey 研发，用于确定定量风险评估中的变量和不确定度（Zheng，2002；Frey and Zheng，2002）。该软件采用自主模拟（bootstrap simulation）和二维蒙特卡罗模拟（two-dimensional monte carlo simulation）来处理变量和不确定度的确定，建立混合分布，测量错误并自动校正数据，原理参见图 1. 8。该软件已应用于评估珠江三角洲氨排放、生物源 VOCs 排放等研究（Zheng et al. ，2009，2010）。

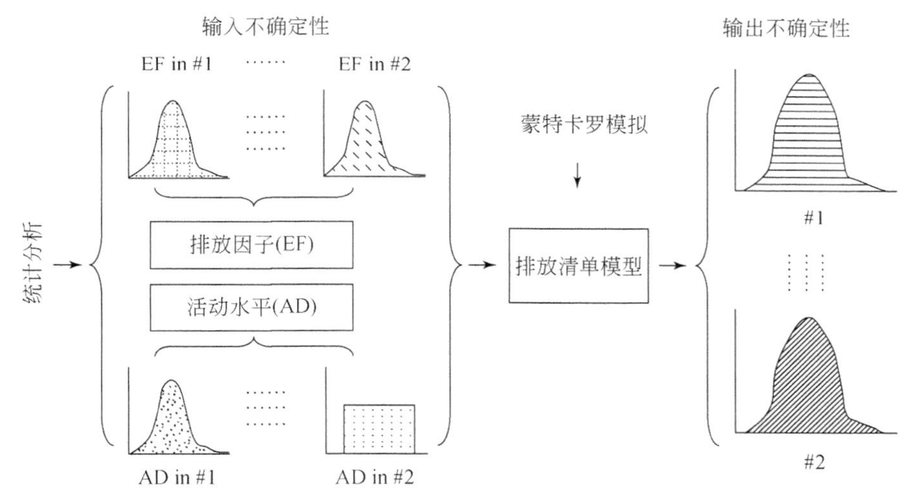

图 1. 8　AuvTool 软件不确定性计算原理

资料来源：Zheng et al. ，2012

AuvTool 软件计算不确定性步骤如下：①输入已知的排放因子，确定排放因子的概率分布函数，选择最优拟合方法；②确定排放活动的概率分布函数；③随机产生一对排放因子和排放活动数据；④计算排放量；⑤重复③、④步一定次数，通常是 10 000 次，得到一系列的排放量，计算其算数均值、几何均值、标准差、频率分布等参数，估计排放量计算的不确定性。

1. 4. 4. 4　专家判断法

在实际运用中，由于数据缺乏，可以通过专家判断（expert judgment）等手段对排放因子等关键数据的不确定性进行量化分析。通过专家协议制定专家问卷，从问卷中获取专家对所需求关键数据的定量判断，并对专家判断进一步解析，为清单的开发及其不确定性的量化提供依据。USEPA 将现有的排放因子设置了排放等级，划分为 A、B、C、D、E 五个级别，可根据测定的排放因子的等级设置不确定度（Bond et al.，2004）。

1.5 研究目的与章节内容

1.5.1 研究目的

中国面临的大气复合污染问题是发达国家未曾遇到过的复杂的复合型环境污染，主要表现为多污染物相互作用、多类污染源排放、多种过程耦合及多尺度污染相互关联。因此，亟须完善对某些了解薄弱的重点源排放数据的获取与分析，而农村典型燃烧源（主要包括生物质燃烧和农户生活燃煤）是其中的重要部分。鉴于生物质燃烧与农户生活燃煤排放的含碳物质对局地空气质量和区域气候变化具有潜在且重大的影响，对其开展进一步的研究具有重要的现实意义。

目前，我国在生物质燃烧和农户生活燃煤含碳污染物排放领域的研究主要存在以下几方面局限：①已有的生物质和民用煤燃烧排放特征研究尚不完善，使得对大气环境中 $PM_{2.5}$、VOCs、PAHs 等有毒有害含碳污染物的来源解析存在较大不确定性；②生物质和民用煤燃烧含碳物质的释放规律及其影响因素尚不明确；③生物质和民用煤燃烧排放清单是我国污染源排放清单研究中相对薄弱的部分，存在的不确定性较高。

针对以上问题，本书的研究目的是：

（1）通过实验室模拟珠三角地区不同类型生物质野外焚烧、生物质燃料家庭炉灶燃烧和蜂窝煤燃烧，分析不同燃料含碳污染物的排放特征及其影响因素。

（2）通过实地调研确立珠三角地区生物质和农村生活用煤活动水平，结合实验室模拟获得的实测排放因子，构建区域水平上高分辨率农村生物质和农户民用煤燃烧含碳物质的排放清单，进而评估不同区域农村典型燃烧源含碳物质排放对区域大气污染的贡献。

（3）评估中国农村典型燃烧源活动水平和含碳污染物排放因子的不确定性，构建本土化的排放因子库。运用不确定性削减后的活动水平和排放因子，构建国家水平上的农村典型燃烧源含碳物质排放清单。

1.5.2 章节内容

本书内容分为7章，其中第1章为导论，主要介绍开展农村生物质及煤燃烧源含碳污染物排放研究的大气化学意义，阐述已有研究中这两类燃烧源排放对我国典型城市群地区大气质量的影响，总结国内外在检测技术、外场/实验室观测、排放特征、排放清单等方面的研究进展。

第2章为燃烧采样平台设计和分析方法建立。本章详细描述了燃烧源采样系统和实验室测量方法的建立，采样系统建立包括采样系统的设计要求、设计原理、系统各部件的设计、系统结构、系统质量保证（quality assurance，QA）/质量控制（quality control，QC）等；实验室测量方法建立包括实验的设计思路、燃烧平台的搭建、样品采集、不同含碳物质的分析检测手段、实验QA/QC等。

第3章为农村典型燃烧源含碳物质排放特征。本章运用建立的采样系统和实验方法，通过实验室模拟获取生物质开放式燃烧（焖烧和明火）、炉灶燃烧（秸秆、薪柴、林木落叶）、蜂窝煤燃烧等燃烧过程中含碳物质的排放特征；探讨了燃料重量、湿度、燃烧温度等实验条件对含碳物质释放特征和规律的影响。

第4章为农村生物质及煤燃烧源含碳气溶胶排放清单。本章根据各类统计数据、文献调研结果，采用“自下而上”（bottom-up）的方法计算得到农村生物质及农户燃煤等的活动水平，按县级农户能源利用结构进行分配。结合已有测定结果和本书实测结果确定本土化的含碳物质排放因子库，构建县区级尺度上含碳物质的排放清单；并对不同燃料、不同燃烧方式的含碳物质排放量、空间分布、对区域污染物的贡献、与已有研究的比较及清单不确定性等进行了深入分析。

第5章为高分辨率生物质燃烧含碳气溶胶排放案例研究。课题组在珠江三角洲地区典型城市不同季节开展实地调研，获取当地秸秆野外焚烧现状和农户家庭秸秆、薪柴和煤炭的消耗情况等资料；结合活动水平、农户能源使用结构等调研信息及实测排放因子，构建高分辨率珠三角地区生物质燃烧含碳物质排放清单；与珠三角人为源含碳物质排放清单进行比较分析，评估生物质燃烧对珠三角区域及各城市大气污染的贡献；结合珠三角土地利用和季节分布特征获取生物质燃烧含碳物质时空排放特征。

第6章为农村典型燃烧源排放含碳污染物的环境风险评价。农户室内生物质和煤炭燃烧排放的多种污染物对其健康造成威胁，而妇女由于烹饪等活动在厨房的停留时间显著多于其他人群，面临更高的风险，有必要对其职业暴露风险进行评估。在依据实测获取生物质及煤炭燃烧各污染物可靠排放特征的基础上，设定不同暴露情景，定量评估各种情景下农村妇女的健康风险，并识别主要风险污染物。

第7章为结论与讨论。

参考文献

白志鹏，陈魁，朱坦，等. 2004. 烟道气湍流混合稀释采样系统研究与开发. 天津：城市环境空气颗粒物源解析国际研讨会.

北京土木建筑学会. 2008. 新农村建设生物质能利用. 北京：中国电力出版社.

毕于运. 2010. 秸秆资源评价与利用研究. 北京：中国农业科学院博士学位论文.

毕于运，王道龙，高春雨，等. 2008. 中国秸秆资源评价与利用. 北京：中国农业科学技术出版社.

曹国良，张小曳，王丹，等. 2005a. 中国大陆生物质燃烧排放的污染物清单. 中国环境科学，25（4）：389-393.

曹国良，张小曳，王丹，等. 2005b. 秸秆秸秆露天焚烧排放的TSP等污染物清单. 农业环境科学学报，24（4）：800-804.

曹国良，张小曳，王亚强，等. 2007. 中国区域农田秸秆露天焚烧排放量的估算. 科学通报，52（15）：1826-1831.

曹国良，张小曳，郑方成，等. 2006. 中国大陆秸秆露天焚烧的量的估算. 资源科学，28（1）：9-13.

常迪. 2010. 利用卫星数据估算亚洲非农业生物质燃烧排放. 北京：北京大学硕士学位论文.

陈冬蕾. 2011. CPP-GC/MS系统测量颗物有机物的方法开发及其应用. 北京：北京大学硕士学位论文.

董雪玲. 2008. 北京市大气颗粒物中有机污染特征及来源判识. 北京：中国地质大学博士学位论文.

段小丽，陶澍，徐东群，等. 2011. 多环芳烃的人体暴露和健康风险评价方法. 北京：中国环境科学出版社.

高祥照，马文奇，马常宝，等. 2002. 中国作物秸秆资源利用现状分析. 华中农业大学学报，21（3）：242-247.

国家环境保护总局. 2005a. 全国生态现状调查与评估华北卷. 北京：中国环境科学出版社.

国家环境保护总局. 2005b. 全国生态现状调查与评估西北卷. 北京：中国环境科学出版社.

国家林业局. 2011. 中国林业年鉴2010. 北京：中国林业出版社.

国家统计局. 2007. 中国统计年鉴2007. 北京：中国统计出版社.

韩鲁佳，闫巧娟，刘向阳，等. 2002. 中国农作物秸秆资源及其利用现状. 农业工程学报，18（3）：87-91.

贺克斌，杨复沫，段凤魁，等. 2011. 大气颗粒物与区域复合污染. 北京：科学出版社.

黄成，陈长虹，李莉，等. 2011. 长江三角洲地区人为源大气污染物排放特征研究. 环境科学学报，31（9）：1858-1871.

孔少飞，白志鹏，陆炳，等. 2011. 固定源排放颗粒物采样方法的研究进展. 环境科学与技术，34（12）：88-94.

李京京，任东明，庄幸. 2001. 可再生能源资源的系统评价方法及实例. 自然资源学报，16（4）：373-380.

李军，张干，祁士华. 2004. 广州市大气中多环芳烃分布特征、季节变化及其影响因素. 环境科学，25（3）：7-13.
李兴华. 2007. 生物质燃烧大气污染物排放特征研究. 北京：清华大学博士学位论文.
李彦明，苑亚茹，李国学，等. 2008. 我国有机废物循环利用现状及管理建议. 沈阳：中国农学会耕作制度分会2008年会暨全国现代农作制度发展学术研讨会论文集：464-471.
林云. 2009. 生物质开放式燃烧污染排放特征模拟研究. 北京：北京大学硕士学位论文.
刘刚，沈镭. 2007. 中国生物质能源的定量评价及其地理分布. 自然资源学报，22（1）：9-19.
刘建胜. 2005. 我国秸秆资源分布及利用现状的分析. 北京：中国农业大学硕士学位论文.
刘源. 2006. 中国含碳气溶胶来源研究. 北京：北京大学硕士学位论文.
陆炳，孔少飞，韩斌，等. 2012. 2007年中国大陆地区生物质燃烧排放污染物清单. 中国环境科学，31（2）：186-194.
罗云峰，吕达仁，李维亮，等. 2000. 近30年来中国地区大气气溶胶光学厚度的变化特征. 科学通报，45（5）：549-554.
马社霞，唐小玲，毕新慧，等. 2007. 广州市大气气溶胶中水溶性有机物的季节变化. 环境科学研究，20（3）：21-26.
毛健雄，毛健全，赵树民. 2000. 煤的清洁燃烧. 北京：科学出版社.
山东大学. 2009. 环渤海区域灰霾天气的形成特征及其对大气质量的影响（内部报告）.
沈国锋. 2012. 室内固体燃料燃烧产生的碳颗粒物和多环芳烃的排放因子及影响因素. 北京：北京大学博士学位论文.
苏继峰. 2011. 秸秆焚烧对南京及周边地区空气质量的影响. 南京：南京信息工程大学硕士学位论文.
谭吉华. 2007. 广州灰霾期间气溶胶物化特性及其对能见度影响的初步研究. 北京：中国科学院研究生院博士学位论文.
田贺忠，赵丹，王艳. 2011. 中国生物质燃烧大气污染物排放清单. 环境科学学报，31（2）：349-357.
田宜水. 2008. 农作物秸秆开发利用技术. 北京：化学工业出版社.
王琴. 2011. 大气羟基化合物的浓度变化及来源研究. 北京：北京大学硕士学位论文.
王书肖，张楚莹. 2008. 中国秸秆露天焚烧大气污染物排放时空分布. 中国科技论文在线，3（5）：329-333.
王效科，冯宗炜，庄亚辉. 2001. 中国森林火灾释放的 CO_2、CO 和 CH_4 研究. 林业科学，37（1）：90-95.
杨凌霄. 2008. 济南市大气 $PM_{2.5}$ 污染特征、来源解析及其对能见度的影响. 济南：山东大学博士学位论文.
杨意峰. 2010. 农村燃烧导致的室内颗粒物和PAHs污染. 北京：北京大学硕士学位论文.
姚青，韩素琴，蔡子颖. 2012. 天津一次持续低能见度事件的影响因素分析. 气象，38（6）：688-694.
姚婷婷. 2010. 室内挥发性有机物污染特征的模拟与实测研究. 北京：北京大学博士学位

论文.
于雪娜. 2004. 固定源稀释通道采样系统的研制与应用. 北京：北京大学硕士学位论文.
张鹤丰. 2009. 中国农作物秸秆燃烧排放气态、颗粒态污染物排放特征的实验室模拟. 上海：复旦大学博士学位论文.
张彦旭. 2010. 中国多环芳烃的排放、大气迁移及肺癌风险. 北京：北京大学博士学位论文.
钟流举，郑君瑜，雷国强，等. 2007. 大气污染物排放源清单不确定性定量分析方法及案例研究. 环境科学研究，20（4）：15-20.
周楠. 2005. 等速追踪固定源稀释通道采样装置的研制及其应用研究. 北京：北京大学硕士学位论文.
朱先磊. 2004. 典型地区农作物秸秆燃烧有机物源成分谱及有机示踪物的研究. 北京：北京大学博士后出站报告.
朱先磊，刘维立，卢妍妍，等. 2002. 民用燃煤、焦化厂和石油沥青工业多环芳烃源成分谱的比较研究. 环境科学学报，22（2）：199-203.
祝斌. 2004. 典型地区农作物秸秆燃烧有机物源成分谱及有机示踪物的研究. 北京：北京大学硕士学位论文.
祝斌，朱先磊，张元勋，等. 2005. 农作物秸秆燃烧 $PM_{2.5}$ 排放因子的研究. 环境科学研究，18（2）：29-33.
庄亚辉，曹美秋，王效科，等. 1998. 中国地区生物质燃烧释放的含碳痕量气体. 环境科学学报，18（4）：337-343.
Aiken A C, De Foy B, Wiedinmyer C, et al. 2010. Mexico City aerosol analysis during MILAGRO using high resolution aerosol mass spectrometry at the urban supersite (T0)-Part 2: Analysis of the biomass burning contribution and the non-fossil carbon fraction. Atmospheric Chemistry and Physics, (10): 5315-5341.
Akagi S K, Yokelson R J, Wiedinmyer C, et al. 2010. Emission factors for open and domestic biomass burning for use in atmospheric models. Atmospheric Chemistry and Physics, (11): 4039-4072.
Alaejos M S, González V, Afonso A M. 2008. Exposure to heterocyclic aromatic amines from the consumption of cooked red meat and its effect on human cancer risk: A review. Food Additives and Contaminants: Part A, 25 (1): 2-24.
Andreae M O, Jones C D, Cox P M. 2005. Strong present-day aerosol cooling implies a hot future. Nature, 435: 1187-1190.
Andreae M O, Merlet P. 2001. Emission of trace gases and aerosols from biomass burning. Global Biogeochemical Cycles 15: 955-966.
Andreae M O. 1991. Biomass burning: Its history, use and distribution and its impact on environmental quality and global climate// Levine J S. In Global Biomass Burning, Atmospheric Climatic, and Biospheric Implications. Cambridge: MIT Press.
Bhattacharya S C, Albina D O, Salam P A. 2002. Emission factors of wood and charcoal-fired cookstoves. Biomass and Bioenergy, 23: 453-469.

Bi X H, Zhang G H, Li L, et al. 2011. Mixing state of biomass burning particles by single particle aerosol mass spectrometer in the urban area of PRD, China. Atmospheric Environment, 45: 3447-3453.

Bijay-Singh, Shan Y H, Johnson-Beebout S E, et al. 2008. Crop residue management for lowland rice-based cropping systems in Asia. Advances in Agronomy, 98: 117-199.

Bond T C, Doherty S J, Fahey D W, et al. 2013. Bounding the role of black carbon in the climate system: A scientific assessment. Journal of Geophysical Research-Atmospheres, 118 (11): 5380-5552.

Bond T C, Streets D G, Yarber K F, et al. 2004. A technology-based global inventory of black and organic carbon emissions from combustion. Journal of Geophysical Research, 109 (D14): 1149-1165.

Bond T C, Zarzycki C, Flanner M G, et al. 2011. Quantifying immediate radiative forcing by black carbon and organic matter with the specific forcing pulse. Atmospheric Chemistry and Physics, (11): 1505-1525.

Burling I R, Yokelson R J, Griffith D W T, et al. 2010. Laboratory measurements of trace gas emissions from biomass burning of fuel types from the southeastern and southwestern United States. Atmospheric Chemistry and Physics, (10): 11115-11130.

Cai C, Geng F, Tie X, et al. 2010. Characteristics and source apportionment of VOCs measured in Shanghai, China. Atmospheric Environment, 44 (38): 5005-5014.

Cao G L, Zhang X Y, Gong S L, et al. 2008. Investigation on emission factors of particulate matter and gaseous pollutants from crop residue burning. Journal of Environmental Sciences, 20 (1): 50-55.

Cao G L, Zhang X Y, Zheng F C. 2006. Inventory of black carbon and organic carbon emissions from China. Atmospheric Environment, 40: 6516-6527.

Chang D, Song Y, Liu B. 2009. Visibility trends in six megacities in China 1973-2007. Atmospheric Research, 94: 161-167.

Chen L W, Moosmuller H, Arnott W P, et al. 2007. Emissions from laboratory combustion of wildland fuels: Emission factors and source profiles. Environmental Science and Technology, 41: 4317-4325.

Cheng K W, Chen F, Wang M F. 2006. Heterocyclic amines: Chemistry and health. Molecular Nutrition and Food Research, 50: 1150-1170.

Cheng Y, He K B, Duan F K, et al. 2010. Improved measurement of carbonaceous aerosol: Evaluation of the sampling artifacts and inter-comparison of the thermal-optical analysis methods. Atmospheric Chemistry and Physics, 10: 8533-8548.

Cheng Y, He K B, Duan F K, et al. 2011a. Ambient organic carbon to elemental carbon ratios: Influences of the measurement methods and implications. Atmospheric Environment, 45: 2060-2066.

Cheng Y, He K B, Duan F K, et al. 2009. Positive sampling artifact of carbonaceous aerosols and its influence on the thermal-optical split of OC/EC. Atmospheric Chemistry and Physics, (9): 7243-7256.

Cheng Y, Zheng M, He K B, et al. 2011b. Comparison of two thermal-optical methods for the determination of organic carbon and elemental carbon: Results from the southeastern United States. Atmospheric Environment, 45: 1913-1918.

Christian T J, Kleiss B, Yokelson R J, et al. 2003. Comprehensive laboratory measurements of biomass-burning emissions: 1. Emissions from Indonesian, African, and other fuels. Journal of Geophysical Research, 108 (D23): 4719.

Crutzen P J, Heidt L E, Krasnec J P, et al. 1979. Biomass burning as a source of atmospheric gases CO, H_2, N_2O, CH_3Cl and COS. Nature, 282: 253-256.

Davies M, Rantell T D, Stokes B J, et al. 1992. Characterization of trace hydrocarbon emissions from coal fired applianees; Final Report; ECSC project NO. T220/ED821; EUR-14866; Coal Resear Establishment: Cheltenham, U. K.

Dhammapala R, Claiborn C, Corkill J, et al. 2006. Particulate emissions from wheat and Kentucky bluegrass stubble burning in eastern Washington and northern Idaho. Atmospheric Environment, 40: 1007-1015.

Dhammapala R, Claiborn C, Simpson C, et al. 2007a. Emission factors from wheat and kentucky bluegrass stubble burning: Comparison of field and simulated burn experiments. Atmospheric Environment, 41: 1512-1520.

Dhammapala R, Claiborn C, Jimenez J, et al. 2007b. Emission factors of PAHs, methoxyphenols, levoglucosan, elemental carbon and organic carbon from simulated wheat and Kentucky bluegrass stubble burns. Atmospheric Environment, 41: 2660-2669.

Duan F K, Liu X D, Tong Y, et al. 2004. Identification and estimate of biomass burning contribution to the urban aerosol organic carbon concentrations in Beijing. Atmospheric Environment, 38: 1275-1282.

EEA (European Environmental Agency). 2009. EMEP/EEA Emission Inventory Guidebook-2009. Technical Report, 6. EEA, Copenhagen, Denmark. http: //www. eea. europa. eu/publications/emep-eea-emission-inventory-guidebook-2009 [2013-07-12].

England G, Chang O, Wien S. 2004. Development of Fine Particulate Emission Factors and Speciation Profiles for Oil and Gas- fired Combustion Systems. http: //www. 4 cleanain. org/Documents/060413-D-APIPM 25 Roadmap R112012/220. pdf [2013-07-12].

Engling G, Gelencsér A. 2010. Atmospheric brown clouds: From local air pollution to climate change. Elements, (6): 223-228.

Feng J, Zhang T, Guo Z, et al. 2012. Source and formation of secondary particulate matter in $PM_{2.5}$ in Asian continental outflow. Journal of Geophysical Research, 117 (D03302): 812-819.

Frey H C, Zheng J Y. 2002. Quantification of variability and uncertainty in air pollutant emission inventories: Method and case study for utility NOx emissions. Journal of the Air & Waste Management Association, 52: 1083-1095.

Fu T M, Cao J J, Zhang X Y, et al. 2012. Carbonaceous aerosols in China: Top-down constraints on primary sources and estimation of secondary contribution. Atmospheric Chemistry and Physics, 12: 2725-2746.

Gadi R, Singh D P, Saud T, et al. 2012. Emission estimates of particulate PAHs from biomass fuels used in Delhi, India. Human and Ecological Risk Assessment, 18: 871-887.

Ge S, Bai Z P, Liu W L, et al. 2001. Boiler briquette coal versus raw coal: Part I-stack gas emissions. Journal of the Air and Waste Management Association, 51: 524-533.

Giglio L, Descloitres J, Justice C O, et al. 2003. An enhanced contextual fire detection algorithm for MODIS. Remote Sensing of Environment, 87 (3): 273-282.

Giglio L, Csiszar I, Justice C. O. 2006. Global distribution and seasonality of active fires as observed with the Terra and Aqua Moderate Resolution Imaging Spectroradiometer (MODIS) sensors. Journal of Geophysical Research, 111, doi: 10. 1029/2005JG000142.

Guo H, Wang T, Blake D R, et al. 2006. Regional and local contributions to ambient Non-Methane Volatile Organic Compounds at a polluted rural-coastal site in Pearl River Delta China. Atmospheric Environment, 40 (13): 2345-2359.

Guo H, Wang T, Simpson I J, et al. 2004. Source contributions to ambient VOCs and CO at a rural site in Eastern China. Atmospheric Environment, 38: 4551-4560.

Guo S, Hu M, Guo Q F, et al. 2012. Primary sources and secondary formation of organic aerosols in Beijing, China. Environmental Science and Technology, 46 (18): 9846-9853.

Gustafsson Ö, Krus M, Zencak Z, et al. 2009. Brown clouds over South Asia: Biomass or fossil fuel combustion. Science, 323 (5913): 495-498.

Habib G, Venkataraman C, Bond T C, et al. 2008. Chemical, microphysical and optical properties of primary particles from the combustion of biomass fuels. Environmental Science and Technology, 42: 8829-8834.

He J, Balasubramanian R. 2009. Determination of atmospheric polycyclic aromatic hydrocarbons using accelerated solvent extraction. Analytical Letters, 42 (11): 1603-1619.

Huang C, Chen C H, Li L, et al. 2011a. Emission inventory of anthropogenic air pollutants and VOC species in the Yangtze River Delta region, China. Atmospheric Chemistry and Physics, 11 (9): 4105-4120.

Huang X, Li M M, Friedli H R, et al. 2011b. Mercury emissions from biomass burning in China. Environmental Science and Technology, 45: 9442-9448.

Huang X, Li M M, Li J F, et al. 2012. A high-resolution emission inventory of crop burning in fields in China based on MODIS Thermal Anomalies/Fire products. Atmospheric Environment, 50: 9-15.

Iinuma Y, Brüggemann E, Gnauk T, et al. 2007. Source characterization of biomass burning particles: The combustion of selected European conifers, African hardwood, savanna grass, and German and Indonesian peat. Journal of Geophysical Research Atmospheres, 112 (D8): 247-60. 27.

Jacobson M Z. 2001. Strong radiative heating due to mixing stste of black carbon in atmospheric aerosols. Nature, 409: 695-697.

Janssen N A H, Gerlofs-Nijland M E, Lanki T, et al. 2012. Health effects of black carbon. World Health Organization: Regional Office for Europe.

Jenkins B M, Turn S Q, Williams R B, et al. 1996. Atmospheric pollutant emission factors from open burning of agricultural and forest biomass by wind tunnel simulations, Volume 3. Results, wood fuels, Final report. Optics Express, 18 (23): 24344-24351.

Jinap S, Mohd-Mokhtar M S, Farhadian A, et al. 2013. Effects of varying degrees of doneness on the formation of heterocyclic aromatic amines in chicken and beef satay. Meat Science, 94 (2): 202-207.

Johnson M, Edwards R, Frenk C A, et al. 2008. In-field greenhouse gas emissions from cookstoves in rural Mexican households. Atmospheric Environment, 42 (6) : 1206-1222.

Jokiniemi J, Hytnen K, Tissari J, et al. 2008. Biomass combustion in residential heating: Particulate measurements, sampling, and physicochemical and toxicological characterization. http://www.bios-bioenergy.at/uploads/media/Paper-Obernberger-Biomass-Combustion-in-Residential-Heating-2008-01-01.pdf [2012-10-9].

Jurvelin J A, Edwards R D, Vartiainen M, et al. 2003. Residential indoor, outdoor, and workplace concentrations of carbonyl compounds: Relationships with personal exposure concentrations and correlation with sources. Journal of Air and Water Management Association, 53: 560-573.

Kaiser J W, Keywood M, Granier C, et al. 2013. A new IGAC/iLEAPS/WMO initiative on biomass burning. EGU Genearal Assembly: 13776.

Kannan G K, Gupta M, Kapoor J C. 2004. Estimation of gaseous products and particulate matter emission from garden biomass combustion in a simulation fire test chamber. Atmospheric Environment, 38: 6701-6710.

Kataoka H. 1997. Methods for the determination of mutagenic heterocyclic amines and their applications in environmental analysis. Journal of Chromatography A, 774 (1-2): 121-142.

Kaufman Y J, Hobbs P V, Kirchhoff V W J H, et al. 1998. Smoke, clouds, and radiation-brazil (SCAR-B) experiment. Journal of Geophysical Research-Atmospheres, 103 (D24): 31783-31808.

Keywood M, Kanakidou M, Stohl A, et al. 2013. Fire in the air: Biomass burning impacts in a changing climate. Critical Reviews in Environmental Science and Technology, 43: 40-83.

Kim Oanh N T, Albina D O, Li P, et al. 2005. Emission of particulate matter and polycyclic aromatic hydrocarbons from select cookstove-fuel systems in Asia. Biomass and Bioenergy, 28: 579-590.

Kim Oanh N T, Bich T L, Tipayarom D, et al. 2011. Characterization of particulate matter emission from open burning of rice straw. Atmospheric Environment, 45: 493-502.

Kim Oanh N T, Nghiem L H, Yin L P. 2002. Emission of polycyclic aromatic hydrocarbons, toxicity and mutagenicity from domestic cooking using sawdust briquettes, wood and kerosene. Environmental Science and Technology, 36: 833-839.

Kim Oanh N T, Reutergardh L B, Dung N T. 1999. Emission of polycyclic aromatic hydrocarbons and particulate matter from domestic combustion of selected fuels. Environmental Science and Technology, 33: 2703-2709.

Lamarque J F, Bond T C, Eyring V, et al, 2010. Historical (1850-2000) gridded anthropogenic and biomass burning emissions of reactive gases and aerosols: Methodology and application. Atmospheric Chemistry and Physics, 10 (15): 7017-7039.

Langmann B, Duncan B, Textor C, et al. 2009. Vegetation fire emissions and their impact on air pollution and climate. Atmospheric Environment, 43: 107-116.

Lei Y, Zhang Q, He K B, et al. 2011. Primary anthropogenic aerosol emission trends for China, 1990-2005. Atmospheric Chemistry and Physics, 11: 931-954.

Li J J, Bai J M, Ralph O. 1998. Assessment of biomass resource availability in China. Beijing: China Environmental Science Press.

Li W J, Shao L Y, Buseck P R. 2010. Haze types in Beijing and the influence of agricultural biomass burning. Atmospheric Chemistry and Physics, 10: 8119-8130.

Li X H, Duan L, Wang S X, et al. 2007a. Emission characteristics of particulate matter from rural household biofuel combustion in China. Energy and Fuels, 21: 845-851.

Li X H, Wang S X, Duan L, et al. 2007b. Particulate and trace gas emissions from open burning of wheat straw and corn stover in China. Environmental Science and Technology, 41: 6052-6058.

Li X H, Wang S X, Duan L, et al. 2009. Carbonaceous aerosol emissions from household biofuel combustion in China. Environmental Science and Technology, 43 (573): 6076-6081.

Liao C P, Wu C Z, Yan Y J, et al. 2004. Chemical elemental characteristics of biomass fuels in China. Biomass and Bioenergy , 27 (2): 119-130.

Lin P, Engling G, Yu J Z. 2010. HULIS in emissions of fresh rice straw burning and in ambient aerosols in the pearl river delta region, China. Atmospheric Chemistry and Physics, 10 (3): 7185-7214.

Lindesay J A, Andreae M O, Goldammer J G, et al. 1996. International geosphere- biosphere programme/international global atmospheric chemistry SAFARI-92 field experiment: Background and overview. Journal of Geophysical Research Atmospheres, 101: 23521-23530.

Liousse C, Andreae M O, Artaxo P, et al. 2004. Deriving global quantitative estimates for spatial and temporal distributions of biomass burning emissions// Granier C, Artaxo P, Reeves C E. Emissions of Atmospheric Trace Compounds. Dordrecht: Kluwer Academic Publisher.

Lipsky E M, Robinson A L. 2005. Design and evaluation of a portable dilution sampling system for measuring fine particle emissions from combustion systems. Aerosol Science and Technology, 39: 542-553.

Lipsky E M, Robinson A L. 2006. Effects of dilution on fine particle mass and partitioning of semivolatile organics in diesel exhaust and wood smoke. Environmental Science and Technology, 40: 155-162.

Lipsky E, Stanier C O, Pandis S N, et al. 2002. Effects of sampling conditions on the size distribution of fine particulate matter emitted from a pilot- scale pulverized- coal combustor. Energy and Fuels, 16: 302-310.

Liu H, Jiang G M, Zhuang H Y, et al. 2008. Distribution, utilization structure and potential of biomass resources in rural China: With special references of crop residues. Renewable and Sustainable Energy Reviews, 12 (5): 1402-1418.

Liu X H, Zhang Y, Cheng S H, et al. 2010. Understanding of regional air pollution over China using CMAQ, part I performance evaluation and seasonal variation. Atmospheric Environment, 44: 2415-2426.

Lobert J M, Warnatz J. 1993. Emission from the combustion process in vegetation // Crutzen P J, Goldammer J G. In Fire in the Environment, The Ecolgical, Atomospheric, and Climatic Importance of Vegetation Fires. New York : John Wiley.

Lu B, Kong S F, Han B, et al. 2011. Inventory of atmospheric pollutants discharged from biomass burning in China continent in 2007. China Environmental Science, 31 (2): 186-194.

Manabe S, Kurihara N, Wada O, et al. 1993. Detection of a carcinogen, 2-amino-1- methyl-6- phenylimidazo [4, 5- b] pyridine, in air borne particles and diesel- exhaust particles. Environment Pollution, 80: 281-286.

Manabe S, Wada O, Morita M, et al. 1992. Occurrence of carcinogenic amino-α-carbolines in some environmental samples. Environmental Pollution, 75: 301-305.

Marchand C, Bulliot B, Calvé S L, et al. 2006. Aldehyde measurements in indoor environments in Strasbourg (France). Atmospheric Environment, 40: 1336-1345.

McMeeking G R, Kreidenweis S M, Baker S, et al. 2009. Emissions of trace gases and aerosols during the open combustion of biomass in the laboratory. Journal of Geophysical Research, 114 (D19).

Mumford J L, Harris D B, Williams K, et al. 1987. Indoor air sampling and mutagenicity studies of emissions from unvented coal combustion. Environmental Science and Technology, 21: 308-311.

Nagao M, Honda M, Seino Y, et al. 1977. Mutagenicities of smoke condensates and the charred surface of fish and meat. Cancer Letters, 2 (4-5): 221-226.

Nam J B. 1996. Visibility study in Seoul. Aimospheric Environment, 30 (13): 2319-2328.

Narsto. 2005. Improving emission inventories for effective air quality management across North America. http: //www. tfeip- secreriat. org/assets/Meetings/documents- Meetings/Finland- Out-2005/NARS TODesluriers. pdf [2012-10-9].

National Researeh Couneil (NRC) . 1983. Polycyelic Aromatic Hydrocarbons: Evaluation of Sourees and Effects. National Research Council Report PB84-155233, Washington: National Aeademy Press.

Nguyen B C, Mihalopoulos N, Putaud J P. 1994a. Rice straw burning in Southeast Asia as a source of CO and COS to the atmosphere. Journal of Geophysical Research, 99 (8): 16435-16439.

Nguyen B C, Putaud J P, Mihalopoulos N, et al. 1994b. CH_4 and CO emissions from rice straw burning in South East China. Environmental Monitoring and Assessment, 31: 131-137.

Nisbet I C T, Lagoy P K. 1992. Toxic equivalency factors (Tefs) for polycyclic aromatic hydrocarbons (PAHs) . Regulatory Toxicology and Pharmacology, 16: 290-300.

Oz F, Kaya M. 2011. The inhibitory effect of black pepper on formation of heterocyclic aromatic amines in high-fat meatball. Food Control, 22 (3-4): 596-600.

Pan X L, Kanaya Y, Wang Z F , et al. 2012. Emission ratio of carbonaceous aerosols observed near crop residual burning sources in a rural area of the Yangtze River Delta Region, China. Journal of Geophysical Research, 117 (D22) 103-112.

Pan X L, Kanaya Y, Wang Z F, et al. 2013. Variations of carbonaceous aerosols from open crop residue burning with transport and its implication to estimate their lifetimes. Atmospheric Environment, 74: 301-310.

Parashar D C, Gadi R, Mandala T K, et al. 2005. Carbonaceous aerosol emissions from India. Atmospheric Environment, 39: 7861-7871.

Permadi D A, Kim Oanh N T. 2013. Assessment of biomass open burning emissions in Indonesia and potential climate forcing impact. Atmospheric Environment, 78: 250-258.

Qiu J, Yang L. 2000. Variation characteristics of atmospheric aerosol optical depths and visibility in North China during 1980-1994. Atmospheric Environment, 34: 603-609.

Ramanathan V, Carmichael G. 2008. Global and regional climate changes due to black carbon. Nature Geoscience, (1): 221-227.

Ramanathan V, Agrawal M, Akimoto H, et al. 2008. Atmospheric brown couds: Regional assessment report with focus on Asia. United Nations Environment Program Nairobi Kenya, 89 (48): 1-360.

Reddy M S, Venkataraman C. 2002. Inventory of aerosol and sulphur dioxide emissions from India. Part II-biomass combustion. Atmospheric Environment, 36: 699-712.

Roden C A, Bond T C, Conway S. 2009. Laboratory and field investigations of particulate and carbon monoxide emissions from traditional and improved cookstoves. Atmospheric Environment, 43 (6): 1170-1181.

Roden C A, Bond T C. 2006. Emission factors and real- time optical properties of particles emitted from traditional wood burning cookstoves. Environmental Science and Technology, 40 (21): 6750-6757.

Ryu S Y, Kwon B G, Kim Y J, et al. 2007. Characteristics of biomass burning aerosol and its impact on regional air quality in the summer of 2003 at Gwangju, Korea. Atmospheric Research, 84: 362-373.

Sara F S, Antonius T M, Martinus A J. 2003. Kinetic modelling of Amadori N- (1-deoxy-D-fructos-l-yl) - glycine degradation pathways. Part I: reaction mechanism. Carbohydrate Research, 338: 1651-1663.

Saud T, Mandal T K, Gadi R, et al. 2011. Emission estimates of particulate matter (PM) and trace gases (SO_2, NO and NO_2) from biomass fuels used in rural sector of Indo- Gangetic Plain, India. Atmosphere Environment, 45 (32): 5913-5923.

Saud T, Gautam R, Mandal T K, et al. 2012. Emission estimates of organic and elemental carbon from household biomass fuel used over the Indo-Gangetic Plain (IGP), India. Atmospheric Environment, 61: 212-220.

Seiler W, Crutzen P J. 1980. Estimation of gross and net fluxes of carbon between the biosphere and the atmosphere from biomass burning. Climate Change, (2): 204-247.

Shindell D, Kuylenstierna J, Vignativ E, et al. 2012. Simultaneously mitigating near- term climate change and improving human health and food security. Science, 335 (6065): 183-189.

Shrivastava M K, Lipsky E M, Stanier C O, et al. 2006. Modeling semivolatile organic aerosol mass emissions from combustion systems. Environmental Science and Technology, 40: 2671-2677.

Simoneit B R T, Kobayashi M, Mochida M, et al. 2004. Composition and major sources of organic compounds of aerosol particulate matter sampled during the ACE- Asia campaign. Journal of Geophysical Research, 109 (D19): 159-172.

Singh D P, Gadi R, Mandal T K. 2012. Characterization of Gaseous and Particulate Polycyclic Aromatic Hydrocarbons in Ambient Air of Delhi, India. Polycyclic Aromatic Compounds, 32: 556-579.

Sloane C S. 1986. Effect of composition on aerosol light scattering effieffieneies. Atmospheric Environment, 20 (5): 1025-1037.

Smith R, Adams M, Maier S, et al. 2007. Estimating the area of stubble burning from the number of active fires detected by satellite. Remote Sensing of Environment, 109 (1): 95-106.

Song Y, Chang D, Liu B, et al. 2010. A new emission inventory for nonagricultural open fires in Asia from 2000 to 2009. Environmental Research Letters, 5 (1): 75-82.

Song Y, Dai W, Cui M M, et al. 2008. Identifying dominant sources of respirable suspended particulate in Guangzhou, China. Environmental Engineering Science, 25: 959-968.

Song Y, Liu B, Miao W J, et al. 2009. Spatiotemporal variation in nonagricultural open fire emissions in China from 2000 to 2007. Global Biogeochemical Cycles, 23 (2): 65.

Song Y, Tang X, Xie S, et al. 2007. Source apportionment of $PM_{2.5}$ in Beijing in 2004. Journal of Hazardous Materials, 146: 124-130.

Song Y, Xie S D, Zhang Y H, et al. 2006a. Source apportionment of $PM_{2.5}$ in Beijing using principal component analysis/absolute principal component scores and UNMIX. Science of the Total Environment, 372 (1): 278-286.

Song Y, Zhang Y H, Xie S D, et al. 2006b. Source apportionment of $PM_{2.5}$ in Beijing by positive matrix factorization, Atmospheric Environment, 40: 1526-1537.

Spaulding R S, Frazey P, Rao X, et al. 1999. Measurement of hydroxyl carbonyls and other carbonyls in ambient air using pentafluorobenzyl alcohol as a chemical ionization reagent. Analytical Chemistry, 71: 3420-3427.

Streets D G, Bond T C, Carmichael G R, et al. 2003b. An inventory of gaseous and primary aerosol emissions in Asia in the year 2000. Journal of Geophysical Research-Atmospheres, 108: 8809.

Streets D G, Gupta S, Waldho S T, et al. 2001. Black carbon emissions in China. Atmospheric Environment, 35: 4281-4296.

Streets D G, Yarber K F, Woo J H, et al, 2003a. Biomass burning in Asia: Annual and seasonal estimates and atmospheric emissions. Global Biogeochemical Cycles, 17 (4): 1759-1768.

Sunesson A L, Nilsson C A, Andersson B. 1995. Evaluation of adsorbents for sampling and quantitative analysis of microbial volatiles using thermal desorption gas chromatography. Journal of

Chromatography A, 699: 203-214.

Turn S Q, Jenkins B M, Chow J C, et al. 1997. Elemental characterization of particulate matter emitted from biomass burning: Wind tunnel derived source profiles for herbaceous and wood fuels. Journal of Geophysical Research, 102 (D3): 3683-3699.

UNEP. 2011. Integrated Assessment of Black Carbon and Tropospheric Ozone: Summary for Decision Makers. http://www.unep.org/dewa/Portals/67/pdf/Black_ Carbon.pdf [2011-11-5].

USEPA. 1989. US EPA Method 5G - Determination of Particulate Matter Emissions from Wood Heaters (Dilution Tunnel Sampling Location). https://www.epa.gov/emc/method-5g-particulate-matter-wood-heaters-dilution-tunnel [2008-12-1].

USEPA. 2006. Draft detailed procedures for preparing emissions factors in compilation of air pollutant emission factors, AP-42, Fifth Edition, Volume I: Stationary point and area sources.

USEPA. 2012. Report to congress on black carbon. http://www.epa.gov/blackcarbon/2012report/fullreport.pdf [2013-10-13].

Venkataraman C, Habib G, Kadamba D, et al. 2006. Emissions from open biomass burning in India: Integrating the inventory approach with high-resolution Moderate Resolution Imaging Spectroradiometer (MODIS) active-fire and land cover data. Global Biogeochemical Cycles, 20 (2): 215-222.

Venkataraman C, Negi G, Sardar S B, et al. 2002. Size distributions of polycyclic aromatic hydrocarbons in aerosol emissions from biofuel bombustion. Aerosol Science, 33: 503-518.

Venkataraman C, Rao G U M. 2001. Emission factors of carbon monoxide and size-resolved aerosols from biofuel combustion. Environmental Science and Technology, 35: 2100-2107.

Viana M, López J M, Querol X, et al. 2008. Tracers and impact of open burning of rice straw residues on PM in Eastern Spain. Atmospheric Environment, 42: 1941-1957.

Wang G H, Kawamura K. 2005. Molecular characteristics of urban organic aerosols from Nanjing: A case study of a mega-city in China. Environmental Science and Technology, 39: 7430-7438.

Wang G H, Kawamura K, Xie M J, et al. 2009. Organic molecular compositions and size distributions of Chinese summer and autumn aerosols from Nanjing: Characteristic haze event caused by wheat straw burning. Environmental Science and Technology, 43: 6493-6499.

Wang H L, Zhuang Y H, Hao Z P, et al. 2008a. Polycyclic aromatic hydrocarbons from rural household biomass burning in a typical Chinese village. Science in China Series D: Earth Sciences, 51 (7): 1013-1020.

Wang H L, Zhuang Y H, Wang Y, et al. 2008b. Long-term monitoring and source apportionment of $PM_{2.5}/PM_{10}$ in Beijing, China. Journal of Environmental Sciences, 20: 1323-1327.

Wang Q, Shao M, Liu Y, et al. 2007. Impact of biomass burning on urban air quality estimated by organic tracers: Guangzhou and Beijing as cases. Atmospheric Environment, 41: 8380-8390.

Wang Q, Shao M, Zhang Y, et al. 2009. Source apportionment of fine organic aerosols in Beijing. Atmospheric Chemistry and Physics, 9: 8573-8585.

Wang R, Tao S, Wang W T, et al. 2012. Black carbon emissions in China from 1949 to 2050. Environmental Science and Technology, 46: 7595-7603.

Wang S X, Wei W, Du L, et al. 2009. Characteristics of gaseous pollutants from biofuel-stoves in rural China. Atmospheric Environment, 43 (27): 4148-4154.

Wang S X, Xing J, Chatani S, et al. 2011. Verification of anthropogenic emissions of China by satellite and ground observations. Atmospheric Environment, 45: 6347-6358.

Wang Y J, Yang B, Lipsky E M, et al. 2013. Analyses of turbulent flow fields and aerosol dynamics of diesel engine exhaust inside two dilution sampling tunnels using the CTAG model. Environmental Science and Technology, 47 (2): 889-898.

Watson J G, Chow J C, Chen L W A. 2005. Summary of organic and elemental carbon/black carbon analysis methods and intercomparisons. Aerosol and Air Quality Research, 5 (1): 65-102.

Watson J G, Chow J C, Chen L W A, et al. 2011. Particulate emission factors for mobile fossil fuel and biomass combustion sources. Science of the Total Environment, 409: 2384-2396.

Woo J H, Streets D G, Carmichael G R, et al. 2003. Contribution of biomass and biofuel emissions to trace gas distributions in Asia during the TRACE-P experiment. Journal of Geophysical Research, 108 (D21): 8812.

Wu Y Q, Wu S Y, Li Y, et al. 2009. Physico-chemical characteristics and mineral transformation behavior of ashes from crop straw. Energy Fuels, 23: 5144-5150.

Xu S S, Liu W X, Tao S. 2006. Emission of polycyclic aromatic hydrocarbons in China. Environmental Science and Technology, 40: 702-708.

Yan X Y, Ohara T, Akimoto H. 2006. Bottom-up estimate of biomass burning in mainland China. Atmospheric Environment, 40 (27): 5262-5273.

Yang S J, He H P, Lu S L, et al. 2008. Quantification of crop residue burning in the field and its influence on ambient air quality in Suqian, China. Atmospheric Environment, 42: 1961-1969.

Yang Y H, Chan C Y, Tao J, et al. 2012. Observation of elevated fungal tracers due to biomass burning in the Sichuan Basin at Chengdu City, China. Science of the Total Environment, 431: 68-77.

Yevich R, Logan J A. 2003. An assessment of biofuel use and burning of agricultural waste in the developing world. Global Biogeochemistry Cycles, 17 (4): 1095.

Yonemura S, Kawashima S. 2007. Concentrations of carbon gases and oxygen and their emission ratios from the combustion of rice hulls in a wind tunnel. Atmospheric Environment, 41: 1407-1416.

Yuan B, Liu Y, Shao M, et al. 2010. Biomass burning contributions to ambient VOCs species at a receptor site in the Pearl River Delta (PRD), China. Environmental Science and Technology, 44: 4577-4582.

Yuan H, Tao S, Li B, et al. 2008. Emission and outflow of polycyclic aromatic hydrocarbons from wildfires in China. Atmospheric Environment, 42: 6828-6835.

Zhang H F, Hu D W, Chen J M, et al. 2011. Particle size distribution and polycyclic aromatic hydrocarbons emissions from agricultural crop residue burning. Environmental Science and Technology, 45 (13): 5477-5482.

Zhang J J, Smith K R. 2007. Household air pollution from coal and biomass fuels in China:

Measurements, health impacts, and interventions. Environmental Health Perspectives, 15: 848-855.

Zhang L Q, Ashley D L, Watson C H. 2011. Quantitative analysis of six heterocyclic aromatic amines in mainstream cigarette smoke condensate using isotope dilution liquid chromatography-electrospray ionization tandem mass spectrometry. Nicotine & Tobacco Research, 13 (2): 120-126.

Zhang X Y, Wang Y Q, Niu T, et al. 2012. Atmospheric aerosol compositions in China: Spatial/temporal variability, chemical signature, regional haze distribution and comparisons with global aerosols. Atmospheric Chemistry and Physics, 12: 779-799.

Zhao Y, Nielsen C P, Lei Y, et al. 2011. Quantifying the uncertainties of a bottom-up emission inventory of anthropogenic atmospheric pollutants in China. Atmospheric Chemistry and Physics, 11: 2295-2308.

Zheng J Y, Zheng Z Y, Yu Y F, et al. 2010. Temporal, spatial characteristics and uncertainty of biogenic VOC emissions in the Pearl River Delta region, China. Atmospheric Environment, 44: 1960-1969.

Zheng J Y, He M, Shen X L, et al. 2012. High resolution of black carbon and organic carbon emissions in the Pearl River Delta region, China. Science of the Total Environment, 438: 189-200.

Zheng J Y, Zhang L J, Che W W, et al. 2009. A highly resolved temporal and spatial air pollutant emission inventory for the Pearl River Delta Region, China and its uncertainty assessment. Atmospheric Environment, 43 (32): 5112-5122.

Zheng J Y. 2002. Quantification of variability and uncertainty in emission estimation: General methodology and software implementation. https://repository. lib. ncsu. edu/bitstream/handle/1840. 16/5293/etd. pdf [2012-10-9].

Zheng M, Salmon L G, Schauer J J, et al. 2005. Seasonal trends in $PM_{2.5}$ source contributions in Beijing, China. Atmospheric Environment, 39: 3967-3976.

Zheng M, Wang F, Hagler G S W, et al. 2011. Sources of excess urban carbonaceous aerosol in the Pearl River Delta Region, China. Atmospheric Environment, 45: 1175-1182.

第 2 章　燃烧采样平台设计与分析方法建立

本章着重于研究农村地区作物秸秆和落叶的露天焚烧和家庭生物质燃料（薪柴和秸秆）等，探讨其在燃烧过程中产生的颗粒物、黑炭、挥发性有机物、多环芳烃等含碳污染物的排放因子及影响因素。由于生物质等燃料在燃烧过程中释放大量烟气，一般超出现有仪器的检测限，因此课题组人员共同搭建完成了生物质燃烧排放模拟实验室，将烟气稀释后进行采样分析，并完成了系统调试等工作。

2.1　燃烧源采样系统建立

2.1.1　设计要求

为保证测试和采样过程的可靠性，本书搭建的稀释通道采样系统参考了《固定污染源排气中颗粒物测定与气态污染物采样方法》（GB/T 16157—1996）、《固定污染源烟气排放连续监测技术规范（试行）》（HJ/T 75—2007）、《固定污染源烟气排放连续监测系统技术要求及检测方法（试行）》（HJ/T 76—2007）等标准，这些标准中要求：①烟气应为等速采集。②气态或颗粒态污染物的采样位置应优先选择在垂直臂段，避开烟道弯头和断面急剧变化的部位；采样位置应设置在距弯头、阀门、变径管下游方向不小于 4～6 倍直径处，或上游方向不小于 2～3 倍直径处。③采样点应靠近烟道中心，因为气态或颗粒态污染物在采样断面中心位置一般是混合均匀的。④为防止采集气体中的水分在采样管内冷凝，避免待测污染物溶于水而产生误差，也避免水分对后续分析的干扰，需要对采样管进行加热。⑤采样管内径应大于 6mm，长度一般不宜小于 500mm；而连接管内径也应大于 6mm，应尽可能短。

从模拟燃烧、烟气采集实验角度考虑，烟尘罩采样系统还需满足以下几点：①系统材料选择应尽量减少烟尘颗粒物的损失；②烟尘罩能够捕集所有的烟气；③管道内为湍流状态，保证混合均匀；④烟尘罩的气流不能对燃烧状态产生额外的扰动。

2.1.2 设计原理

该实验平台是基于排放污染物的质量平衡原理，通过等速采样装置定量分离烟气，使用干洁空气在稀释通道内对高温高浓度烟气进行连续稀释，达到分析仪器可接受的浓度后，进行采样与分析。通过选择合适直径的采样头、调节零空气的流量，本套系统可以在8～100倍的范围内调节稀释倍数。

在烟道内通过采样头等速采集一定量的烟气，烟气在系统负压下被动吸入稀释通道内，与一定倍数的经高效空气过滤器（high efficiency particulate air filter，HEPA）和干燥器处理后的干洁空气（零气）相混合，在湍流的作用下使其混合均匀。S型皮托管可测定烟道内烟气流速的变化情况，根据烟道内压力参数的变化情况，折算出对应的流量并反馈到软件中（固定源稀释通道采样系统V1.0，由曾立民等研发）。反馈的信号以D/A的形式输出，用以调整一级稀释零空气的流量，使一级采样流量稳定，从而保证了采样的全过程等速（林云，2009）。

2.1.3 系统各部分设计

为满足以上标准要求，同时模拟生物质燃烧或农户燃煤排放的真实情况，本系统在等速采样的实现、颗粒物生长等8个方面做了详细的设计。

2.1.3.1 采样点位置及采样头选择

采样点位于一次稀释通道的中部，距离弯头（烟尘罩顶部）2.2m，为一次稀释通道直径的14倍，满足相关标准的要求。采样头放置在一次稀释通道的中部，正对烟气前进方向。通过更换等速采样头，可方便地选择一次稀释倍数。本书采用的等速头直径为5.16mm，烟气采样量约12.5L/min。

2.1.3.2 一级稀释通道内烟气测速

标准型皮托管的测孔很小，当烟道内颗粒浓度大时，易被堵塞，仅适用于测量较清洁的排气。S型皮托管的测压孔较大，不易被颗粒物堵塞，且便于在厚壁烟道中使用，因此，本书采用S型皮托管测速。当流速在5m/s以下时，用S型皮托管测流速比较困难，测定结果准确度差，因此，采样点应尽可能选烟气流速大于5m/s的位置。本书烟道风速在10m/s左右波动，符合S型皮托管测试范围，设计的S型皮托管修正系数K_p为1.1488。

本书中，进入烟尘罩的烟气被后置大流量泵等转速抽出，采用Q-Trak™ Plus（Model 8552/8554，TSI）实际测量了烟道中烟气的流速，测试周期为2h，共测试4次，烟气均能稳定地以10m/s通过烟道。在实际的燃烧实验中，将软件中烟道烟气流速参数设置为固定值。

2.1.3.3 等速采样

维持颗粒物等速采样的方法有普通型采样管法（即预测流速法）、皮托管平行测速采样法、动压平衡型采样管法和静压平衡型采样管法四种。本书选用皮托管平行测速采样法。将采样管由采样孔插入烟道正中方位，使采样嘴置于测点上，正对气流，按颗粒物等速采样原理，即采样嘴的吸气速度与测点处气流速度相等，抽取一定量的烟气。

2.1.3.4 采样加热管路保温

由于进入采样管的烟气温度和颗粒物浓度均比较高，为防止冷凝吸附，需要对管路进行保温和控温。烟气在稀释前由加热带包裹，在整个燃烧过程中由电磁阀控温在120℃。

2.1.3.5 稀释后烟气等速分离

大流量分流部分的设计主要考虑为本套系统提供动力，同时也使采样的稀释比调节范围扩大。在实际操作时，需使稀释后的烟气等速进入停留室和大流量分流部分。根据停留室入口管路直径和大流量分流管路的入口直径，确定等速分流流量比为25：72.5。

2.1.3.6 二级稀释系统混合程度评估

整个系统设置了两级稀释，林云（2009）检验了一次稀释通道的混合状况，证明其处于混合均匀状态，但未检验二次稀释后是否达到均匀混合。因二次稀释后的烟气经旁路抽出一部分，用于采集OVOCs、VOCs及在线监测BC和$PM_{2.5}$等，要求该等速追踪固定源采样系统稀释腔末端也达到混合均匀状态，即意味着稀释通道旁路内气流应处于湍流状态，才能采集均匀稀释的烟气。湍流状态可用湍流度来表征，而湍流度用雷诺数（Reynolds number）表示，公式如下：

$$Re = \frac{v \times d}{\mu} \tag{2-1}$$

式中，Re为雷诺数；v为流体速度（m/s）；d为管道直径（m）；μ为运动黏度系数，值为17.95×10^{-6}（周楠，2005）。一般认为，雷诺数$Re>4000$则说明气流已经处于湍流状态。本书测试结果表明，在4路采样且系统达到平衡情况下，系统稀释腔末端雷诺数值接近 10 000，说明经过二次稀释后，干洁空气已与烟气混合均匀。

2.1.3.7　颗粒物的成长

自然条件下，烟气排到大气中颗粒是逐渐增长的，为尽可能地模拟大气中烟气的实际情况，并得到真实可靠的结果，在稀释通道的末尾设置停留室，让颗粒有足够的时间凝结成核、长大后再通过各种采样器进行采样和分析。停留室体积为 50L，4 路颗粒物采样器同时运转时稀释后烟气停留时间为 45s（颗粒物采样器基于旋风切割原理，采样流速为 16.7 L/min，抽气速度 66.8 L/min）。

2.1.3.8　实验室组件材料

燃烧实验室体积约 $40m^3$，具体尺寸为 4.5m×2.6m×3.5m（长×宽×高）。使用的材料为岩棉彩钢板，具备高等级防火特性，同时减少了 VOCs 等的挥发对背景空气的干扰。实验室地面为 2mm 厚不锈钢，具备较好的承重功能。

整个系统使用的各金属组件均采用不锈钢制作，包括一次稀释通道和烟尘罩（1.5m×1.5m），目的是保证系统所用材料可防止静电吸附，以减少烟尘颗粒物的损失。

2.1.4　系统结构

燃烧系统由四部分构成，分别是模拟燃烧系统、稀释系统、采样系统、数据采集与处理系统。燃烧试验框见图 2.1。与国内现有的生物质及民用煤燃烧模拟系统相比，本系统具有以下特点：①具备多通道同时采样功能，平行性好；②可调节稀释比，使待测污染物浓度落在仪器检测范围内；③停留室内颗粒物成长时长合理（足够长大，且小于 1min，防止过长时间导致的凝结或壁吸附损失），接近燃料的实际燃烧情况；④使用周楠（2005）等自主研发的膜采样装置，对 $PM_{2.5}$具有更好的采集效率。

2.1.5　与国内外其他系统的比较

与国内外现有的生物质燃烧源采样系统相比（表 2.1），本系统具有以下特点：①燃烧条件接近实际燃烧情况，可模拟生物质自然燃烧状态下的污染物排放；②反映燃烧状态的几个主要参数，包括温度、CO_2 浓度、CO 浓度等可实时在同一软件界面显示，实时评估燃烧状态；③稀释比可在较大范围内调节，使待测污染物浓度落在仪器最佳检测范围内。

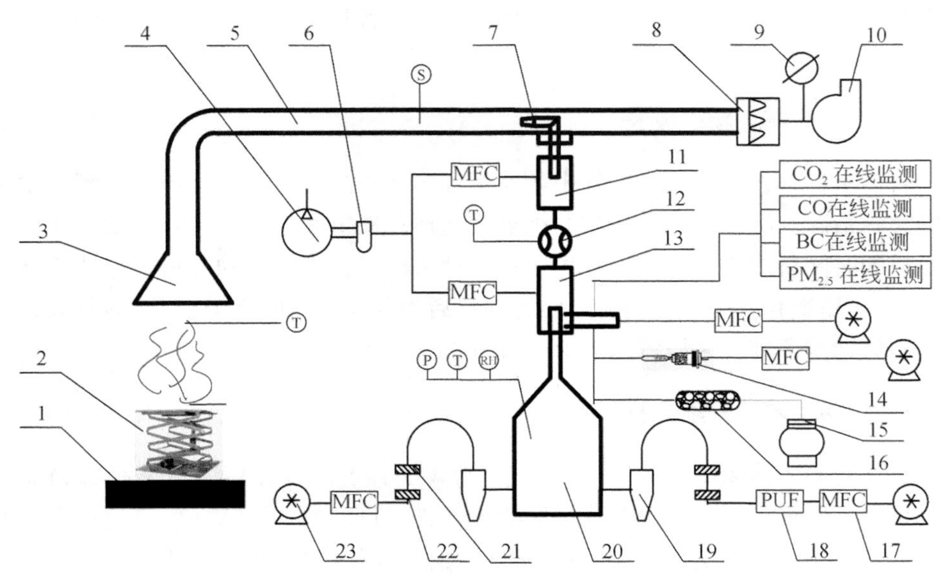

图 2.1 燃烧试验框架图

注：Ⓣ为温度；Ⓟ为压力；Ⓢ为 S 型皮托管；ⓇⒽ为湿度；1. 电子秤（连续输出）；2. 升降台架；3. 烟尘罩；4. 空压机；5. 烟道；6. 空气净器；7. 等速采样头；8. 中效过滤器；9. 变频器；10. 风机；11. 一级稀释通道；12. 文丘里流量计；13. 二级稀释通道；14. KI 管+DNPH 管；15. 3.2L Canister 罐；16. 碱石灰；17. 质量流量控制器；18. PUF 采样器；19. 旋风分离器；20. 停留室；21. 前膜+膜托；22. 后膜+膜托；23. 采样泵

表 2.1 本系统与国内外生物质燃烧源采样系统的比较

应用	通道材质	稀释比	停留室			停留时间/s	系统损失/%	燃烧状态实时评估	来源
			长、高/m	容积/L	材质				
A+B	不锈钢	10～70	0.9	50	316 不锈钢	30～45	<15*	是	本书
A+B	—	未稀释	3	4 500	内涂 Teflon 不锈钢	—	—	否	Zhang et al., 2008
A+B	不锈钢	20～100	0.9	50	316 不锈钢	96	—	否	祝斌等，2005
A	—	未稀释	—	—	—	—	—	是	Chen et al., 2007
A	不锈钢	20	—	32 600	—	—	—	否	Iinuma et al., 2007
A	—	未稀释	—	—	—	—	—	否	França et al., 2012
B	—	10～100	—	133	—	80	—	否	李兴华等，2008
B	不锈钢	40～60	1.24	272	内涂 Teflon 不锈钢	280～420	—	否	Habib et al., 2008

续表

应用	通道材质	稀释比	停留室			停留时间/s	系统损失/%	燃烧状态实时评估	来源
			长、高/m	容积/L	材质				
C	不锈钢	—	4	500	内涂 Teflon 不锈钢	50	—	否	Wang et al. , 2013
D	不锈钢	14 ~ 20	—	—	—	—	—	否	耿春梅等, 2013

注：A 为生物质露天焚烧，B 为传统生物质炉灶燃烧，C 为新型生物质燃烧炉，D 为生物质锅炉；—表示文献未报道；* 表示粗颗粒

2.2 系统性能评估

2.2.1 气密性

检测时密封采样进气口，通零气使总进气量稳定在 100L/min 左右。其他操作条件与采样时一致，采用皂膜流量计（Gilian Gilibrator-2，USA）校准后的质量流量计（七星华创，北京）监测各出口的出气量。测试结果表明，总进气量与总出气量差值百分比小于 5%，系统气密性良好；同时，用皂液涂抹可能的泄漏点位，对漏气部位重新密封，如图 2.2 所示。

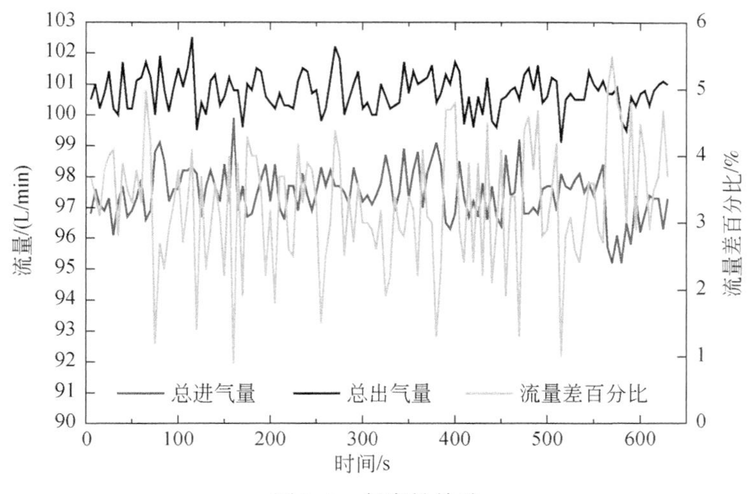

图 2.2 气密性检验

2.2.2 气流分布均匀性

采用以CO_2为标志气体的浓度廓线方法测量系统中烟道采样口位置气流的分布均匀性。在烟道采样口前10cm处设置一个监测横截面，在横截面上选取8个监测点位（图2.3），采用CO_2分析仪（Thermo 410i，USA）分别监测8个点位在不同风速下（相当于不同稀释比下）CO_2的浓度。监测结果表明，系统在达到设计使用风速时（~10m/s），各测点测量浓度相对标准偏差（RSD）值小于5%，气流能达到混合均匀状态（图2.4）。

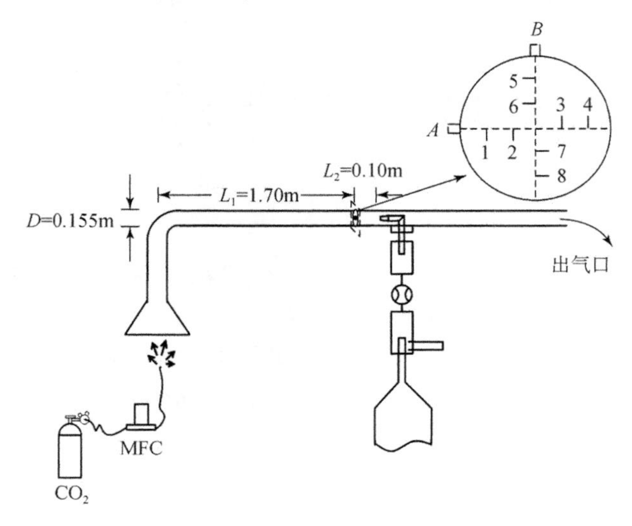

图2.3　测点示意

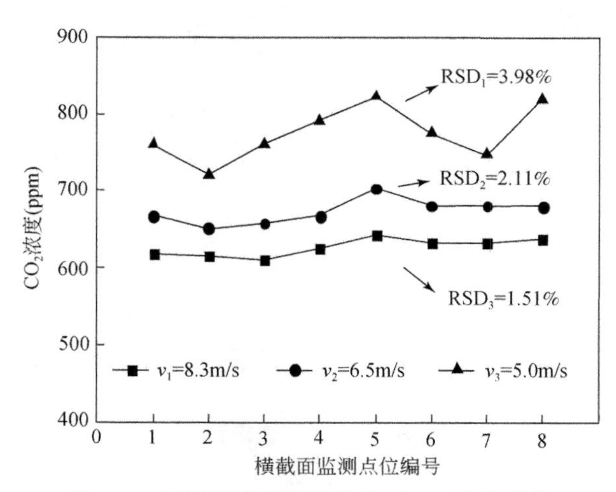

图2.4　不同风速下烟道横截面CO_2浓度廓线

2.2.3 平行采样测试

进行了两次平行性实验，直接抽取室外大气样品，6路采样通道全开，同时到停留室底部的Teflon膜上采集$PM_{2.5}$和PM_{10}样品并称量，采样时间为12h，各通道的流量均为16.67L/min。分组检验$PM_{2.5}$和PM_{10}样品质量的相对标准偏差不超过4%，说明分级采样系统各通道之间的平行性良好。

2.2.4 颗粒物损失

清洗系统管路，自然干燥后组装，按标准操作进行一次完整燃烧排放采样。采样完成后立刻拆卸进气管路和文丘里部件并用去离子水超声提取20min，提取液旋转蒸发仪浓缩后定容至25mL，由ICS-2500离子色谱仪分析。结果表明，对于采集到的颗粒物（未切割粒径），各种离子在这两个部件处损失率均不超过7.5%，合计损失率不超过15%（图2.5）。

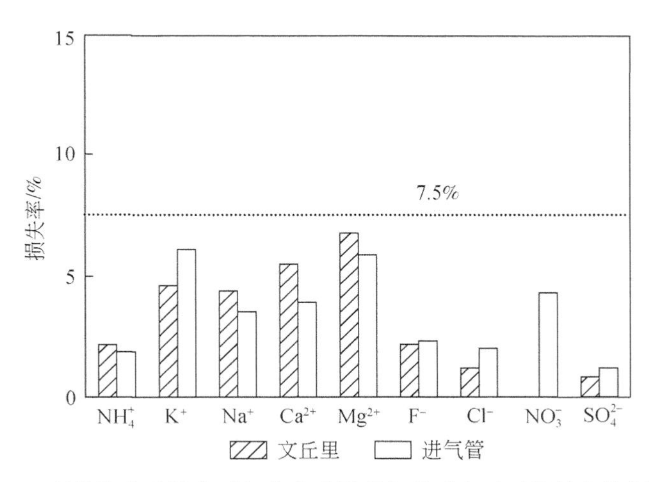

图2.5 颗粒物水溶性离子组分在采样进气管及文丘里部件上的损失率

根据Hildemann等（1989）的研究，稀释烟道对空气动力学粒径为62μm的粗颗粒的捕集损失高达45%，对1.3μm粒径的细颗粒的捕集损失为7%。可见，通过本方法获得的颗粒物损失主要来自粗颗粒。因此，本系统比较适用于$PM_{2.5}$等细颗粒的采集，用于采集PM_{10}及以上的粗颗粒时，应对结果进行修正。

2.2.5 二次稀释倍数校正

空压机压力波动导致稀释气供气量存在一定波动，同时系统气密性在可接受范围内也存在波动，因此有必要校正由上述两种波动带来的二次稀释倍数误差。理论稀释倍数由式（2-2）计算获得。实际稀释倍数通过检测 CO_2 进气口浓度、出气端浓度及背景值通过式（2-3）获得。

$$DR_2(理论)=\frac{Q_{烟气}+Q_{零气}}{Q_{烟气}} \tag{2-2}$$

$$DR_2(实测)=\frac{CO_{2(进口)}-CO_{2(背景)}}{CO_{2(出口)}-CO_{2(背景)}} \tag{2-3}$$

式中，$Q_{烟气}$ 为进入采样嘴的烟气体积流量。结果如图2.6所示，$R^2=0.991$，表明二次稀释倍数理论计算值可用图中的一次函数来校正。

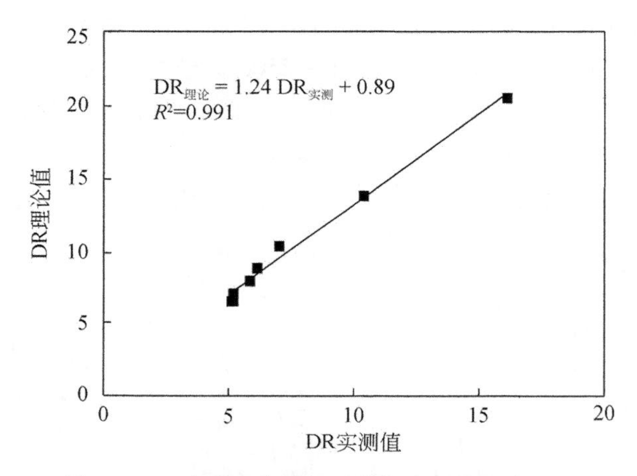

图2.6　二次稀释倍数理论值与实测值拟合结果

2.3　燃烧平台及燃烧过程设计

2.3.1　燃烧平台

2.3.1.1　生物质开放式燃烧

实验台距离地面1.2m，由金属架作为支撑，实验台顶部为矩形铁丝网托盘，铁丝网底部为隔热材料同时防止燃料掉落。秸秆或落叶在托盘内燃烧，模拟野外焚烧排放（图2.7）。

(a) 搭建的生物质燃烧模拟实验室

(b) 燃烧及在线称重系统

(c) 燃烧吸尘罩、停留室及$PM_{2.5}$样品采集

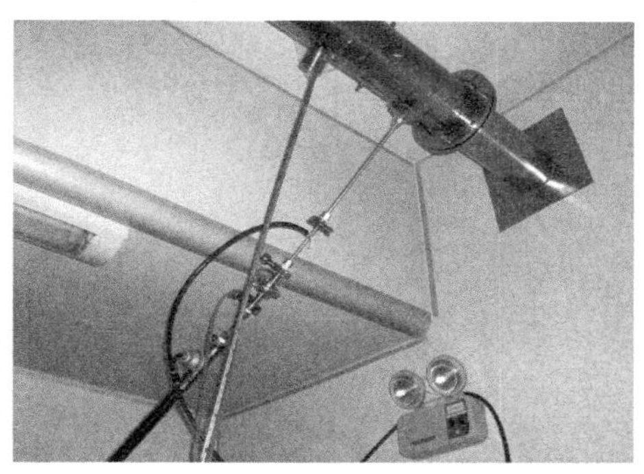
(d) 不锈钢烟气通道(粗)、采样通道

(e) CO_2、CO等部分在线测量设备

(f) 零气供应设备

图 2. 7　生物质燃烧模拟实验室

2. 3. 1. 2　生物质炉灶燃烧

为了真实反映珠三角地区实际室内环境下的燃料燃烧情况，同时便于进行燃烧条件的控制和影响因素的研究，根据珠三角地区农村实际厨房情况搭建了烧火

做饭的柴灶。该炉灶由江门当地农民按照其传统的炉灶设计和结构在燃烧实验室内搭建，主要由砖和水泥等砌成。炉灶包含一个直径为68cm的铁锅（主锅）和两个直径为28cm的铝锅（余温锅和副锅）。该炉灶主要用于焚烧从珠三角有关地区采集来的秸秆和薪柴，以获得家庭生物质燃烧的排放特征［图2.8（a）］。

2.3.1.3 燃煤炉

我国常见民用燃煤分为原煤和型煤，其中，原煤是指煤矿生产出来的未经洗选、筛选加工而只经人工拣矸的产品。型煤是将粉煤或低品位煤加工制成一定强度和形状的煤制品（陈鹏，2007）。民用蜂窝煤是珠三角地区使用最多的民用型煤。在江门采购当地常用的煤炉，用于煤球燃烧模拟实验［图2.8（b）和（c）］。

(a) 生物质燃料燃烧炉腔

(b) 块煤燃烧炉

(c) 蜂窝煤燃烧炉

图2.8 本书使用的生物质燃烧炉灶及燃煤炉

2.3.2 燃料采集及处理

农作物秸秆、薪柴和煤是珠三角农村地区主要的生活用燃料。虽然随着经济的发展，清洁能源（电能、沼气）逐步得到推广，但在未来很长一段时间内，薪柴、秸秆和煤等燃料仍将是农村地区主要的生活能源。

研究用的秸秆、薪柴和煤球采自江门和惠州两地（图2.9）。这两个地区是珠三角粮食作物的主要产地，占珠三角地区年粮食总产量的50%（广东农村统计年鉴编辑委员会，2009）。采集的秸秆主要有水稻秸秆、甘蔗秸秆、大豆秸秆、花生秸秆。采集的薪柴类型包括桉树粗柴、桉树细枝、荔枝柴等。煤球为当地农户家庭常用的12孔煤球，单重约0.56kg。另外，在深圳市采集了小叶榕、大叶榕和荔枝林落叶。

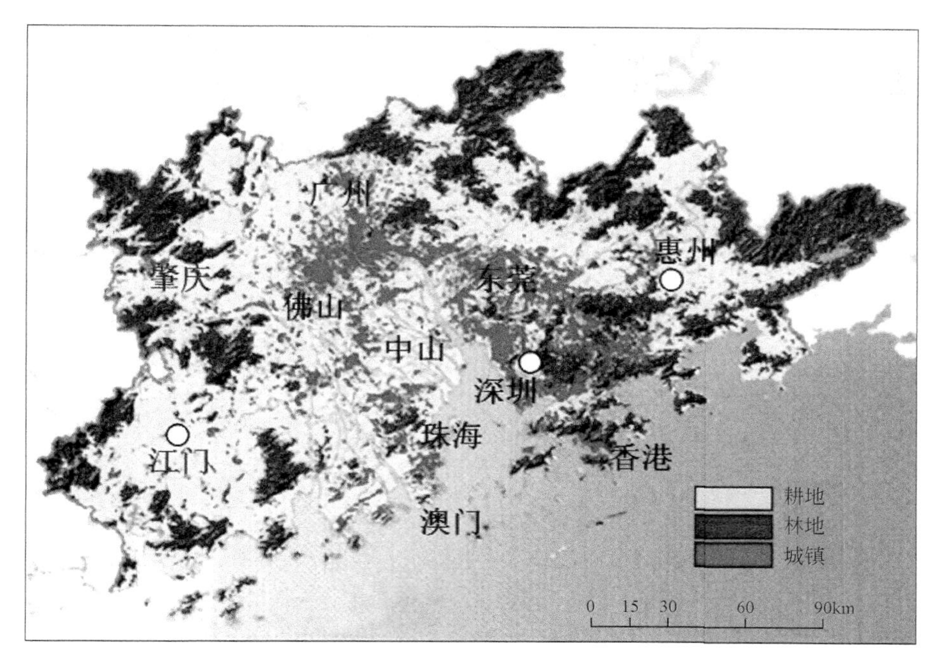

图 2.9　燃料采集地点

注：采集点为图中白色圆圈所示。土地利用图引自《大珠江三角洲城镇群协调发展规划研究》

将采集到的各种秸秆进行晾晒后分类储存备用。薪柴、落叶、煤球等直接密闭存放。每次燃烧实验前测定燃料的水分含量。在进行不同含水量秸秆燃烧实验时，提前 3 天将水分均匀撒入秸秆中，使水分充分浸入秸秆。

2.3.3　燃烧过程设计

为了使实验具有一定的代表性，必须确定一个和实际情况类似的燃烧过程。燃烧类型包括：秸秆或落叶的开放式燃烧、秸秆在炉灶燃烧、薪柴在炉灶燃烧、蜂窝煤燃烧。燃烧过程中，对 7 个点位的温度进行实时监控，同时记录实验开始时间、结束时间、燃料类型、燃料重量、引燃物重量、采样流量、燃烧后灰烬质量等参数。燃烧实验基本情况汇总见表 2.2，具体实验过程如下。

2.3.3.1　秸秆或落叶的开放式燃烧

称取一定重量的秸秆（396～4102g）或落叶（568～3160g），直接放置在搭好的实验台上进行燃烧实验，分别模拟平铺燃烧和堆烧过程。其中，平铺燃烧燃料的厚度不超过珠三角地区田间实际情况。燃料在托盘内燃烧释放的烟气直接由烟尘罩收集后进入稀释通道采样系统。

表 2.2 燃烧实验基本情况汇总表

类型	形态	引燃物	模拟炉灶或燃煤炉		模拟野外焚烧		形态特征
			燃烧重量*/g	实验次数	燃烧重量*/g	实验次数	
长干稻草	85～100cm	无	2695±5	3	—	—	完整秸秆，晾晒后主要用来烧火
机收稻草	4～8cm	无	—	—	742±369（$n=5$，不同厚度） 404±7（$n=5$，不同湿度） 3060±1474（$n=2$，堆烧）	12#	机割，已粉碎 田间晾晒后直接焚烧
玉米秸秆	140cm	无	2600	1	799±128	2	完整秸秆，晾晒后主要用来烧火
花生秸秆	80～90cm 含根部	无	2194±74	2	3338	1	完整秸秆，晾晒后主要用来烧火
大豆秸秆	40～55cm	无	1789±106	2	—	—	机割，已粉碎晾晒后主要用来烧火
桉树粗枝	60～75cm D>4cm	长干稻草	2935±10	2	—	—	已被当地农民切割成规则的长度，20～30cm
桉树细枝	100～110cm D<4cm	长干稻草	2516±3	2	—	—	农民拾柴获得
荔枝柴	60～70cm	长干稻草	2043±658	2	—	—	已切割，不规则
甘蔗秸秆		无	—	—	300±25	2	晾晒后主要用来引火
荔枝叶		无	—	—	1015±5（$n=3$），3160	4	自然凋落物
大叶榕树叶		无	—	—	618±71	2	自然凋落物
小叶榕树叶		无	—	—	697±64	2	自然凋落物
煤球	12孔，$D=10$cm	长干稻草、桉树枝	1680±6‡	2	—	—	蜂窝煤

注：*为平均值±标准偏差；#考察了湿度、重量、堆放方式对排放的影响；‡均为三个煤球

2.3.3.2 秸秆在炉灶燃烧

目前，国内外应用较为广泛的热效率试验方法主要有三种：《家庭用煤及炉具试验方法》（GB 6412-86）、《民用柴炉、柴灶热性能试验方法》（NY/T 8—2006）和 WaterBoiling Test Version 4.2.1（以下简称 WBT）（高博等，2011）。以上方法都是基于煮水试验，通过测算锅水吸收热量占燃料燃烧消耗热量的百分比，计算得出炉具工作时的平均热效率，从而衡量被测炉有效利用燃料热量的能力。本书参考加州大学制定的煮水实验标准 WBT v 4.2.1（相关文件参见 http://www.aprovecho.org/lab/pubs/testing）。根据 WBT 测试标准的相关要求，在大锅中放入 5L 自来水，余温锅中放入 2.5L 自来水，分别在两个锅内置入 K 型热电偶，记录水的初始温度和燃烧过程中水温的变化。称取一定重量（1864 ~ 2698g）的秸秆，模拟农户炉灶实际燃烧过程，燃烧后的烟气通过炉灶烟道进入烟尘罩，然后进入采样系统。当水烧开时，记录燃料的使用量（准备燃烧的总秸秆量减去剩余秸秆量）。

2.3.3.3 薪柴在炉灶燃烧

薪柴的炉灶燃烧与秸秆类似，区别在于薪柴要用一定量的稻草引燃。称取的薪柴重量在 1578 ~ 2942g。薪柴燃烧产生的污染物排放量即为监测到的排放量减去引燃物燃烧的排放量。

2.3.3.4 蜂窝煤燃烧

日常生活中蜂窝煤炉使用三块蜂窝煤重叠燃烧，使热量得到更有效的利用。蜂窝煤更换一般是在最底部的蜂窝煤燃烧基本完全后，取出最底部燃尽的蜂窝煤，再从顶端放入一块新的蜂窝球。蜂窝煤炉燃烧的一个周期是指经过一定时间的燃烧，最下面的蜂窝煤燃烧完全，再一次需要更换的这段时间。本书即测量一个完整的周期内 3 个蜂窝煤球燃烧含碳污染物的排放量，同时称量蜂窝煤燃烧前后的重量变化，获得蜂窝煤的无灰基排放因子。

2.4 样品采集及分析

2.4.1 生物质成分分析

生物质成分分析包括 C、H、N 分析，水分、挥发分、灰分和固定碳分析，化学成分分析。C、H、N、O、S 元素的分析一般通过对秸秆 80 ~ 105℃ 条件下干燥4~5h后彻底粉碎，再运用Elementar Vario EL或CHN快速分析仪测试得到。水分、挥发分、灰分和固定碳的分析则参照《煤的工业分析方法》（GB/T 212—2008）标准来执行。

本书中生物质燃料的元素分析送北京大学化学分析测试中心分析测定（Elementar Vario MICRO CUBE，德国），每份测定两个平行样，结果见表2.3。

表2.3　燃料的理化性质分析

燃料类型	来源	元素分析（干燥基）/%			工业组分分析（收到基）/%			
		碳	氢	氮	湿度	挥发分	固定碳	灰分
水稻秸秆	惠州	40.66	5.45	0.61	7.36	65.27	18.09	9.28
水稻秸秆	江门	38.18	5.27	0.68	10.10	66.44	17.85	5.61
甘蔗梢叶	惠州	46.15	5.90	0.37	8.64	74.95	9.10	7.31
玉米秸秆	江门	44.52	6.56	0.85	3.85	72.84	16.46	6.85
花生秸秆	江门	40.21	6.62	1.74	5.69	73.28	14.18	6.75
大豆秸秆	江门	43.54	6.75	0.98	4.54	71.32	16.94	7.20
桉树柴	江门	48.19	6.02	0.18	10.44	74.83	12.78	1.95
荔枝柴	江门	43.87	5.84	0.27	8.25	72.69	17.01	2.05
大叶榕落叶*	深圳	—	—	—	18.32	61.75	11.52	8.41
小叶榕落叶*	深圳	—	—	—	15.84	62.38	11.25	10.53
荔枝叶*	深圳	—	—	—	13.98	60.75	15.93	9.34

*大叶榕落叶、小叶榕落叶和荔枝叶未测量碳、氢、氮组分

2.4.2　采样与分析

本书采样及数据采集系统如图2.10所示，主要含碳物质和燃烧参数的监测分为在线监测和离线分析两部分。

对烟气中气态及颗粒态含碳污染物的采集和分析包括以下几类：CO_2、CO、甲烷（CH_4）、非甲烷芳烃（VOCs）、含氧挥发性有机物（OVOCs）、细颗粒物（$PM_{2.5}$）、$PM_{2.5}$的元素碳（EC）和有机碳（OC）、黑炭（BC）、阴阳离子及有机弱酸、水溶性有机碳、多环芳烃（PAHs）、杂环胺。其中，BC同时采用了在线监测和离线分析两种方法；CO_2和CO采用在线监测，其他物种均为采样后进行离线分析。

2.4.2.1　CO_2和CO

稀释后烟气中的CO_2和CO分别由仪器Model 410i和Model 48i（Thermo

Scientific）在线监测。运用“气溶胶观测综合数据在线软件”（专利登记号：2012SR033839），使两者数据实时显示在电脑界面。同时，为考察烟气的稀释情况，同时对主烟道的 CO_2 和 CO 浓度进行监测，如图 2. 11 所示。

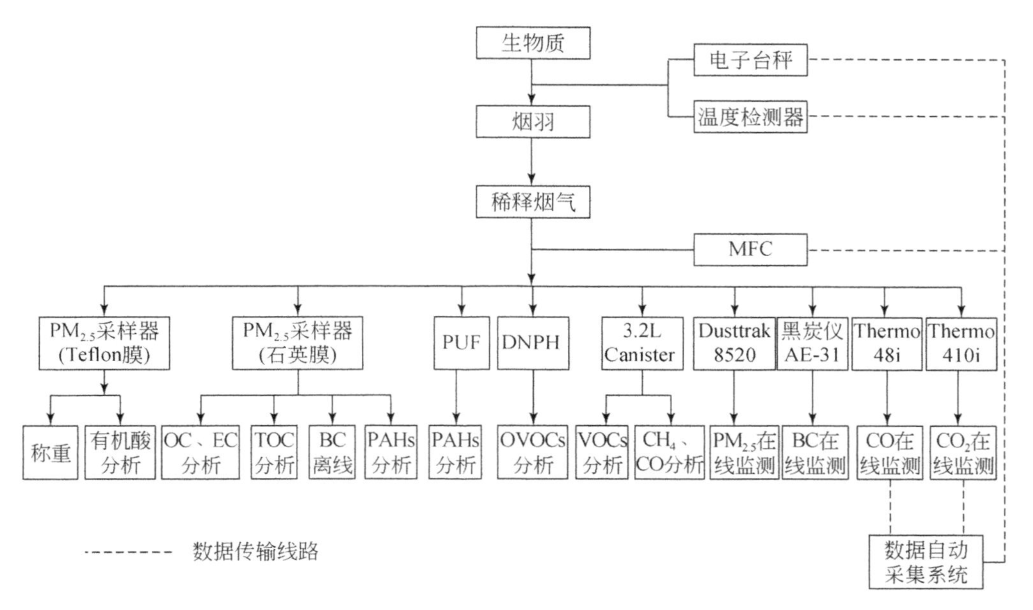

图 2. 10　采样及数据采集系统示意图

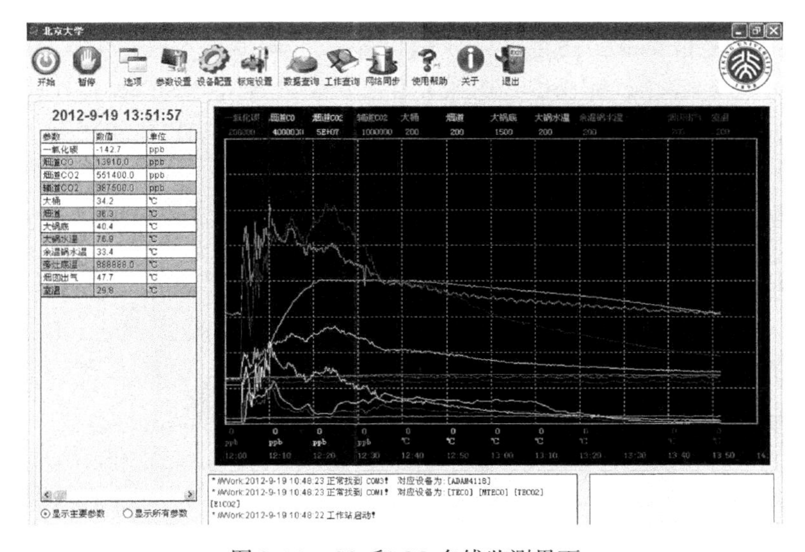

图 2. 11　CO_2 和 CO 在线监测界面

2.4.2.2 CH_4

CH_4含量由GC/FID分析，该系统包含：Agilent6890气相色谱仪、氢火焰离子化检测器（FID）、6通双位置切换阀、5Å分子筛不锈钢填充柱、TDX-01不锈钢填充柱、镍转化炉、质量流速控制器、压力调节阀、载气（高纯N_2气）、H_2气体发生器、零空气发生器、气体净化管（分别填充碱石棉、硅胶、霍加拉特剂、活性炭等），通过低压气体自动进样系统，该系统可检测CO和CH_4（吴丽玲等，2010）。

CH_4检测系统原理为：经过预处理的样品气体，通过进样阀的切换，进入色谱分析系统，在载气的带动下依次进入预柱、主分析柱进行分离。O_2、CO、CH_4先后被载气带出色谱柱，为避免氧气进入镍反应炉造成额外的信号干扰，通过阀的切换，将O_2直接导入FID检测器，氧气出峰完毕后，再次迅速切换阀门，将CO、CH_4导入镍反应炉，使得CO在高温（400℃）和足量氢气的条件下还原为CH_4，并与样气中原有的CH_4顺序进入FID进行检测。两个CH_4出峰结束后，迅速切换六通阀，利用高纯氮气将预柱中的杂质及大分子有机化合物反向吹出（吴丽玲等，2010）。

2.4.2.3 VOCs

采用罐采样－低温冷阱预浓缩和GC/MS技术分析环境空气中的56种NMHCs、4种卤代烃和5种烷基硝酸酯类化合物。利用不锈钢罐采集烟气VOCs，该采样罐由美国Entech公司生产，容积为3.2L，最大承受压力为40psi（1psi=6.89476×10^3Pa）。采样罐内壁经电抛光和硅烷化处理（“SUMMA处理技术”），以保证罐中高活性VOCs组分的稳定性和回收率。采样前利用自动洗罐仪（Canister Cleaner Model 3100A，Entech Instruments，Inc.，加拿大）清洗采样罐，使用高纯氮气作为清洗气体。在常温下将不锈钢罐抽成真空状态（内部压力<200mtor，1mtor=0.1Pa），然后充入氮气逐渐加压至20psi，对其抽真空，重复上述步骤3次，最后一次抽真空时保证罐内压力低于20mtor备用。采样时将采样罐的阀打开，匀速采样，采集整个燃烧过程中的烟气。

样品分析在低温预浓缩技术和气相色谱－质谱联用系统上进行。Entech 7100型预浓缩系统（Entech Instruments，Inc.，加拿大）用于样品富集，氢火焰离子化检测器（FID）和质谱检测器（mass spectrometric detectors，MSD）两种检测器（GC，HP-7890A，Hewlett Packard Co.，美国；MSD，HP-5975C，Hewlett Packard Co.，美国）用于物种辨别和定量。

Entech 7100型预浓缩系统采用三级冷阱对VOCs样品进行富集，并脱除烟气样品中的水和二氧化碳（图 2.12）。预浓缩步骤如下。

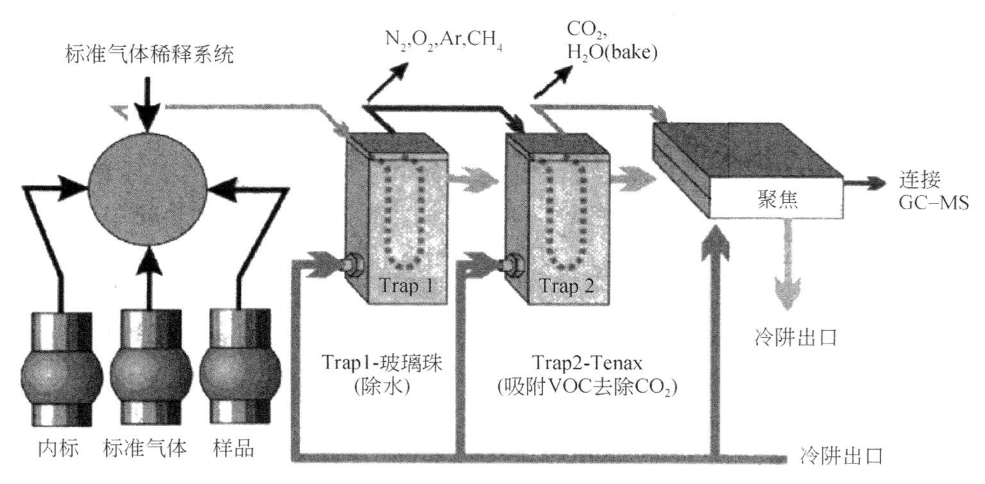

图 2.12　分析挥发性有机物的冷阱预浓缩系统（Entech 7100）

资料来源：陆思华等，2012

（1）将第一级冷阱模块降温至预浓缩温度（约-180℃），样品气和内标化合物在 MFC 控制下分别以设定的恒定流速进入第一级冷阱富集，一级冷阱内为多孔玻璃微珠，可将内标、VOCs、CO_2 和水汽呈固态富集。沸点低于该温度条件（约-180℃）的气体成分（N_2、O_2）不保留，可自由通过。

（2）将第二级冷阱降温（约-30℃），缓慢加热第一级冷阱并维持一定温度（约 20℃），然后以小流量载气将第一级冷阱多孔玻璃微珠富集的 VOCs 组分和内标转移，且将大部分水分留在第一级冷阱。第二级冷阱中的 Tenax 吸附剂将转移气体中的 VOCs 完全吸附，而呈气态的 CO_2 和少量水则被载气带走并完全脱除。

（3）将第三级冷阱快速冷却（约-180℃），加热第二级冷阱至约 180℃，同时以小流量载气将第二级冷阱中解吸出的内标和 VOCs 转移至第三级冷冻聚焦，为下一步将样品以极快的速度注射进入色谱做准备。同时，加热第一级冷阱至 180℃，打开吹扫清洗阀门，通入氮气清除残留水分。

（4）将第三级冷阱迅速升温至 60℃以上，被捕集的 VOCs 样品经“闪蒸”过程快速注射进入色谱仪分析柱，完成整个进样过程。

氢火焰离子化检测器是非常成熟的检测器，对于低碳部分 VOCs 物种具有较好的分析效果。选择性检测器 MSD（SIM 或 SCAN 模式）具有检测限低、定性能力强等特点。当采用 GC/MS/SCAN 模式时，能够获得全面的化合物信息，有效识别未知化合物，但是灵敏度较低；而采用 GC/MS/SIM 模式可提高方法的灵敏度，对目标化合物进行准确定量（陆思华等，2012）。

定量分析的依据是某组分的重量或浓度的响应信号（峰面积或峰高）成正比。目前常用的方法主要有：面积归一法、内标法和外标法。实验中采用内标和外标对仪器进行系统标定和校准。其中，内标法比较适合，且准确。内标法的优点是受操作条件影响较小，可用来校正仪器或其他实验条件的变化给定量结果带来的影响，提高定量的准确度和精密度。内标化合物的选择需满足：①在实际大气样品中不存在；②与待测化合物的理化性质相似；③可与样品中其他物种完全分开；④化学性质稳定；⑤仪器响应高等条件（陆思华等，2012）。利用外标气体中目标物种与内标物种之间浓度的比值和响应的比值，建立工作曲线，用于未知样品中目标化合物的定性和定量分析。

检测中使用的内标和外标气体均购自美国 Scott Specialty Gases 公司，包括：①56 种光化学前体物混合标准气体（PAMS）；②4 种内标化合物混合标准气体；③定制的 5 种烷基硝酸酯混合标准气体。

2.4.2.4 OVOCs

采用 EPA 标准方法（DNPH-HPLC 方法）采集和分析 OVOCs。DNPH-HPLC 方法样品采集部分采用商用成品 DNPH 硅胶小柱，配合前端 KI 臭氧去除管，以去除臭氧对羰基化合物采集、测定的影响。

DNPH 硅胶小柱前端连接臭氧去除装置，填充物为 KI 颗粒，皂膜流量计置于质量流量控制器与隔膜真空泵之间，在采样开始和结束时对采样流速进行校正，确保采样流速恒定。采样时通过隔膜真空泵抽取，使烟气中的羰基化合物在通过采样管时被捕集，通过质量流量控制器控制及皂膜流量计校准，采样流速控制在 1L/min 左右，采样时间为 2.5 ~ 3h。样品采集完成后，将 DNPH 采样管两端加盖密封，放入 Teflon 密封袋，并置于 4℃ 下保存待分析，如图 2.13 所示。

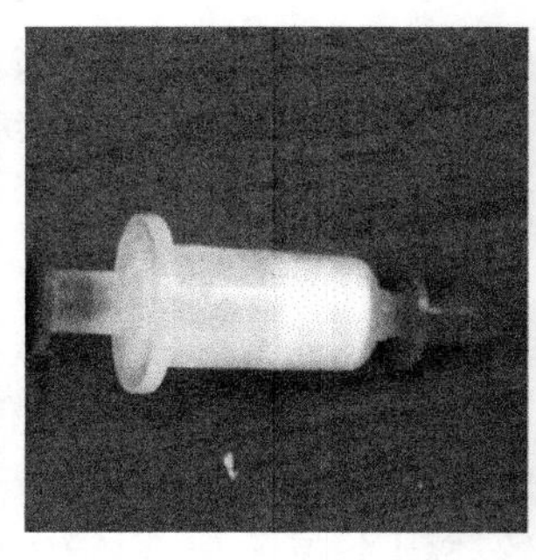
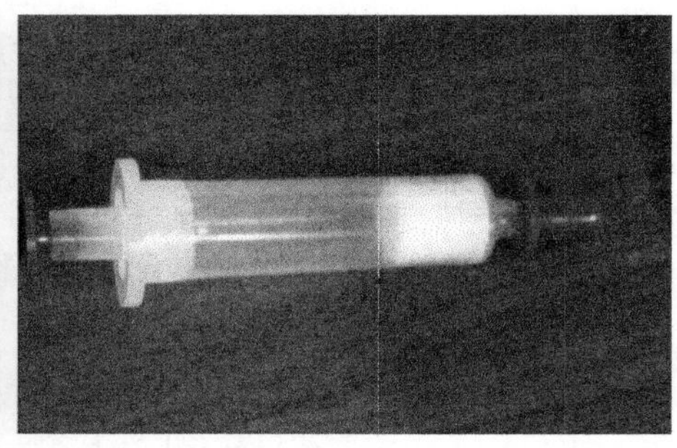

图 2.13　DNPH 硅胶采样小柱（左）和 KI 臭氧去除管（右）

注：产品为天津博纳艾尔杰生产

为防止在样品采集及处理过程中产生污染，所使用的各种器皿均用去离子水仔细清洗后再以乙腈溶液淋洗。用注射器吸取一定量的乙腈溶液并与DNPH硅胶吸附柱接好，缓慢压下注射器手柄开始洗脱柱中DNPH衍生物，控制洗脱速度不大于3mL/min（洗脱方向与采样时空气样品的流动方向相反）。以5mL容量瓶承接并定容。样品分析采用HPLC，仪器操作具体参数如下：分离柱，Diamonsil C18，5μm，150mm×4.6mm；检测器，UV 360nm；流速，1.5mL/min；进样体积，20μL；流动相，乙腈/水。为了使测量样品峰分离得更好，采用梯度洗脱进行样品淋洗。

2.4.2.5 颗粒物

四通道同时采样停留室内稀释后的烟气（图2.1），采样膜类型及分析对象描述如下。

通道1：$PM_{2.5}$旋风切割头（美国URG），Teflon膜，用于称重及水溶性阴、阳离子和弱酸分析；Teflon膜在采样前后均在超净室（21～23℃，55%～60% RH）中平衡48h以上，然后用十万分之一的天平（Sartorius，BT25S，Max=21g，d=0.01mg）进行称重。称量两次结果尾数大于3的样品称量第三次，取结果相近且小于3的两次结果平均为最终结果。采样前后的质量差与采集的空气体积相除，即得到$PM_{2.5}$的浓度。

通道2：$PM_{2.5}$旋风切割头（URG，美国），石英膜（前后膜托），采集的样品用于离线分析BC和颗粒物中EC&OC。

通道3：$PM_{2.5}$旋风切割头（URG，美国），石英膜，采集的样品用于TOC等分析。

通道4：$PM_{2.5}$旋风切割头（URG，美国），石英膜，采集的样品用于PAHs等分析。

在线监测：运用DUSTTRAK 8520（TSI，美国）对稀释后的烟气进行实时监测。DUSTTRAK 8520可以对$PM_{1.0}$、$PM_{2.5}$、PM_{10}等粒子的质量浓度进行实时监测，具有高灵敏度，可即时读数并长时间进行数据的自动记录。该仪器基于90°直角光散射原理，利用内置气泵将气溶胶微粒吸入光学室中，再由光的散射量来测微粒的浓度。

赵亚娟（2011）对DUSTTRAK 8520和TEOM-1400a系列环境颗粒物监测仪（Series 1400a，RP，USA）的同步监测结果进行了比对，结果表明，其相关系数R^2达到0.92，说明该仪器监测结果可信度较高。

2.4.2.6 EC、OC

从石英膜上舂下面积为0.529cm^2的膜样品，用光热法碳分析仪（Thermal

Optical Carbon Analyzer，DRI Model 2001A，Atmoslytic Inc.）分析其中 EC/OC 的含量。样品分析前先绘制标准曲线。根据样品中总碳（TC）的含量配制蔗糖标准溶液，基准物质蔗糖（分析纯）使用前在烘箱中以 105℃烘 1.5h，配制得到 1795.88ppm 的标准溶液。通过设置 7 个梯度的进样体积 2.5μL、5μL、7.5μL、10μL、15μL、20μL 和 25μL，用蔗糖溶液的 TC 和相对响应（蔗糖溶液响应峰面积/内标响应峰面积，使用 CO_2 作内标）得到标准曲线斜率为 25.46364，相关系数达到 0.999 72（图 2.14）。

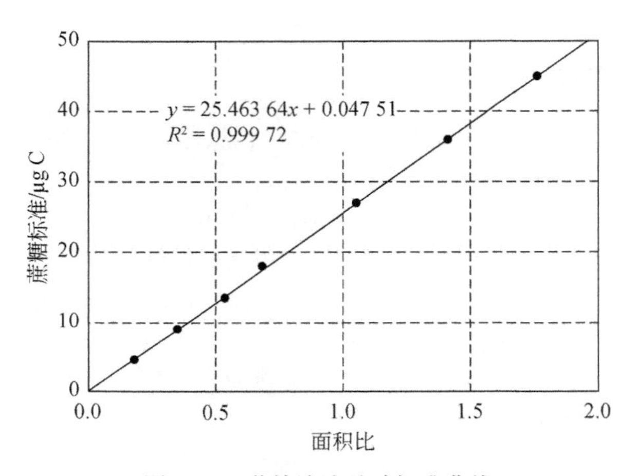

图 2.14　蔗糖溶液总碳标准曲线

本书中样品的 EC/OC 分析采用 IMPROVE 协议。IMPROVE 协议升温程序为：在纯 He 的环境下，分别在 140℃、280℃、480℃和 580℃提取得到 OC1、OC2、OC3 和 OC4。然后样品在 98% He/2% O_2 混合气环境里，分别提取 EC1（580℃）、EC2（740℃）和 EC3（840℃）。采用 He/Nd 激光同时获得反射和透射下的聚合碳（OPR 和 OPT），最终采用反射 OPR 值进行校准（TOR 法），校准公式如下：

$$OC = OC_1 + OC_2 + OC_3 + OC_4 - OPR \tag{2-4}$$

$$EC = EC_1 + EC_2 + EC_3 + OPR \tag{2-5}$$

由于样品数量较多，每检测 10 个样品，重复分析一次 10μL 进样体积的标准溶液样品，EC 和 OC 差别均应在 5.0% 以内。样品分析热谱见图 2.15。OC、EC 和 TC 的最低检测限分别为 0.82μg/cm²、0.19μg/cm² 和 0.93μg/cm²。TC 测量范围为 0.2～750μg/cm²。

2.4.2.7　BC

黑炭的基本测量原理是建立在石英滤纸带所收集的粒子对光的吸收造成的衰减上的，相对于黑炭气溶胶的吸收来说，气溶胶其他成分对可见光的吸收可以忽

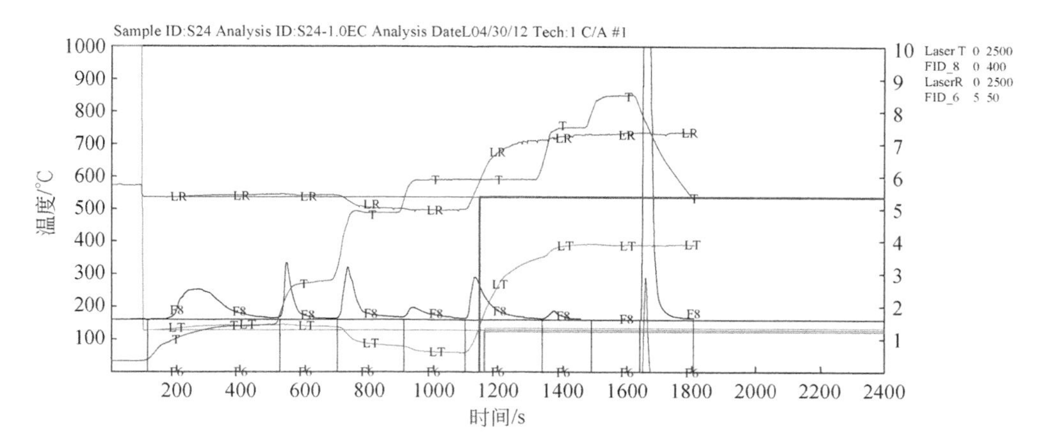

图 2.15　IMPROVE 协议分析 OC、EC 谱图

略不计，当用一束光照射附有黑炭气溶胶的滤膜时，由于黑炭气溶胶对可见光具有吸收衰减特性，通过测量透过采样滤膜的不同波长光的光学衰减量，就可以确定样品中黑炭气溶胶的含量（吴兑等，2009）。

传统观点认为，在含碳气溶胶中只有 EC 才具有吸光性，但近年来陆续有研究证实 OC 中的某些物质也具有吸光性。研究者将吸光性的有机碳命名为“棕色碳”（Andreae and Gelencsér，2006），棕色碳的一个显著特征是其吸光度随波长的降低而迅速增加（Kirchstetter et al.，2004）。在波长小于 400nm 的范围内，某些特定芳香族有机化合物（如多环芳烃、烟草的烟雾和柴油机新鲜尾气中的一些化合物）开始强烈地吸收紫外线。这些化合物在紫外线的作用下，可以发生电离或产生荧光。

1）离线分析

采用黑炭仪 OT-21（Magee Scientific company，USA）分析石英膜样品上的黑炭和低波段吸光性碳含量。该仪器能测量石英膜在 370nm 和 880nm 两波段的吸光程度。使用 370nm 和 880nm 波长的光源测量时，在可见/近红外波段的 880nm 波长处，黑炭气溶胶产生的光学衰减量与单位面积采样膜上黑炭气溶胶的沉积量有如下线性关系：

$$\Delta \mathrm{ATN}_{\lambda}=\ln\left(\frac{I_0}{I}\right)=\sigma_{\lambda}\times M_{\mathrm{BC}} \tag{2-6}$$

式中，$\Delta \mathrm{ATN}_{\lambda}$ 为某一波长采样一个周期的光学衰减量；I_0 为采样前透过滤膜的光强；I 为采样后透过滤膜的光强；σ_{λ} 为某一波长黑炭气溶胶的比衰减系数（m^2/g），表示单位面积沉积在滤膜上的单位质量的黑炭气溶胶对波长 λ 入射光的当量衰减系数；M_{BC} 为单位面积采样膜上黑炭气溶胶沉积量（g/m^2）。

在紫外波段的370nm波长处，“黑炭+低波段吸光性碳”产生的吸收衰减为

$$\Delta ATN_\lambda = \ln\left(\frac{I_0}{I}\right) = \sigma_\lambda \times (M_{BC} + M_{UVPM}) \tag{2-7}$$

M_{UVPM}为单位面积采样膜上低波段吸光性碳的沉积量（g/m^2），则可计算出低波段吸光性碳的量。σ_λ值不是常数，其变化主要受黑炭颗粒的形态和混合状态影响，而这两者与黑炭颗粒的来源和老化程度密切相关。根据黑炭气溶胶的不同来源及混合状态，σ_λ在2～25m^2/g变化（Gelencsér，2004），一般在10～19m^2/g（Hansen et al.，1984；Gundel et al.，1984）。黑炭仪生产厂家推荐值为16.6 m^2/g（吴兑等，2009）。Gelencsér（2004）总结了已有文献的研究结果，推荐该值取为10 m^2/g。但对生物质燃烧地区（南美大草原地区火灾），冷却烟气中的黑炭颗粒被有机物质迅速包裹，吸光性增强，σ_λ值可以高达20m^2/g（Liousse et al.，1993）。Martins等（1998）对巴西生物质燃烧排放的烟气中黑炭颗粒物的研究表明，σ_λ值在5.2～19.3m^2/g变化，均值为12.1m^2/g。本书中σ_λ值采用10m^2/g、16.6m^2/g和20m^2/g分别对黑炭浓度进行计算，并将其结果与光-热法获得的质量浓度进行比对。

2）在线监测

运用AE-31型黑炭仪（Aethalometer 31，Magee Scientific company，USA）对稀释后的烟气进行在线监测。AE-31型黑炭仪有7个测量通道，波长分别为370nm、470nm、520nm、590nm、660nm、880nm、950nm，可连续实时观测黑炭气溶胶的质量浓度，其数值读取时间间隔为5min。

2.4.2.8 水溶性有机碳

将1/2石英膜浸没在装有50mL去离子水的石英烧杯中，用铝箔密封烧杯口，放入超声仪（内装冷水）中超声提取15min后，用冷水替换超声仪内的水，再提取10min。然后用0.45μm的PTFE过滤头去除提取液中的不溶颗粒物，滤液在低温下保存。

使用Multi N/C3100型分析仪（耶拿公司，德国）分析提取液中的水溶性有机碳（water soluble organic carbon，WSOC）含量。样品中的碳在高温条件下经热催化氧化成为CO_2，使用高精度的CO_2选择性非色散红外检测器NDIR和VITA技术来测量CO_2的浓度，反推获得碳含量。本书使用邻苯二甲酸氢钾作为TOC标准品，相关检测参数如下：内炉炉温800℃，进样体积约6mL以上，分析时间4～5min，每个样品平行测定3次。

理论上，WSOC的测定需分别检测水溶性总碳（total carbon，TC）与总无机碳（total inorganic carbon，TIC）的浓度，然后取其差值（TOC＝TC－TIC）。考虑

TC 中 TIC 含量极低，假定 WSOC 值与 TC 值近似相等，未进行 TIC 的测定。

2.4.2.9　多环芳烃

分别采集和分析颗粒相和气相 PAHs，采用石英滤膜采集颗粒相 PAHs，采用 PUF 采集经过滤膜后烟气中的气相 PAHs。石英滤膜使用前在马弗炉 450℃下灼烧 4h。PUF 在使用前采用 ASE 法净化。

1）样品前处理

主要仪器及标样：GCMS- QP2010Plus 气相色谱质谱联用仪（Shimadzu，日本）、DB-5ms 毛细管色谱柱（60m×0. 25mm×0. 32μm，J&W Scientific）、ASE 300 型加速溶剂萃取仪（DIONEX 公司，美国）、凝胶渗透色谱仪（GPC ULTRA 5mL，LCTech 公司，德国）、Heidolph 旋转蒸发仪（Heidolph 公司，德国）。检测分析所用的 16 种 PAHs 混合标样（2000μg/mL）购自美国 AccuStand 公司，分别为萘、苊烯、苊、芴、菲、蒽、荧蒽、芘、䓛、苯并［a］蒽、苯并［b］荧蒽、苯并［k］荧蒽、苯并［a］芘、茚并［1，2，3-cd］芘、二苯并［a，h］蒽和苯并［g，h，i］苝。

加速溶剂萃取（ASE）：先打开氮气瓶，调节压力为 1. 1MPa，然后按 power 键开启 ASE；萃取前按 Rinse 键将系统管路清洗两次；萃取池用丙酮清洗三次；接收瓶清洗三次；装入待分析的样品；加入适量的替代物；拧紧盖子，放入萃取样品盘，并且按照对应的序号放入相应的接收瓶；启动 start 键开始萃取；丙酮与正己烷（1∶1）为萃取溶剂；温度 100℃；压力 1500psi；预加热 3min；加热 5min；静态萃取 5 min；30% 的溶剂冲洗；70s 吹脱，循环二次。

转移、旋转蒸发、浓缩：①提取液用滴管吸取转移至旋转蒸发瓶中，然后用滴管吸取正己烷 2 ~ 3mL 从瓶口往下清洗，一并转移至旋转蒸发瓶中，重复两次。②将水浴锅中放入适量的去离子水；接通电源，调节水浴温度为 70℃；打开冷凝水；接入旋转蒸发瓶并卡紧；调节机械手臂使旋转蒸发瓶中溶剂液面在水浴液面以下 1cm 左右；调节转速为 30r/s。③旋转蒸发至 15mL，停止旋蒸；调高机械手臂，取下旋转蒸发瓶。④氮吹；氮吹至 1mL 时再用正己烷淋洗内壁 2 ~ 3 次，最后吹至 1mL 待净化。

净化：①用比色管定容 10mL 正己烷，用于活化硅胶小柱。②当活化完毕后，小柱下端放入鸡心瓶，并立即用滴管将浓缩液转移至硅胶小柱上，保证硅胶小柱上端不要露出液面；上样完毕后，用滴管吸取正己烷从瓶口往下清洗，一并转移至硅胶小柱上，重复五次。③淋洗：用正己烷∶二氯甲烷为 7∶3 混合溶剂 20mL 淋洗。④层析完成后，先在氮吹仪上预浓缩至 10 ~ 15mL，用注射器吸取鸡心瓶中的溶液，过针头过滤器，转移至另一鸡心瓶中。⑤氮吹：氮吹至 1mL 时再用正己烷淋洗内壁 2 ~ 3 次，最后吹至 1mL 以下，待冷却后，定容 1mL，转移至 1mL 样品瓶中，待进样分析。

2）GC-MS 测定仪器参数

气相色谱条件：进样口温度 300℃；柱压 68.7kPa；柱温 45℃；程序升温条件为 45℃（1min），40℃/min 升温至 130℃，12℃/min 升温至 180℃，7℃/min 升温至 240℃，12℃/min 升温至 320℃（13min）；载气为氦气；流速控制模式为线流速控制模式，柱流速为 1.66mL/min、线流速 2.33mL/min；进样量 1.0μL、不分流。PAHs 标准色谱如图 2.16 所示。

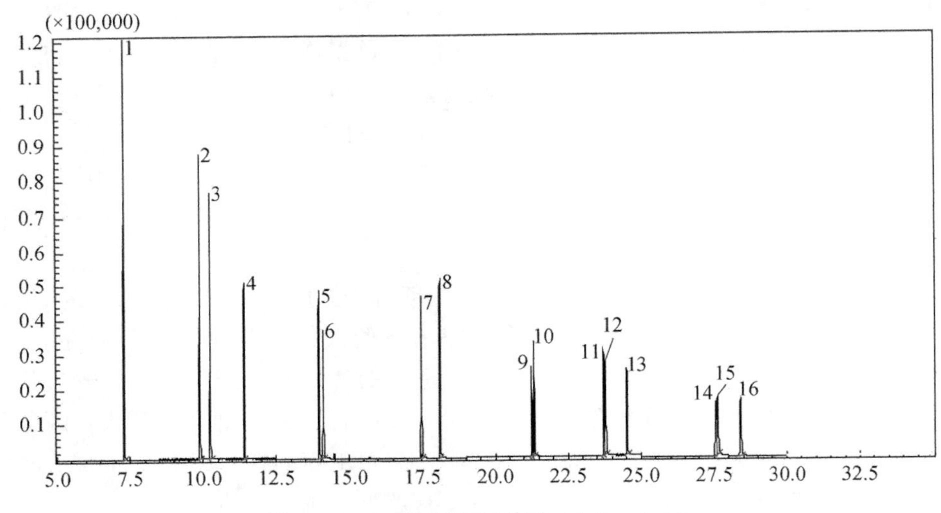

图 2.16 PAHs 标准色谱图（1.0μg/mL）

质谱条件：离子源温度 200℃；传输温度 280℃；扫描方式为 SIM 模式，电离源为电子轰击电离（EI）；溶剂延迟时间为 5min，调谐方式为 DFTPP。多环芳烃定性定量离子见表 2.4。

表 2.4 多环芳烃定性定量离子

编号	PAHs 名称	保留时间/min	主离子	辅助定性离子
1	萘	7.31	128	127、129
2	苊烯	9.898	152	153、151
3	苊	10.251	153	154、152
4	芴	11.418	166	165、167
5	菲	13.962	178	179、176
6	蒽	14.11	178	179、176

续表

编号	PAHs 名称	保留时间/min	主离子	辅助定性离子
7	荧蒽	17.482	202	200、203
8	芘	18.118	202	200、203
9	苯并［a］蒽	21.26	228	226、229
10	䓛	21.346	228	226、229
11	苯并［b］荧蒽	23.722	252	253、250
12	苯并［k］荧蒽	23.788	252	253、250
13	苯并［a］芘	24.507	252	253、250
14	茚并［1，2，3-cd］芘	27.567	276	277
15	二苯并［a，h］蒽	27.625	278	279
16	苯并［g，h，i］苝	28.414	276	274

2.4.2.10　杂环胺

使用 BGI-VSCC 旋风式 $PM_{2.5}$切割器（BGI Inc.）采集样品，皂膜流量计校正流速，采样流速为 5.0L/min。每种燃料均先取空白样（系统 30min 背景值）。采用石英滤膜采集颗粒相中杂环胺。采样前将石英膜（47mm，Whatman Inc.）和包装用铝箔在 550℃条件下灼烧 4h，采样后将石英膜用包了铝箔的膜盒包装好，装进密实袋，-20℃条件下冷冻保存待分析。

将采样后石英膜剪碎，放入洁净的 10mL 石英烧杯内，用二氯甲烷和甲醇混合溶剂（体积比 3∶1）将滤膜完全浸没，超声提取 15min。加入冰袋控制水浴水温不高于 25℃，重复提取 3 次。用经二氯甲烷超声提取过的脱脂棉过滤提取液，澄清溶液滴入 250mL 茄形瓶中旋转蒸发。将水浴温度设定为 37℃，体系真空度设定为 0.04MPa，收集浓缩液约 5.0mL。调整氮吹仪温度为 40℃，将浓缩液经高纯氮气吹至干后冷冻保存。

分析仪器为 Aglient1100 型高效液相色谱仪配紫外检测器（Aglient Technologies，USA），检测波长为 263nm。色谱柱为 Diamonsil ODS-2C18，规格为 250mm×4.6mm，5μm（迪马科技，北京）。柱温为 30℃。进样体积为 10μL。流动相为乙腈和 0.01mol/L 三乙胺（H_3PO_4 调节 pH 为 3.2）缓冲液，流速为 1mL/min。采用梯度淋洗，程序为：0～5min，乙腈 5%～10%；5～10min，乙腈 10%～35%；10～15min，乙腈 35%～40%；15～20min，乙腈 40%～45%；20～25min，乙腈 45%～50%。

称取 5 种 HAs 标准品（Toronto Research Chemicals Inc.，加拿大，纯度>

99%）各1.00mg，用乙腈定容至10.0mL，配成浓度为100.0μg/mL标准储备液，将储备液用乙腈逐级稀释配成20.0μg/mL、10.0μg/mL、5.00μg/mL、2.00μg/mL、1.00μg/mL、0.50μg/mL、0.20μg/mL、0.10μg/mL、0.05μg/mL、0.02μg/mL系列浓度的混合标准溶液。5种HAs标准曲线R^2均大于0.990。

以S/N=3作为仪器检出限，取1.00μg/mL、5.00μg/mL、10.0μg/mL 3个浓度水平的HAs混标重复进样5次，计算相对标准偏差。HAs单体的相对标准偏差均小于6.50%，说明本方法重复性较好。取同一大气背景空白样品两份，一份直接测定，另一份添加浓度为1.00μg/mL的5种HAs混标100μL后测定各成分含量，每份样品平行测定3次，考察方法的回收率。平均加标回收率为81.15%～87.21%，回收率相对标准偏差为1.30%～4.70%，具有较高的准确度。

2.5 质量保证与质量控制

2.5.1 系统QA/QC

采样过程中的质量保证（QA）和质量控制（QC）是获得真实有效的气体和气溶胶样品的重要前提。林云（2009）对该套采样系统做了基本的测试，主要包括：①一次稀释通道混合均匀性；②颗粒物的管路损失；③气密性；④采样平行性；⑤二次稀释倍数校正；⑥零气中$PM_{2.5}$含量。测试结果表明，运用该系统开展燃烧实验是可靠的。

采样工作中，主要通过以下措施来进一步保证样品采集的可靠性和系统的稳定性。

（1）严格的流量校准。定期采用皂膜流量计（Gilian Gilibrator-2，USA）校准质量流量控制器（七星华创，北京）。

（2）气密性检验。气密性检验是每次实验系统正常运转的前提。在对各接头部分分别加固后，进行检漏，确保总进气量与总出气量基本吻合（进、出气流量差值在5%以内）。

（3）设置系统抽空时间。为防止燃烧源样品的交叉污染，每次实验结束后，对系统抽空1～2h，期间在颗粒物采样器中放置空白膜片（多次使用），使系统尽可能清洁。

（4）采样前后滤膜夹处理。每次采样前必须用Kimwipes无尘滤纸将颗粒物采样器中的滤膜夹擦拭干净。取、放滤膜时佩戴一次性塑料手套。

（5）检测零气中含碳组分的含量。测定零气的VOCs、OVOCs、CH_4、PAHs等物种的含量作为背景值剔除。

2.5.2　样品分析 QA/QC

1）膜采样和膜称量

石英膜和包膜用铝箔在采样前放入马弗炉内，在温度 500℃下灼烧 4h，以去除膜上的有机物和其他易挥发的杂质。Teflon 膜在采样前后均在超净室［(22±1)℃，(55±5)% RH］中平衡 48h 以上，然后用十万分之一的天平（Sartorius，BT25S，Max=21g，d=0.01mg）进行称重。称量两次结果尾数大于 3 的样品称量第三次，取结果相近且小于 3 的两次结果平均值为最终结果。

2）CH_4

系统精密度和稳定性测试：将一定浓度的标准气体重复分析 6 次，得到 CH_4 的相对标准偏差值小于 0.5%。样品分析前先配制一系列浓度的标准气体，测试每个标气浓度的峰面积，绘制标准曲线，R^2 大于 0.999。每间隔 5～10 个样品进行一次标气测试，标气偏差小于 5%。

3）VOCs

空白测定：分别在开机平衡后正式分析样品之前、每分析 10 个样品之后及分析了高浓度样品之后进行空白测定，以高纯氮作为样品进行分析。样品分析前先配制一系列浓度的标气，测试每个标气中各 VOCs 物种的峰面积，绘制标准曲线，R^2 满足测试要求。精密度测试：将一定浓度的标气重复进样 6 次，计算相对标准偏差值，保证各 VOCs 的测量精度小于 10%。

4）OVOCs

进样管等提前在马弗炉里 600℃条件下灼烧 4h，用铝箔包裹密封保存。样品测试前先绘制标准曲线，R^2 满足测试要求。样品分析过程中定期测试仪器稳定性，标样多次测试的 RSD 小于 10%；进行试剂空白、采样管空白检验。

5）EC/OC 分析

每次进样前将所用的舂膜器、镊子、玻片等工具用无尘纸擦拭干净，避免样品交叉影响。舂膜选取每张膜上采样较为均匀的部分，舂完膜后尽快将原膜放回膜盒并放回冰箱低温保存；样品分析前绘制标准曲线。先将基准物质蔗糖（分析纯）在烘箱中以 105℃烘 1.5h，配制得到 1795.88ppm 的标准溶液，设置 7 个梯度的进样体积依次进样分析，标准曲线相关系数达到 0.999 以上。每批样品分析前进行系统检漏和系统空白测试；每批样品分析后检查 FID 基线漂移和标气峰面积稳定性。每间隔 10 个样品重复分析一次 10μL 进样体积的标准溶液样品，要求测得的 EC 和 OC 偏差均在 5.0% 以内。

6）阴阳离子、有机酸及水溶性有机酸

用冰水进行超声提取，防止烧杯中水分蒸发造成误差。使用石英烧杯进行样品提取，用 TOC 水进行样品提取、容器清洗等，尽可能减少提取过程误差。样品分析前先分析系列梯度的标样，使用内标法（Lin）进行相关性分析，R^2 达到 0.999 以上。同时，对空白石英膜和背景大气膜进行提取和分析，实际结果等于样品测量值减去空白值。

7）PAHs 分析

样品分析前先用浓度分别为 0.2μg/mL、0.4μg/mL、0.6μg/mL、0.8μg/mL、1.0μg/mL、2.0μg/mL 的标样作标准曲线，结果详见图 2.17。测试仪器检出限及回收率，结果见表 2.5。PUF 在使用前先用去离子水、表面活性剂及超纯水利用超声器清洗，40℃以下烘干后用快速溶剂萃取仪（DIONEX ASE 300）进行萃取净化。净化条件如下：丙酮 30%；正己烷 70%；系统工作压力 1500psi；萃取温度 50℃；升温预热时间 0min；加热 3min；静态提取时间 5min；冲洗体积 60%；吹洗时间 60s；循环 1 次。穿透实验设计：如果样品采集过程中出现穿透现象，会导致达到饱和状态的 PUF 不能够捕集气流中 PAHs，计算得到的浓度要低于实际排放量（马万里等，2010）。为此将串联切割后的 1/2 个 PUF，每个 PUF 分别进行分析和定量。每隔 10 次采样进行 1 次穿透实验，即在 1 个 PUF 后串联 1/2 个 PUF，采样后分别进行分析和定量，用于判断整个采样周期的穿透情况。共进行了 3 次穿透实验，分别设置于水稻秸秆露天燃烧、树叶露天燃烧、机割水稻炉灶燃烧过程中。采样完成后，样品保存在-20℃温度下待分析。PUF 放置在两侧开口玻璃杯中，内置于铝制容器中（两侧设置接口），玻璃杯两侧放置橡胶垫密封。

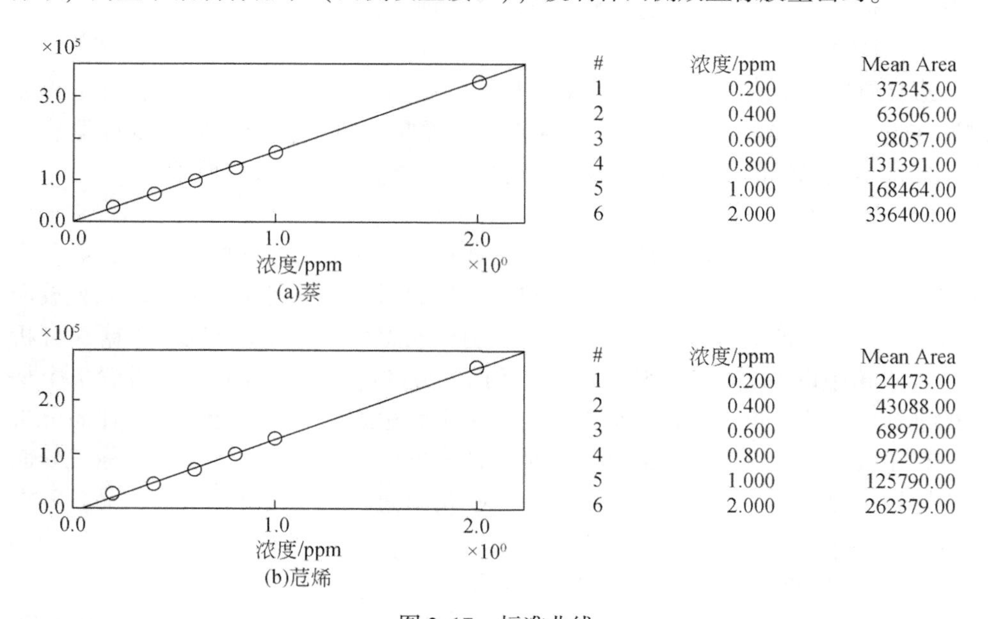

图 2.17　标准曲线

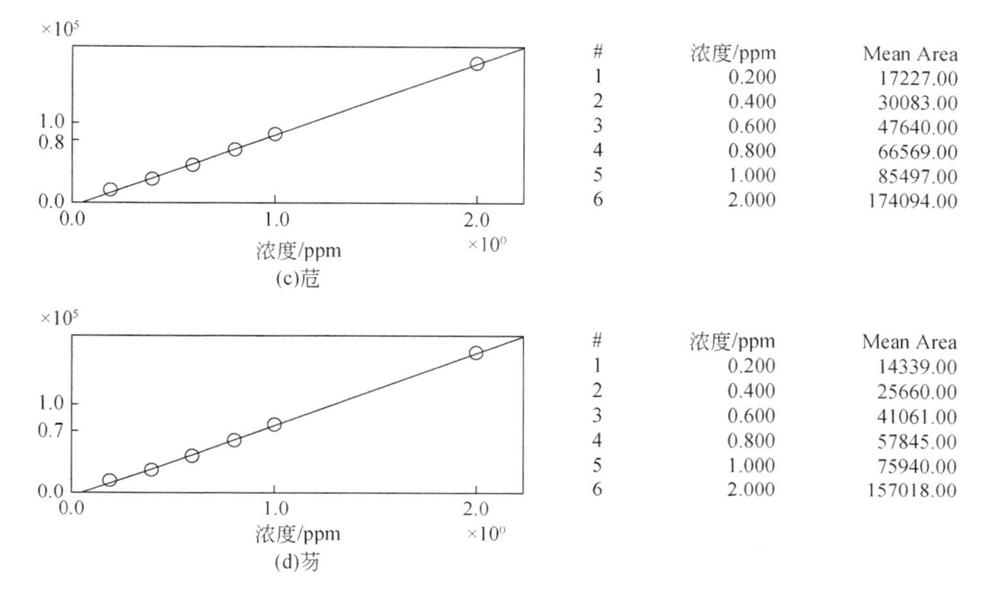

图 2. 17　标准曲线（续）

表 2. 5　检出限及回收率

序号	PAHs	回收率/%	仪器检出限/(μg/mL)
1	萘	80. 1	0. 000 2
2	苊烯	80. 6	0. 000 4
3	苊	76. 2	0. 000 5
4	芴	78. 3	0. 000 5
5	菲	91	0. 000 3
6	蒽	98. 7	0. 000 4
7	荧蒽	99. 6	0. 000 7
8	芘	104. 6	0. 000 4
9	苯并［a］蒽	99. 4	0. 000 2
10	䓛	98. 9	0. 000 7
11	苯并［b］荧蒽	87. 2	0. 000 3
12	苯并［k］荧蒽	88. 2	0. 000 4
13	苯并［a］芘	93. 4	0. 000 4
14	茚并［1，2，3-cd］芘	77. 3	0. 000 5
15	二苯并［a，h］蒽	75. 2	0. 000 6
16	苯并［g，h，i］苝	85. 3	0. 000 4

8）HAs 分析

（1）样品预处理：玻璃器皿首先用自来水超声清洗三次，再用去离子水超声清洗三次，后在550℃条件下灼烧4h。实验用镊子、剪刀、过滤用脱脂棉采用二氯甲烷超声清洗三次。进样瓶等使用前用甲醇清洗烘干，用铝箔包裹密封保存。

（2）每日校正：为保证工作曲线有效性，每次样品分析之前测定工作曲线中间浓度水平的混合标准样品，要求分析结果与浓度标准值偏差范围小于30%，否则重新配标。本书中，每次均先测定0.5ppm、1.0ppm和2.0ppm三个浓度标样。每测定5个样品，插入1个与样品中大多数目标化合物浓度相当的标样进行分析，用于校正标准曲线。

（3）空白试验：淋洗液乙腈的液相色谱图无干扰峰，表明试剂纯度符合要求。将高温灼烧过的空白膜直接处理分析，未检测到杂环胺化合物，表明提取试剂及提取过程对实验结果无影响。安装采样膜后有约10min系统稳定时间，采集的为环境大气。另外，一次稀释气也是环境空气，需进行场地空白实验以评估其影响。实验前后都进行场地空白采样，与实际采样时间一致，空白采样为2h。检测结果表明，场地空白膜中未检测到杂环胺化合物，表明短时间采集的环境空气对杂环胺化合物采样的影响可忽略。

参考文献

陈鹏. 2007. 中国煤炭性质、分类和利用. 2版. 北京：化学工业出版社.

高博，黄韶炯，刘佳鑫，等. 2011. 户用生物质炉具热效率试验方法研究. 可再生能源，29（3）：96-103.

耿春梅，陈建华，王歆华，等. 2013. 生物质锅炉与燃煤锅炉颗粒物排放特征比较. 环境科学研究，26（6）：666-671.

广东农村统计年鉴编辑委员会. 2009. 广东农村统计年鉴2009. 北京：中国统计出版社.

李兴华，段雷，郝吉明，等. 2008. 固定燃烧源颗粒物稀释采样系统的研制与应用. 环境科学学报，28（3）：458-463.

林云. 2009. 生物质开放式燃烧污染排放特征模拟研究. 北京：北京大学硕士学位论文.

陆思华，邵敏，王鸣. 2012. 城市大气挥发性有机化合物（VOCs）测量技术. 北京：中国环境科学出版社.

马万里，李一凡，孙德智，等. 2010. 哈尔滨市大气中多环芳烃的初步研究. 中国环境科学，30（2）：145-149.

吴兑，毛节泰，邓雪娇，等. 2009. 珠江三角洲黑炭气溶胶及其辐射特性的观测研究. 中国科学D辑：地球科学，39（11）：1542-1553.

吴丽玲，曾立民，于雪娜，等. 2010. 配备低压进样系统的GC-FID法测大气中的CO和CH_4. 环境科学学报，30（9）：1766-1771.

赵亚娟. 2011. 不同燃料类型下农居室内空气污染特征分析. 北京：北京大学硕士学位论文.

周楠. 2005. 等速追踪固定源稀释通道采样装置的研制及其应用研究. 北京：北京大学硕士学位论文.

祝斌，朱先磊，张元勋，等. 2005. 农作物秸秆燃烧 $PM_{2.5}$ 排放因子的研究. 环境科学研究，18（2）：29-33.

Andreae M O，Gelencsér A. 2006. Black carbon or brown carbon：The nature of light-absorbing carbonaceous aerosols. Atmospheric Chemistry and Physics，(6)：3131-3148.

Chen L W ，Moosmuller H，Arnott W P，et al. 2007. Emissions from laboratory combustion of wildland fuels：Emission factors and source profiles. Environmental Science and Technology，41（12）：4317-4325.

França D A，Longo K M，Neto T G S，et al. 2012. Pre-Harvest sugarcane burning：Determination of emission factors through laboratory measurements. Atmosphere，(3)：164-180.

Gelencsér A. 2004. Carbonaceous Aerosol. Netherlands ：Springer.

Gundel L A，Dod R L，Rosen H，et al. 1984. The relationship between optical attenuation and black carbon concentration for ambient and source particles. Science of the Total Environment，36：197-202.

Habib G，Venkataraman C，Bond T C，et al. 2008. Chemical，microphysical and optical properties of primary particles from the combustion of biomass fuels. Environmental Science and Technology，42（23）：8829-8834.

Hansen A D A，Rosen H，Novakov T. 1984. The aethalometer：An instrument for the real-time measurement of optical absorption by aerosol particles. Science of the Total Environment，36：191-196.

Iinuma Y，Brüggemann E，Gnauk T，et al. 2007. Source characterization of biomass burning particles：The combustion of selected European conifers，African hardwood，savanna grass，and German and Indonesian peat. Journal of Geophysical Research Atmospheres，112（D8）：409-427.

Kirchstetter T W，Novakov T，Hobbs P V. 2004. Evidence that the spectral dependence of light absorption by aerosols is affected by organic carbon. Journal of Geophysical Research Atmospheres，109（D21208）：1-12.

Liousse C，Cachier C，Jennings S G. 1993. Optical and thermal measurements of black carbon aerosol content in different environments：Variation of the specific attenuation crosssection，sigma（σ）. Atmospheric Environment，27A（8）：1203-1211.

Martins J V，Artaxo P，Liousse C，et al. 1998. Effects of black carbon content，particle size，and mixing on light absorption by aerosols from biomass burning in Brazil. Journal of Geophysical Research，103（D24）：32041-32050.

Wang Q，Geng C M，Lu S H，et al. 2013. Emission factors of gaseous carbonaceous species from residential combustion of coal and crop residue briquette. Frontier of Environmental Science and Engineering in China，7（1）：66-76.

Zhang H F, Ye X N, Cheng T T, et al. 2008. A laboratory study of agricultural crop residue combustion in China: Emission factors and emission inventory. Atmospheric environment, 42 (36): 8432-8441.

Zhang Y X, Schauer J J, Zhang Y H, et al. 2008. Characteristics of particulate carbon emissions from real- world Chinese coal combustion. Environmental Science and Technology, 42 (14): 5068-5073.

第3章　农村典型燃烧源含碳物质排放特征

3.1　燃烧状态及排放因子的确定

3.1.1　燃烧状态判断

燃烧过程十分复杂，根据不同阶段污染物的排放量和类型大致可分为明火和焖烧两种状态。本书运用校正燃烧效率（modified combustion efficiencies，MCE）来表征燃烧状况。校正燃烧效率的定义是二氧化碳与一氧化碳和二氧化碳浓度之和的比值，见式（3-1）。

$$\text{MCE}=\frac{C_{CO_2}}{C_{CO_2}+C_{CO}} \tag{3-1}$$

MCE 是很多研究中用以表征燃烧状况的有效参数，尽管校正燃烧效率和燃烧效率有着一定的差别，但差别很小（Dhammapala et al.，2006；McMeeking et al.，2009）。由于燃料释放的碳主要以二氧化碳和一氧化碳的形式存在，其他形态的碳相较于一氧化碳和二氧化碳中的碳是比较痕量的，因此校正燃烧效率和实际燃烧效率比较接近（林云，2009）。

3.1.2　排放因子计算

根据采样系统的稀释倍数及燃料的燃烧量，计算出各污染物种的排放因子。本书运用两台 Thermo 410（Thermo Scientific Inc.）同时监测一次稀释烟道与稀释后旁路的 CO_2 来计算稀释倍数。计算公式如下：

$$\text{DR (Dilution Ratio)}=\frac{C_{\text{main}}-C_{\text{background}}}{C_{\text{branch}}-C_{\text{background}}} \tag{3-2}$$

$$\text{EF}_{\text{PM}}=\frac{m_{\text{膜}}}{Q_{\text{采样}}}\times\text{DR}\times\frac{Q_0\times t_{\text{采样}}}{\Delta m_{\text{燃料干燥基}}} \tag{3-3}$$

$$\text{EF}_{\text{gaseous}}=\frac{C_i\times\text{DR}\times Q_0\times t_{\text{采样}}}{\Delta m_{\text{燃料干燥基}}} \tag{3-4}$$

$$Q_0=v_0\pi\left(\frac{D_0}{2}\right)^2 \tag{3-5}$$

其中，式（3-2）和式（3-3）用于计算 $PM_{2.5}$ 及 OC、EC 等的排放因子，式（3-4）和式（3-5）用于计算在线监测物种（CO_2 和 CO）的排放因子。Q_0、D_0 及 v_0 分别为一次稀释通道的体积流量、直径及风速。本书中 D_0 为 0.155m，v_0 为 10m/s。

3.2 主要污染物排放因子

3.2.1 CO_2、CO、CH_4 排放因子

本书测试的几种燃料燃烧排放的 CO_2、CO、CH_4 排放因子如表 3.1 所示。结果显示，甘蔗秸秆露天焚烧的 CO_2 排放因子最高，达（1687±258）g/kg。花生秸秆炉灶燃烧次之，CO_2 排放因子为（1349±204）g/kg。炉灶燃烧的花生秸秆和大豆秸秆的 CO 排放因子最高，分别为（125.1±37.1）g/kg 和（102.4±20.1）g/kg。生物质燃烧 CH_4 的排放因子为 0.85～4.24g/kg。蜂窝煤燃烧的 CO_2、CO、CH_4 排放因子均比较低，可能与其本身的理化性质有关。

表 3.1　燃料燃烧 CO_2、CO 和 CH_4 的排放因子　（单位：g/kg）

类型	场地	测试次数	CO_2	CO	CH_4
水稻秸秆	野外焚烧	12	1103±497	69.5±41.4	1.53±0.84
玉米秸秆	野外焚烧	2	1220±123	72.1±25.1	1.72±0.96
花生秸秆	野外焚烧	1	1275	104.7	0.85
甘蔗秸秆	野外焚烧	2	1687±258	20.8±15.7	—
荔枝叶	野外焚烧	4	1239±262	34.8±12.4	2.84±0.74
大叶榕树叶	野外焚烧	2	1139±94	60.5±14.7	2.52±1.20
小叶榕树叶	野外焚烧	2	1178±103	75.8±13.9	2.93±1.71
长干稻草	家庭炉灶	3	1239±273	66.5±10.3	1.52±0.62
玉米秸秆	家庭炉灶	1	1285	30.6	2.67
花生秸秆	家庭炉灶	2	1349±204	125.1±37.1	3.80±1.57
大豆秸秆	家庭炉灶	2	1320±119	102.4±20.1	2.53±0.68
桉树粗枝	家庭炉灶	2	1105±275	79.3±25.7	3.83±1.52
桉树细枝	家庭炉灶	2	1237±156	60.8±12.6	3.51±1.33
荔枝柴	家庭炉灶	2	1084±239	85.4±23.5	4.24±1.92

注：甘蔗秸秆野外焚烧结果由林云完成，未测试 CH_4

3. 2. 2　$PM_{2.5}$及其组分排放因子

几种燃料燃烧排放的 $PM_{2.5}$及其组分的排放因子如表 3. 2 所示。结果表明，水稻秸秆在野外焚烧情况下 $PM_{2.5}$的排放因子高于炉灶燃烧的排放因子。三类薪柴燃烧排放的 $PM_{2.5}$排放因子均值范围为 3. 5 ~5. 3 g/kg。

表 3. 2　燃料燃烧 $PM_{2.5}$及 OC、EC 排放因子　（单位：g/kg）

编号	类型	场地	$PM_{2.5}$	OC	EC
1	水稻秸秆	野外焚烧	14. 4±5. 4	7. 38±3. 26	0. 38±0. 18
2	玉米秸秆	野外焚烧	10. 2±2. 7	5. 45±0. 93	0. 83±0. 29
3	花生秸秆	野外焚烧	7. 5	5. 83	0. 20
4	荔枝叶	野外焚烧	4. 9±1. 2	3. 76±0. 84	0. 15±0. 07
5	大叶榕树叶	野外焚烧	4. 4±1. 8	2. 54±0. 51	0. 23±0. 11
6	小叶榕树叶	野外焚烧	3. 6±1. 5	1. 94±1. 35	0. 06±0. 05
7	长干稻草	家庭炉灶	8. 5±4. 6	2. 82±0. 34	0. 57±0. 14
8	玉米秸秆	家庭炉灶	8. 2	3. 47	1. 75
9	花生秸秆	家庭炉灶	11. 1±2. 7	2. 06±0. 45	0. 61±0. 11
10	大豆秸秆	家庭炉灶	8. 3±1. 9	1. 32±0. 34	0. 47±0. 14
11	桉树粗枝	家庭炉灶	3. 5±1. 0	2. 23±0. 63	0. 53±0. 25
12	桉树细枝	家庭炉灶	4. 1±0. 8	1. 76±0. 31	1. 48±0. 17
13	荔枝柴	家庭炉灶	5. 3±0. 6	3. 27±0. 85	0. 93±0. 45
14	蜂窝煤	燃煤炉	0. 4±0. 2	0. 15±0. 12	0. 02±0. 01

注：测试次数同表 2. 2

本书总结了文献中报道的水稻秸秆野外焚烧与炉灶燃烧的主要含碳污染物排放因子，具体见表 3. 3。结果表明，本书的结果显著高于大部分已有报道值，但与 Hays 等（2005）、Watson 等（2011）、林云（2009）等测定的结果一致。

表 3.3　文献中报道的秸秆焚烧主要含碳污染物排放因子　（单位：g/kg 干物质）

类别	燃烧状态	CO_2	CO	PM_{10}	$PM_{2.5}$	OC	EC	参考文献
水稻秸秆*	实验室，开放式	1105. 2±189. 3	53. 2±17. 9	14. 0±5. 1	12. 1±4. 4	10. 53±4. 87	0. 49±0. 22	林云，2009
水稻秸秆#	实验室，开放式	1024. 0±207. 9	110. 6±37. 9	20. 6±14. 2	18. 3±13. 5	8. 77±4. 81	0. 37±0. 11	林云，2009
水稻秸秆	实验室，开放式				12. 95±0. 30	8. 94±0. 42	0. 17±0. 04	Hays et al. , 2005
水稻秸秆‡	实验室，开放式					3. 91	0. 63	Kleeman et al. , 2008
水稻秸秆	实验室，开放式	1216±97	179. 9±39. 8		4. 2			Christian et al. , 2003
水稻秸秆*	实验室，开放式				15. 4			Watson et al. , 2011
水稻秸秆#	实验室，开放式				2. 3			Watson et al. , 2011
水稻秸秆*, §	实验室，风洞				8. 7±1. 1	4. 1±0. 2	1. 1±0. 1	祝斌，2004
水稻秸秆#, §	实验室，风洞				69. 9±12. 7	46. 6±2. 3	3. 9±0. 2	祝斌，2004
水稻秸秆	实验室，风洞		31. 4–98. 7	3. 5–7. 7	3. 1–7. 4			Jenkins et al. , 1996a
水稻秸秆	实验室，风洞					0. 90	0. 46	Turn et al. , 1997
水稻秸秆	实验室，炉灶	1674±452	67. 98±25. 58	6. 28±1. 59		2. 01±0. 67	0. 49±0. 21	Cao et al. , 2008
水稻秸秆	实验室，炉灶	791. 3±12. 5	64. 2±4. 9					Zhang et al. , 2008a
水稻秸秆	实验室，炉灶				6. 2±1. 0	3. 49	0. 07	Sheesley et al. , 2003
水稻秸秆	实验室，炉灶					4. 58	0. 17	Venkataraman et al. , 2005
水稻秸秆	实验室，炉灶				9. 3±4. 1	4. 65	0. 19	Habib et al. , 2008
水稻秸秆	实验室		82±20					Sahai et al. , 2007
水稻秸秆*	野外，炉灶	1190±65	205±62	8. 44±0. 84		1. 82±0. 36	0. 99±0. 49	Shen et al. , 2010
水稻秸秆#	野外，炉灶	1170±26	226±27	4. 59±1. 45		1. 33±0. 11	0. 60±0. 32	Shen et al. , 2010
水稻秸秆	野外，炉灶	1204±13	119. 0±8. 9		1. 80±0. 20	1. 07±0. 02	0. 10±0. 00	Li et al. , 2007
水稻秸秆	野外，炉灶	976. 8±58. 5	104. 5±18. 4					Wang et al. , 2009
水稻秸秆	野外，开放式	911±283	57±18					Miura and Kanno，1997
水稻秸秆*	野外，开放式	1292	104					Nguyen et al. , 1994a
水稻秸秆#	野外，开放式	1099	189					Nguyen et al. , 1994a
水稻秸秆	野外，开放式	1147±169	97±8	9. 4±3. 5	8. 3±2. 7	2. 78	0. 48	Kim Oanh et al. , 2011

注：*明火燃烧；#焖烧；‡OC 和 EC 为 $PM_{1.8}$的值；§EC 和 OC 由 Sunset TOT 方法测定

3.2.3　多环芳烃排放因子

秸秆和落叶野外焚烧产生的PAHs排放因子见表3.4。秸秆野外焚烧PAHs气相、颗粒相的排放因子分别为10.37～20.53mg/kg、6.30～7.25mg/kg；落叶野外焚烧相应的排放因子分别为7.39～18.64mg/kg、3.79～7.01mg/kg；秸秆炉灶燃烧分别为32.83～117.79mg/kg、10.86～110.84mg/kg。本书水稻秸秆的野外焚烧模拟实验16种优控PAHs总排放因子显著高于已有部分研究结果（Zhang et al.，2011），略高于部分排放清单中使用值（Zhang and Tao，2009）。除段小丽等（2011）构建的清单外，本书获得的3种秸秆的平均PAHs排放因子高于已有清单中使用的国外文献报道值。因此，现有清单可能低估了中国来自生物质野外焚烧的实际排放量。

秸秆和薪柴炉灶燃烧产生的PAHs排放因子见表3.5。与已有实验室反应箱模拟研究结果（4～76mg/kg）相比（Dhammapale et al.，2007；Hays et al.，2005；Jenkins et al.，1996b，1996c；Lu et al.，2009），本书测得的秸秆室内炉灶燃烧PAHs排放因子偏高，与近期报道的部分结果相近（Shen et al.，2011），显著低于Zhang和Tao（2009）实验模拟值（表3.6）。本书采用的为搭建本土化炉灶，完全模拟实际燃烧状态，相比反应箱模拟等结果更为可靠，且与其他采用炉灶测试获得的结果相近（Shen et al.，2011）。由于在室内炉灶燃烧中，炉膛容积相对较小，通风供氧条件有限，因此生物质燃烧不完全，燃烧效率较低，从而产生较多的不完全燃烧产物（Chen et al.，2005；Zhang et al.，2008b）。有研究报道指出，当燃烧温度从200℃升到700℃时，PAHs的产生和排放量明显增加（Lu et al.，2009），秸秆炉灶燃烧的过程中，灶膛内的温度在550～750℃。因此，秸秆炉灶燃烧过程中，有利于PAHs生成的燃烧温度也是较高排放的一个重要原因。现有清单构建中部分选用了秸秆室内炉灶燃烧较小的排放因子（Xu et al.，2006；Inomata et al.，2012），部分选用了极高的排放因子（Zhang and Tao，2009；段小丽等，2011），因此已有清单可能低估或高估了来自生物质家庭燃用的污染物实际排放量。

3.2.4　VOCs和OVOCs排放因子

VOCs的排放因子见表3.7。19种OVOCs的排放因子见表3.8。

表 3.4　生物质野外焚烧排放的颗粒态和气态 PAHs 的排放因子

（单位：mg/kg）

类型	相		NAP	ACY	ACE	FLO	PHE	ANT	FLA	PYR	BaA	CHR	BbF	BkF	BaP	IcdP	DahA	BghiP	合计值
水稻秸秆	G	均值	5.27	1.65	1.13	2.56	5.27	0.72	0.59	0.56	0.14	0.20	0.10	0.03	0.06	0.04	0.02	0.06	18.40
		SD	2.97	1.53	0.81	2.24	5.26	0.56	0.52	0.51	0.16	0.26	0.13	0.02	0.06	0.03	0.01	0.04	13.49
	P	均值	1.46	0.22	0.15	0.31	0.41	0.09	0.50	0.94	0.50	0.58	0.45	0.11	0.26	0.21	0.07	0.36	6.62
		SD	0.78	0.34	0.11	0.28	0.22	0.08	0.51	0.79	0.84	0.80	0.61	0.10	0.29	0.18	0.05	0.15	4.76
玉米秸秆	G	均值	3.43	0.94	0.50	1.01	2.82	0.46	0.40	0.42	0.07	0.10	0.07	0.02	0.03	0.04	0.01	0.05	10.37
		SD	1.92	0.48	0.00	0.03	1.00	0.20	0.19	0.15	0.01	0.05	0.06	0.02	0.03	0.03	0.01	0.04	3.74
	P	均值	1.11	0.22	0.10	0.16	0.34	0.06	0.49	1.36	0.23	0.44	0.44	0.12	0.24	0.29	0.12	0.58	6.30
		SD	0.62	0.11	0.00	0.01	0.12	0.03	0.24	0.47	0.04	0.20	0.40	0.12	0.20	0.22	0.05	0.39	0.01
花生秸秆	G	均值	10.67	1.56	1.05	1.84	3.96	0.62	0.39	0.29	0.02	0.03	0.02	0.01	0.02	0.01	0.01	0.03	20.53
	P	均值	3.44	0.37	0.20	0.29	0.48	0.09	0.48	0.94	0.08	0.13	0.10	0.07	0.12	0.04	0.10	0.32	7.25
荔枝叶	G	均值	5.15	3.55	0.70	1.87	5.00	0.87	0.66	0.56	0.06	0.08	0.03	0.01	0.04	0.02	0.01	0.03	18.64
		SD	3.84	2.39	0.41	0.74	2.74	0.48	0.32	0.28	0.03	0.05	0.02	0.01	0.04	0.01	0.00	0.01	9.87
	P	均值	1.10	0.18	0.10	0.13	0.31	0.07	0.61	0.93	0.95	0.87	0.66	0.15	0.33	0.24	0.06	0.32	7.01
		SD	0.40	0.28	0.03	0.07	0.09	0.02	0.18	0.25	0.58	0.54	0.25	0.02	0.17	0.03	0.03	0.03	1.60
大叶榕树叶	G	均值	2.73	0.63	0.39	0.71	1.89	0.27	0.26	0.24	0.03	0.04	0.06	0.02	0.02	0.04	0.01	0.05	7.39
		SD	1.63	0.19	0.41	0.58	0.75	0.05	0.09	0.13	0.03	0.04	0.07	0.02	0.03	0.05	0.02	0.06	4.14
	P	均值	0.89	0.02	0.08	0.17	0.48	0.25	0.18	0.13	0.32	0.33	0.42	0.10	0.13	0.08	0.01	0.20	3.79
		SD	0.33	0.00	0.00	0.12	0.44	0.17	0.07	0.02	0.27	0.24	0.30	0.08	0.09	0.04	0.00	0.10	0.67
小叶榕树叶	G	均值	4.57	1.69	0.36	0.93	2.00	0.33	0.24	0.22	0.02	0.03	0.01	0.00	0.01	0.01	0.01	0.02	10.45
		SD	4.34	1.27	0.04	0.15	0.08	0.09	0.04	0.07	0.01	0.02	0.00	0.00	0.00	0.00	0.00	0.00	5.67
	P	均值	1.51	0.36	0.08	0.16	0.23	0.09	0.56	0.81	0.56	0.50	0.34	0.06	0.23	0.20	0.05	0.25	5.99
		SD	1.34	0.38	0.00	0.02	0.02	0.05	0.43	0.35	0.72	0.63	0.41	0.06	0.29	0.15	0.01	0.01	1.32

注：G 表示气相；P 表示颗粒相；合计值 SD 为各次测试中 16 种 PAHs 总浓度计算获得

表 3.5　生物质家庭炉灶燃烧排放的颗粒态和气态 PAHs 的排放因子　（单位：mg/kg）

类型	相		NAP	ACY	ACE	FLO	PHE	ANT	FLA	PYR	BaA	CHR	BbF	BkF	BaP	IcdP	DahA	BghiP	合计值
长干稻草	G	均值	15.20	27.40	3.03	8.74	21.68	3.50	3.15	2.82	0.42	0.65	0.17	0.06	0.11	0.09	0.05	0.13	87.19
		SD	14.08	35.44	0.43	4.93	14.16	3.64	2.48	1.68	0.23	0.38	0.10	0.03	0.10	0.06	0.03	0.08	75.71
	P	均值	1.34	0.06	0.10	0.16	0.41	0.13	1.01	1.38	4.75	4.20	5.94	1.29	3.57	2.16	0.31	2.54	29.35
		SD	0.33	0.02	0.02	0.04	0.09	0.10	1.21	1.78	6.95	6.21	7.58	1.58	4.52	2.51	0.37	2.58	35.07
玉米秸秆	G	均值	10.40	4.60	0.76	2.68	9.78	1.80	1.43	1.12	0.10	0.08	0.02	0.01	0.01	0.01	0.00	0.02	32.83
	P	均值	1.64	0.02	0.09	0.15	0.28	0.02	0.22	0.25	0.63	0.62	2.24	0.46	1.24	1.14	0.19	1.66	10.86
花生秸秆	G	均值	26.60	18.20	16.28	14.06	30.24	5.22	3.11	2.73	0.30	0.48	0.22	0.05	0.10	0.07	0.02	0.12	117.79
		SD	32.38	23.75	19.52	12.94	29.30	6.01	2.65	1.68	0.20	0.31	0.19	0.02	0.05	0.03	0.00	0.06	127.38
	P	均值	1.64	0.11	0.21	0.55	3.83	0.44	13.69	16.49	17.10	15.39	16.52	3.23	11.15	5.13	0.17	5.20	110.84
		SD	0.34	0.10	0.18	0.57	5.08	0.57	19.25	23.22	24.09	21.71	23.05	4.47	15.48	7.00	0.21	6.83	152.16
大豆秸秆	G	均值	13.05	28.80	4.99	4.71	10.86	1.58	1.37	1.11	0.64	0.92	0.61	0.16	0.21	0.22	0.03	0.29	69.55
		SD	6.65	34.87	3.70	0.73	0.94	0.73	0.44	0.37	0.33	0.56	0.27	0.12	0.09	0.15	0.00	0.20	50.17
	P	均值	1.41	0.03	0.10	0.18	0.58	0.09	1.46	1.72	4.20	4.79	6.16	1.50	4.28	2.93	0.35	3.15	32.95
		SD	0.73	0.01	0.05	0.13	0.07	0.01	1.84	2.23	5.80	6.55	8.56	2.09	5.55	4.08	0.46	4.11	40.29
桉树粗枝	G	均值	18.09	20.60	4.05	5.69	25.54	3.86	3.23	2.45	0.17	0.24	0.07	0.02	0.03	0.04	0.01	0.06	84.13
		SD	21.05	28.29	5.27	5.65	21.92	4.05	3.17	2.57	0.15	0.19	0.06	0.02	0.02	0.03	0.01	0.05	92.51
	P	均值	2.21	0.15	0.20	0.31	0.87	0.13	0.75	0.90	1.65	1.60	4.22	1.05	2.50	1.84	0.23	2.46	21.07
		SD	1.39	0.17	0.18	0.25	0.89	0.10	0.72	0.85	0.93	1.14	1.63	0.54	0.59	0.68	0.07	1.11	11.26
桉树细枝	G	均值	31.46	37.61	1.48	6.60	14.16	2.47	2.15	1.79	0.17	0.29	0.11	0.04	0.04	0.05	0.02	0.08	98.52
		SD	36.88	46.82	0.95	6.45	11.61	2.57	2.01	1.81	0.05	0.15	0.04	0.01	0.00	0.02	0.01	0.04	109.40
	P	均值	1.26	0.03	0.09	0.14	0.40	0.06	0.78	0.97	2.83	2.39	7.67	1.79	5.41	4.76	0.39	5.55	34.53
		SD	0.03	0.02	0.03	0.01	0.22	0.04	0.92	1.16	3.76	3.10	9.68	2.22	6.80	5.89	0.47	6.51	40.81

续表

类型	相		NAP	ACY	ACE	FLO	PHE	ANT	FLA	PYR	BaA	CHR	BbF	BkF	BaP	IcdP	DahA	BghiP	合计值
荔枝柴	G	均值	11.44	10.08	2.46	5.59	11.03	1.23	1.21	1.16	0.35	0.40	0.16	0.05	0.12	0.08	0.05	0.14	45.54
		SD	2.68	3.75	1.05	2.45	4.51	0.51	0.50	0.58	0.24	0.22	0.09	0.03	0.08	0.09	0.05	0.08	11.55
	P	均值	3.62	0.86	0.55	1.22	0.45	0.13	0.83	0.67	1.10	1.01	0.46	0.28	0.19	0.23	0.13	0.31	12.03
		SD	2.55	1.14	0.59	1.41	0.05	0.06	1.02	0.78	1.33	1.22	0.46	0.37	0.25	0.14	0.04	0.17	11.48
蜂窝煤	G	均值	3.08	0.76	0.31	1.93	8.77	1.18	0.92	0.61	0.06	0.08	0.02	0.01	0.01	0.01	0.00	0.02	17.77
		SD	0.61	0.14	0.06	0.11	3.15	0.14	0.23	0.11	0.01	0.06	0.01	0.00	0.01	0.00	0.00	0.01	3.89
	P	均值	0.47	0.11	0.07	0.18	0.97	0.26	0.87	4.29	0.12	0.20	0.18	0.03	0.26	0.67	0.12	2.59	11.37
		SD	0.55	0.13	0.02	0.20	0.25	0.11	0.08	3.64	0.04	0.04	0.19	0.03	0.34	0.83	0.13	3.38	7.96

注：G 表示气相；P 表示颗粒相；合计值 SD 为各次测试中 16 种 PAHs 总浓度计算获得

表 3.6　秸秆野外焚烧及家庭燃用 PAHs 排放因子　　（单位：mg/kg）

类型	相	NAP	ACY	ACE	FLO	PHE	ANT	FLA	PYR	BaA	CHR	BbF	BkF	BaP	IcdP	DahA	BghiP	P16	来源
水稻（焚烧）	G+P	0.4	0.3	0.8	0.2	4.1	1.0	6.6	2.5	2.3	2.3	0.7	0.5	0.3		0.5	1.0	23.5	Zhang et al.，2009
水稻（焚烧）	G+P	1.9	0.7	0.1	0.1	0.2	0.7	0.4	0.3	0.1	0.3	0.0	0.1	0.1	0.1	0.2	0.2	5.3	Zhang et al.，2011
秸秆（焚烧）	G+P	11.6	0.3	0.9	0.4	2.5	0.4	1.1	1.0	0.3	0.4	0.2	0.3	0.1	0.1	0.0	0.1	19.6	Xu et al.，2006
秸秆（焚烧）	G+P				1.3				0.6	0.9	0.2	0.1	0.0	0.0	0.2		0.0		Inomata et al.，2012
秸秆（焚烧）	G+P	46.8	1.0	1.9	0.6	6.7	1.4	7.6	3.3	2.5	2.6	0.9	0.7	0.3	0.0	0.5	1.1	77.7	段小丽等，2011
水稻（炉灶）	G+P	110.0	33.0	11.0	23.0	41.0	15.0	26.0	26.0	16.0	18.0	5.4	7.8	6.6	2.5	0.4	2.6	344.3	Zhang et al.，2009
秸秆（炉灶）	G+P	11.6	0.3	0.9	0.4	2.5	0.4	1.1	1.0	0.3	0.4	0.2	0.3	0.1	0.1	0.0	0.1	19.6	Xu et al.，2006
秸秆（炉灶）	G+P				1.1				1.3	0.3	0.4	0.5	0.4	0.4	0.3		0.5		Inomata et al.，2012
秸秆（炉灶）	G+P	159.5	36.6	16.8	24.5	54.6	17.5	31.7	30.9	16.9	19.4	6.1	8.7	6.9	2.5	0.5	2.8	435.9	段小丽等，2011

注：G 表示气相；P 表示颗粒相；P16 为 16 种优控 PAHs

表3.7　秸秆燃烧VOCs排放因子　（单位:%）

种类	碳环数	水稻秸秆（N=2）	甘蔗秸秆（N=1）
Ethene	C_2	29.86±2.47	8.01
Ethane	C_2	18.13±2.14	27.91
Ethyne	C_2	5.38±0.00	5.89
Propene	C_3	12.47±0.73	3.45
Propane	C_3	4.97±0.87	7.40
1–Butene	C_4	1.99±0.10	1.40
n–Butane	C_4	1.44±0.28	4.12
trans–2–butene	C_4	1.10±0.09	0.94
i–Butane	C_4	1.01±0.05	2.44
cis–2–butene	C_4	0.84±0.08	1.05
isoprene	C_5	3.19±0.21	0.95
isopentane	C_5	0.66±0.13	3.19
n–pentane	C_5	0.64±0.07	2.83
1–pentene	C_5	0.58±0.06	0.81
Benzene	C_6	4.12±0.51	2.19
n–hexane	C_6	1.22±1.04	2.43
3–methylpentane	C_6	0.41±0.06	1.66
2–methylpentane	C_6	0.39±0.07	2.15
2，3–dimethylbutane	C_6	0.16±0.15	1.02
Toluene	C_7	6.06±0.52	2.55
2–methylhexane	C_7	0.30±0.05	1.14
heptane	C_7	0.28±0.05	1.25
3–methylhexane	C_7	0.26±0.02	1.13
m/p–xylene	C_8	1.68±0.35	2.10
Ethylbenzene	C_8	0.96±0.22	1.18
o-xylene	C_8	0.56±0.16	0.90
n–octane	C_8	0.14±0.07	1.00
2，2，4-trimethyl-Pentane	C_8	0.02±0.02	0.58
1，2，4-trimethylbenzene	C_9	0.27±0.09	1.18
m-ethyltoluene	C_9	0.23±0.05	1.08
1，2，3-trimethylbenzene	C_9	0.15±0.06	1.27
p-ethyltoluene	C_9	0.12±0.03	0.98
o-ethyltoluene	C_9	0.11±0.03	1.16
1，3，5-trimethylbenzene	C_9	0.10±0.04	1.06
propylbenzene	C_9	0.10±0.03	1.05
isopropylbenzene	C_9	0.06±0.03	0.55

注：水稻秸秆燃烧由明火主导

表 3.8　OVOCs

类型	相	甲醛	乙醛	丙酮	丙烯醛	丙醛	巴豆醛	丁醛	苯甲醛	异戊醛
大叶榕树叶	均值	981.4	198.7	16.3	9.5	44.1	0.0	30.2	0.0	0.0
$N=2$	SD	447.4	87.4	23.1	4.3	19.8	0.0	42.7	0.0	0.0
小叶榕树叶	均值	2 894.5	3 035.2	140.6	94.1	436.4	120.9	732.1	56.4	173.8
$N=2$	SD	1 456.6	2 226.6	51.3	61.7	286.4	98.6	1 035.3	39.1	120.5
花生秆野外	均值	519.2	811.6	113.7	9.7	45.1	16.9	31.9	1.0	3.0
玉米秆野外	均值	664.3	505.5	53.9	16.3	75.5	14.4	60.2	11.4	35.2
$N=2$	SD	81.6	7.1	14.2	2.2	10.4	1.3	10.6	1.2	3.6
水稻秸秆堆烧	均值	3 343.5	8 394.1	386.1	264.2	1 225.2	688.1	830.9	162.9	449.7
$N=2$	SD	1 296.1	3 095.2	58.6	105.5	489.5	178.2	271.1	24.3	148.3
水稻秸秆野外	均值	1 932.1	1 846.1	101.7	64.6	299.7	87.0	304.3	49.2	151.5
$N=5$	SD	862.5	990.4	72.1	37.7	174.9	81.8	181.8	40.7	125.2
荔枝叶	均值	1 012.2	1 669.1	157.0	46.9	217.5	83.6	181.4	51.8	159.4
$N=3$	SD	767.2	687.2	44.7	25.5	118.1	63.2	72.3	23.8	73.3
水稻秸秆炉灶	均值	1 078.8	688.7	62.3	25.0	115.8	38.1	71.3	11.7	36.2
$N=2$	SD	1 209.0	932.2	84.3	33.6	155.8	52.0	86.1	14.8	45.5
玉米秆炉灶	均值	608.5	247.9	10.1	10.3	47.7	26.0	36.2	0.8	2.3
花生秆炉灶	均值	1 765.4	789.9	63.0	21.8	101.0	45.0	69.2	24.1	74.3
$N=2$	SD	2 358.7	1117.1	89.2	29.3	135.7	59.6	94.5	34.1	105.0
豆秆炉灶	均值	1 164.8	473.3	22.2	14.5	67.2	15.5	44.8	8.9	27.4
$N=2$	SD	1 340.5	583.3	28.9	16.0	74.1	13.7	46.8	11.1	34.2
荔枝柴炉灶	均值	205.4	201.9	40.3	1.5	7.0	0.0	11.9	0.3	1.0
$N=2$	SD	290.5	118.9	20.5	0.3	1.5	0.0	13.9	0.5	1.4
桉树粗枝炉灶	均值	1 065.5	315.2	37.2	9.7	45.1	18.1	135.2	5.0	15.5
$N=2$	SD	1 139.6	40.9	36.7	13.4	62.3	25.6	191.3	7.1	21.9
桉树细枝炉灶	均值	634.2	45.8	12.9	0.2	1.1	0.0	1.6	0.0	0.0
$N=2$	SD	673.1	56.0	9.9	0.3	1.5	0.0	2.3	0.0	0.0
蜂窝煤	均值	1 203.3	752.2	187.1	17.9	82.9	79.9	123.3	21.7	66.7
$N=2$	SD	315.4	139.5	30.2	1.2	5.4	61.8	15.9	12.1	37.2

排放因子

（单位：mg/kg）

正戊醛	邻甲基苯甲醛	间/对甲基苯甲醛	环己酮	己醛	2,5-二甲基苯甲醛	庚醛	辛醛	壬醛	癸醛	总计
0.0	21.1	0.0	38.0	125.3	32.8	138.0	93.3	69.0	34.8	1 832.5
0.0	9.5	0.0	21.2	88.5	26.2	152.5	100.0	92.9	49.2	1 079.3
30.4	104.5	20.9	447.0	84.4	19.6	170.6	27.4	47.9	15.8	8 652.6
43.0	105.5	12.7	257.2	47.9	10.4	133.0	16.4	36.7	6.6	5 959.6
0.0	16.9	0.0	32.3	23.7	6.2	35.2	23.9	81.1	153.1	1 924.5
0.0	30.8	29.9	90.7	66.8	34.5	145.9	85.2	98.7	33.3	2052.6
0.0	7.5	42.4	21.6	23.0	19.1	49.7	35.1	26.3	18.2	259.6
47.0	279.2	50.4	301.0	319.7	105.7	210.5	90.6	52.2	27.2	17 228.0
7.0	6.8	71.3	102.3	64.5	21.0	53.6	12.7	13.0	12.4	4 915.9
0.0	80.3	29.9	136.1	142.2	55.1	109.9	48.4	76.5	25.3	5 539.9
0.0	12.1	9.1	93.8	120.5	43.5	59.4	53.6	50.1	18.0	2 372.2
85.9	8.9	15.0	204.1	61.8	54.0	88.6	4.3	100.8	39.7	4 241.8
59.5	17.7	12.7	143.2	31.5	29.6	30.5	8.2	106.9	30.4	1 482.2
3.7	22.0	3.6	143.3	49.1	13.1	45.4	30.3	35.6	15.8	2 489.6
6.4	29.5	6.3	181.6	4.4	1.3	23.7	21.4	18.3	14.1	2 880.7
10.7	0.0	6.8	46.4	63.8	18.2	41.1	28.4	40.8	4.5	1 250.8
37.1	0.0	11.5	216.6	26.9	11.6	21.9	14.0	19.9	23.9	3 337.1
52.5	0.0	16.3	306.4	37.9	13.2	30.9	19.8	23.1	33.8	4 557.2
21.6	7.6	0.0	113.8	6.7	14.1	12.6	4.0	10.5	9.7	2 039.2
30.6	10.8	0.0	137.6	9.4	9.1	17.8	5.6	4.0	10.1	2 383.9
11.6	0.0	0.0	12.6	34.1	10.8	35.6	24.7	22.5	9.7	630.9
1.1	0.0	0.0	17.8	48.2	9.4	20.2	34.9	17.2	1.1	520.8
7.4	10.8	4.0	73.5	5.8	18.6	10.6	7.3	6.9	9.0	1 800.5
10.5	15.3	5.6	76.4	8.2	19.2	12.0	2.8	0.4	12.8	1 680.1
0.0	6.3	0.0	31.0	52.1	13.5	0.0	3.9	5.7	6.5	814.9
0.0	8.8	0.0	43.9	31.6	10.3	0.0	5.5	4.2	9.2	852.1
0.0	29.6	0.0	63.1	45.3	18.0	55.4	65.2	70.9	53.3	2 935.8
0.0	22.8	0.0	38.3	1.0	10.2	25.6	44.1	9.5	15.8	273.1

研究结果表明，秸秆露天焚烧产生的主要 10 种 VOCs 物种分别为 ethene、ethane、propene、toluene、ethyne、propane、benzene、isoprene、1-butene 和 m/p-xylene，合计值占 VOCs 总排放的 85.7%~90.0%。碳环数为 2 的 VOCs 的比重超过 50%。碳环数为 2 和 3 的 VOCs 比重在 70% 以上。水稻秸秆和甘蔗秸秆露天焚烧的 VOCs 排放因子分别为（6.01±1.15）g/kg 和 11.01g/kg。

含氧挥发性有机物（OVOCs）排放中，甲醛、乙醛、丙醛、丁醛、异戊醛等是主要的物种，占 OVOCs 总排放的 70% 以上。水稻秸秆堆烧的总 OVOCs 排放因子最高，为水稻秸秆野外平铺焚烧排放因子的 3.1 倍。几种常见秸秆，包括水稻、玉米、花生、大豆秸秆炉灶燃烧的总 OVOCs 排放因子在 1250 ~ 3337mg/kg。薪柴燃烧的 OVOCs 排放因子均值分别为 631mg/kg（荔枝柴）、1800mg/kg（桉树粗枝）、815mg/kg（桉树细枝），低于除玉米秸秆炉灶燃烧外的其他秸秆燃烧排放。

3.2.5 杂环胺排放因子

表 3.9 为本书测试的生物质和煤炭燃烧 HAs 的排放因子。采用 WBT 方法获取的薪柴、秸秆 HAs 排放因子具有较好的平行性。薪柴、秸秆燃烧均检出 AaC 和 MeAaC 两种 HAs 单体，其中，柳树、杨树、水稻、玉米 4 种燃料烟气中检出 PhIP。煤炭燃烧烟气中均检测到 MeAaC，购自哈尔滨和江门的煤炭燃烧烟气中检测到 PhIP，购自包头的块煤检出了 AaC。MeAaC 为最主要的 HAs 单体，在生物质及煤炭燃烧烟气中均有检出，排放因子最高为哈尔滨块煤（265.3μg/kg），其次为大豆秸秆（190.3μg/kg）。AaC 排放因子最高为大豆秸秆（104.5μg/kg），其次为水稻秸秆（34.8 ~ 64.5μg/kg）；PhIP 仅在 5 种燃料的烟气中检测到，且含量较低，最高为水稻秸秆（53.7 ~ 71.5μg/kg），其次为玉米秸秆（15.2μg/kg）。

表 3.9 生物质和煤炭燃烧 HAs 排放因子

燃料类型	来源	形态特征	湿度 /%	测试次数 /N	PhIP /(μg/kg)	AaC /(μg/kg)	MeAaC /(μg/kg)
银杏	YT	劈成 20 ~ 30cm 细木条	17.6	2	—	46.6±3.9	13.3±3.0
国槐	YT	劈成 20 ~ 30cm 细木条	15.6	2	—	25.3±9.1	27.1±2.7
柳树	YT	劈成 20 ~ 30cm 细木条	13.9	2	13.9±3.4	40.3±5.7	5.9±1.7
桦树	YT	劈成 20 ~ 30cm 细木条	19.3	2	—	17.9±1.3	25.8±16.6
水曲柳	YT	劈成 20 ~ 30cm 细木条	13.6	2	—	20.4±0.2	22.5±10.7
柞树	YT	劈成 20 ~ 30cm 细木条	14.2	2	—	14.7±0.5	30.1±7.7
杨树	YT	劈成 20 ~ 30cm 细木条	12.1	1	3.9	4.8	3.5
刺槐	YT	劈成 20 ~ 30cm 细木条	13.6	1	—	5.6	22.5

续表

燃料类型	来源	形态特征	湿度/%	测试次数/N	PhIP/(μg/kg)	AaC/(μg/kg)	MeAaC/(μg/kg)
小麦	YT	完整秸秆，晾晒	14.0	2	—	22.0±1.8	52.1±6.0
水稻	YT	完整秸秆，晾晒	12.8	2	53.7±5.7	34.8±3.1	61.7±7.5
水稻	CS	完整秸秆，晾晒	11.8	2	71.5±2.2	64.5±0.0	152.2±25.7
玉米	YT	完整秸秆，晾晒	16.3	2	15.2±2.1	41.7±2.1	122.0±9.7
大豆	HEB	完整秸秆，晾晒	11.4	2	—	104.5±15.2	190.3±36.3
烟煤	HEB	块煤，粉碎	1.1	1	11.3	—	265.3
无烟煤	YQ	块煤，粉碎	2.4	1	—	—	7.7
烟煤	BT	块煤，粉碎	13.5	2	—	13.1±9.7	20.5±0.5
无烟煤	JM	型煤，12孔	—	1	2.9	1.1	2.6

注：YT为烟台；CS为长沙；HEB为哈尔滨；YQ为阳泉；BT为包头；JM为江门

根据生成机理差异，5种HAs可分为两类。第一类为氨基咪唑氮杂芳烃类，包括IQ、MeIQ和PhIP，为氨基酸和蛋白质热解时的自由基反应产物，属于极性化合物，易在烹调过程中形成，一般厨房烹调温度100~225℃即可形成；第二类为氨基咔啉类，包括AaC和MeAaC，为肌酸、糖及氨基酸等化合物在加热时的产物，在超过300℃的高温下形成，属于非极性物质（Murkovic，2007）。本书开展的固体燃料炉灶燃烧火焰温度一般在700℃以上，主要产物为氨基咔啉类，因此除检测到少量PhIP外，未检出IQ和MeIQ。

薪柴、秸秆和煤炭3种燃料中，秸秆类燃料HAs排放因子最高。大豆秸秆HAs总排放因子为294.8μg/kg，为其他秸秆类燃料排放因子的1.65~3.98倍。豆科植物具有固氮作用，秸秆中氮元素含量较高（Liao et al.，2004；Li et al.，2007）。表3.10列出几种主要秸秆的氮元素含量，其中，大豆、玉米秸秆氮元素含量均在0.8%以上，小麦秸秆的氮元素含量较低。

表3.10 作物秸秆元素分析 （单位:%）

秸秆	来源地	氮含量	参考文献
水稻	广东	0.65±0.05	本书
	黑龙江，北京，河南，湖北，湖南，江苏	0.87±0.23	沈国锋，2012
	湖南	0.81±0.07	魏文，2012
玉米	广东	0.85	本书
	黑龙江，北京，河南，湖北，湖南，江苏	1.54±0.15	沈国锋，2012
	北京	0.96±0.11	魏文，2012

续表

秸秆	来源地	氮含量	参考文献
小麦	黑龙江，北京，河南，湖北，湖南，江苏	0.27±0.12	沈国锋，2012
	北京	0.61±0.04	魏文，2012
大豆	广东	0.98	本书
	黑龙江，北京，河南，湖北，湖南，江苏	0.86±0.28	沈国锋，2012
	安徽	5.85±0.11	魏文，2012

薪柴 HAs 排放因子在 12.3～60.1μg/kg，且不同树种之间差距较小，推测与薪柴类氮元素含量较低有关（Li et al.，2007）。高尚武等对农村地区常见 27 种薪柴的元素含量进行了分析，只有洋槐含氮量超过1%，其余26 种薪柴的含氮量均低于0.5%（高尚武和马文元，1990）。魏文（2012）对我国不同地区的17 种薪柴的元素含量进行了分析，苍树的含氮量最高，为0.8%，其余薪柴含氮量均低于0.5%，且不同地区树种间含氮量没有显著区别。

煤炭 HAs 排放因子差异显著，哈尔滨烟煤排放因子值达 276.6μg/kg，而阳泉无烟煤仅检出少量 MeAaC，排放因子为 7.7μg/kg。煤炭类排放因子与煤种高度相关，烟煤如哈尔滨煤和包头煤排放因子较大，而无烟煤如阳泉煤排放因子较小。

表 3.11 为各类固体燃料燃烧及食用油加热 HAs 的排放因子。其中，秸秆 HAs 排放因子为小麦、玉米、水稻 3 种主要粮食作物秸秆燃料排放因子均值。中国各地区消耗的薪柴来源树种差距极大，但由于缺乏相关的研究和数据，未具体区分，取实测树种排放因子的均值。本书测定的烟煤来自哈尔滨和包头，无烟煤来自阳泉和江门，其 HAs 单体排放因子均差异较大，但目前国内外没有相关的研究资料，本书取其均值估算。

表 3.11　固体燃料及食用油 HAs 排放因子　（单位：μg/kg）

类别	IQ	MeIQ	PhIP	AaC	MeAaC
秸秆	—	—	25.9	37.8	93.7
薪柴	—	—	2.2	22.0	18.8
烟煤	—	—	5.7	6.6	142.9
无烟煤	—	—	1.5	0.6	5.2

3.3　主要污染物排放特征

3.3.1　$PM_{2.5}$及其组分排放特征

OC/EC 值可用来指征颗粒物来源。本书中秸秆野外焚烧的 OC/EC 值为 28.1

±21.6，落叶野外焚烧排放的OC/EC值为23.8±12.1，秸秆炉灶燃烧排放的OC/EC值为3.3±1.3，薪柴炉灶燃烧排放的OC/EC值为3.0±1.6，蜂窝煤燃烧排放的OC/EC值为33.6±34.6。可见，野外焚烧秸秆和落叶时，由于燃料含水量大，燃烧温度低，燃烧不充分，生成了大量有机组分。

本书中OC、EC具体组分的构成归一化如图3.1所示。结果表明，秸秆和落叶野外焚烧排放的$PM_{2.5}$中的总碳以有机碳为主，占总比的80%以上。炉灶燃烧温度高，OC组分被高温氧化，生成了更多的EC组分（Chen et al.，2007）。相比秸秆的炉灶燃烧，薪柴炉灶燃烧的温度峰值一般在1200℃以上，因此薪柴炉灶燃烧产物中仅有60%左右的碳组分以OC形式存在，其余主要以EC_1的形态存在。Miyazaki等（2007）将单一水溶性有机物标准样注入预处理后的滤膜，分析其在OC各组分上的分配规律。结果显示，分子量低于100g/mol的有机物种解析后90%以上分布在OC_1，如乙二酸、乙二醛、丙三醇、乙烯乙二醇。分子量在100～200g/mol的有机物种解析后主要分布在OC_1，但随着分子量的增加分配在OC_2～OC_4的比重显著增加，如乙二醛、丙三醇、左旋葡聚糖等。分子量高于250g/mol的有机物种解析后主要分布在OC_2～OC_4，如十六（烷）酸、二十二醇、二十九碳烷等。HULIS物质主要分配在OC_4甚至OP上。因此，推测生物质燃烧排放的OC组分以分子量比重在100g/mol以上的有机物为主。

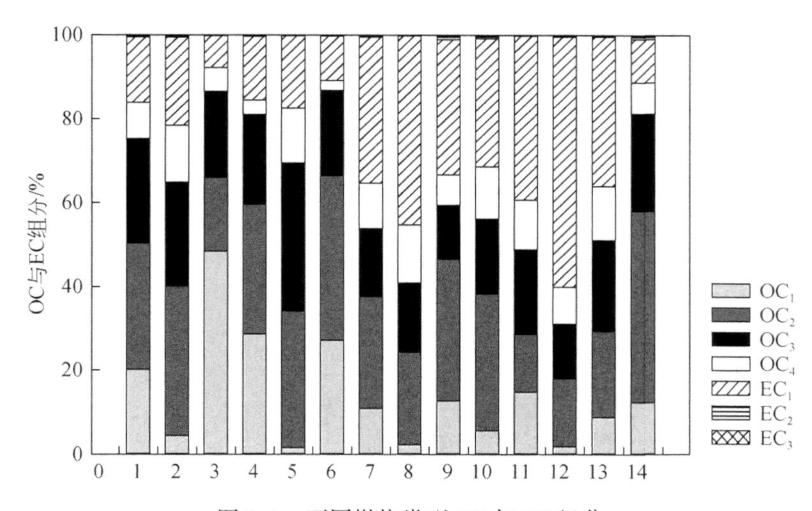

图3.1 不同燃烧类型OC与EC组分

注：1-水稻秸秆，露天；2-玉米秸秆，露天；3-花生秸秆，露天；4-荔枝叶，露天；5-大叶榕树叶，露天；6-小叶榕树叶，露天；7-长干稻草，炉灶；8-玉米秸秆，炉灶；9-花生秸秆，炉灶；10-大豆秸秆，炉灶；11-桉树粗枝，炉灶；12-桉树细枝，炉灶；13-荔枝柴，炉灶；14-蜂窝煤，燃煤炉

Chen 等（2007）报道了几种木质和草类燃料燃烧排放的 OC 和 EC 的具体组成，与本书结果相近。林云（2009）模拟了水稻秸秆、甘蔗秸秆和枯枝落叶的开放式燃烧，获得 OC 组成以 OC_1 为主，OC_2 为 OC_1 质量的50%左右，低于本书结果；但其获得的 EC 排放以 EC_1 为主要，占 EC 总量的95%以上，与本书结果相符。Cao 等（2005）采用不同源（生物质燃烧、燃煤、机动车尾气）排放的颗粒物中 OC 和 EC 中各组分的丰度评估了西安市大气颗粒物的来源，其设定的生物质燃烧源 OC_1、OC_2、OC_3、OC_4、OP、EC_1、EC_2 和 EC_3 比重分别为 37%、29%、14%、3%、16%、1%、0% 和 0%，而燃煤源 OC_1、OC_2、OC_3、OC_4、OP、EC_1、EC_2 和 EC_3 比重分别为 2%、47%、14.5%、12%、15.5%、5.5%、3%和0.5%。Cao 等（2005）所采用的值接近本书获得的生物质露天燃烧 OC、EC 各组分的排放特征，与生物质炉灶燃烧 OC、EC 各组分的排放特征差异较大。

Han 等（2009，2010）认为采用 char-EC/soot-EC 比值比 OC/EC 比值能更好地指征污染物来源，其中，char-EC 值为 EC1-OP_1，soot-EC 值为 EC_2+EC_3，均为采用 DRI2001A IMPROVE TOR 方法获得。本书考察了几种生物质和燃煤的 char-EC/soot-EC 比值特征，列于表 3.12。结果表明，薪柴燃烧排放的 char-EC/soot-EC 比值在 61 ~251，秸秆炉灶燃烧排放的 char-EC/soot-EC 比值在 20 ~209，秸秆野外焚烧排放的 char-EC/soot-EC 比值在 8 ~55，落叶野外焚烧排放的 char-EC/soot-EC 比值在 14 ~24。

表 3.12 燃烧源 char-EC/soot-EC 比值特征表

燃料	类型	char-EC/soot-EC 均值	标准偏差	*N*
桉树粗枝	煮饭大灶	251	257	2
桉树细枝	煮饭大灶	164	106	2
荔枝柴	煮饭大灶	61	22	2
水稻秸秆	煮饭大灶	46	36	2
花生秸秆	煮饭大灶	20	9	2
玉米秸秆	煮饭大灶	209	—	1
大叶榕落叶	野外堆烧	24	—	1
小叶榕落叶	野外堆烧	14	6	2
荔枝叶	野外堆烧	17	11	4
花生秸秆	野外堆烧	23	—	1
水稻秸秆	野外平铺	9	3	5
水稻秸秆	野外平铺、加湿	8	4	5
水稻秸秆	野外堆烧	55	59	2

续表

燃料	类型	char-EC/soot-EC 均值	标准偏差	N
玉米秸秆	野外平铺	37	25	2
燃煤	燃煤炉	4	—	1

注：由于部分测试样品膜未检测出 EC_2 和 EC_3，即 soot-EC 值为 0，导致部分测试结果 char-EC/soot-EC 值不可得

已有研究总结的生物质燃烧 char-EC/soot-EC 比值在 11.6 ~ 31，民用煤该值为 1.5 ~ 3.0（Han et al.，2009，2010）。本书模拟获得的生物质露天焚烧排放该比值结果与已有结果接近，但薪柴和秸秆的炉灶燃烧排放远高于已有值，表明使用一次源排放的 char-EC/soot-EC 特征比值，可有效鉴别大气中颗粒物的生物质燃烧来源贡献。

3.3.2　EC 与 BC 比较

BC 或 EC 均为操作型定义，一般将光学原理测量所得黑炭值定义为 BC，将热学方法测量所得值定义为 EC。在亚洲、欧洲等地城市大气样品测量时，BC 与 EC 值比对情况较好（郇宁等，2006；Ahmed et al.，2009；Ram et al.，2010）。已有研究在估算黑炭排放时，一般将 EC 值假定为 BC 排放量（Li et al.，2009），因此，已有的 BC 排放清单，实际上是 EC 的排放清单（USEPA，2012）。但近期研究表明，东亚地区 BC/EC 比值呈明显的季节变动（Li et al.，2006；Jung et al.，2010）。

考虑生物质燃烧和农户燃煤排放是 BC 或 EC 的主要排放源，本书考察了每种具体源燃烧排放的 BC 与 EC 比值特征。采用 OT21 测得的石英膜在 880nm 波段的吸光程度，结合 σ_λ 值确定 BC 值（吴兑等，2009）。本书同时根据 σ_λ 推荐值的上限和下限估算了 BC 值。BC 与 EC 的比值列于表 3.13，其质量关系见图 3.2。

表 3.13　不同燃料燃烧排放的 BC/EC 比值

类型	模拟类型	$BC_{\sigma_\lambda=16.6}/EC$	$BC_{\sigma_\lambda=10}/EC$	$BC_{\sigma_\lambda=19}/EC$
水稻秸秆	野外焚烧	0.2	0.4	0.2
玉米秸秆	野外焚烧	0.4	0.7	0.4
花生秸秆	野外焚烧	0.5±0.1	0.9±0.2	0.5±0.1
荔枝叶	野外焚烧	1.1±0.6	1.8±1.1	0.9±0.6
大叶榕树叶	野外焚烧	3.3	5.5	2.9
小叶榕树叶	野外焚烧	0.7±0.6	1.1±1.0	0.6±0.5

续表

类型	模拟类型	$BC_{\sigma_\lambda=16.6}/EC$	$BC_{\sigma_\lambda=10}/EC$	$BC_{\sigma_\lambda=19}/EC$
长干稻草	家庭炉灶	0.2±0.1	0.3±0.2	0.2±0.1
玉米秸秆	家庭炉灶	3.0±1.6	5.0±2.7	2.6±1.4
花生秸秆	家庭炉灶	4.2±1.3	6.9±2.1	3.6±1.1
大豆秸秆	家庭炉灶	2.5	3.5	4.5
桉树粗枝	家庭炉灶	2.5±1.5	4.1±2.5	2.1±1.3
桉树细枝	家庭炉灶	5.5	9.1	4.8
荔枝柴	家庭炉灶	2.4	4.0	2.1
蜂窝煤	燃煤炉	0.3	0.6	0.3

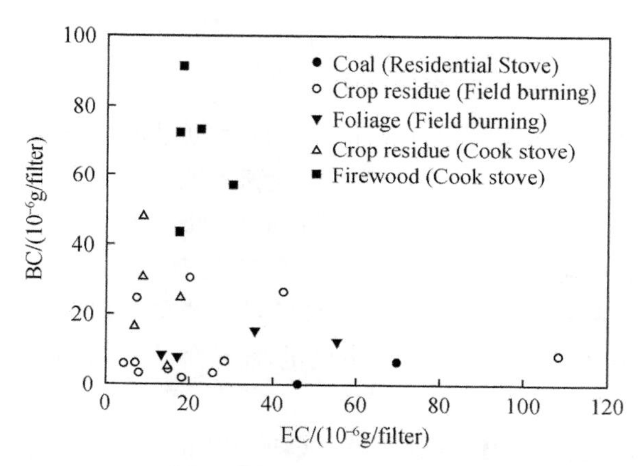

图 3.2　不同燃烧源排放的 BC 与 EC 质量关系

可以看出，不同燃烧源样品测得的 BC 和 EC 值有较大差异，尤其野外焚烧与炉灶燃烧所测结果差异较明显，总体上炉灶燃烧测得的 BC 比 EC 高很多，这可能是由于不同燃烧条件下产生的 OC 含量不同而对测量方法带来一定影响。OC 含量较高时可能会影响光学测量，造成消光值增大而使 BC 结果偏高。BC 或 EC 的测量值会因测量方法和样品性质不同而有较大差异，可能的原因有以下几点：①EC/OC 校正分割点的影响。由于生物质燃烧样品含有大量有机碳，在分析过程中炭化部分含量较大。校正切割点的位置更容易造成 EC 含量的偏高或偏低（Cheng et al., 2010）。②颗粒物膜沉积量大小的影响。颗粒物沉积量越大，颗粒物遮蔽等效应致使光程变短，光学校正量偏大，最终 EC 值会偏小（Jeong et al., 2004）；而对于光学测量仪器，则会使 BC 浓度值偏大（Weingartner et al., 2003；Kanaya et al., 2008）。③样品膜的光散射效应。对于膜光学测量法，样品膜的光散射效应也会使消光值增大，致使最终的结果偏大。尤其当颗粒物为新鲜排放的不规则小粒径颗粒时，散光效应会增强。④各自仪器测量的不确定性。各自仪器自身测量存在较大的不确定性，这也会造成结果差异较大。

目前，国内外对于农村地区典型燃烧源排放BC与EC值比对的研究极少（Schkolnik et al.，2007；Zhi et al.，2008）。国内仅有广州地球化学研究所做过燃煤排放的相关研究，其研究结果表明，对于蜂窝煤（烟煤）燃烧，BC/EC比值在1.29～2.09；对于非型煤（烟煤）燃烧，BC/EC比值在0.48～0.65；对于无烟煤燃烧，BC/EC比值分别为2.63（型煤）和1.05（非型煤）（Zhi et al.，2008）。

本书结果蜂窝煤燃烧BC/EC值显著低于Zhi等（2008）报道的结果，但由于文献结果有限，无法比较结果的可靠性。由于不同燃烧源样品BC和EC测量值差异很大，因此计算源排放黑炭量时需谨慎，不能笼统地由EC值作为BC值进行估算。

3.3.3 多环芳烃排放特征

3.3.3.1 多环芳烃谱分布

图3.3比较了秸秆野外焚烧、落叶野外焚烧、秸秆和薪柴炉灶燃烧、蜂窝煤燃烧各自排放的16种优控PAHs的谱分布，横坐标是燃烧排放的PAHs的质量分数，纵坐标分别是燃烧排放的单体PAHs的质量分数。这几种燃料燃烧排放的PAHs都以中低环的多环芳烃为主。NAP、PHE、FLA、FLO、PYR是主要的PAHs。除蜂窝煤燃烧外，其他燃料的谱分布整体比较相似。

秸秆与落叶野外焚烧产生的PAHs谱分布比较相近，但秸秆野外燃烧产生的NAP质量分数略高于落叶。秸秆炉灶燃烧产生的PAHs谱分布表明，相比秸秆野外焚烧，其排放的PHE和ACY增多，部分中高环种类（BaA、CHR等）组分也开始增多。薪柴与秸秆炉灶燃烧排放的PAHs谱分布比较相近，但薪柴燃烧排放的ACY质量分数略低于秸秆。

已有研究表明，PAHs中不同环的分子占气相和颗粒相的比重可以反映其来源（Khalili et al.，1995）。本书考察了不同种类燃料燃烧排放的各环数PAHs的质量百分比，如表3.14所示。生物质燃烧排放的16种优控PAHs中，中高环(4～6环)物种占总PAHs的22.2%～28.8%，与已有秸秆燃烧排放研究结果相近(Shen et al.，2011；Lu et al.，2009；Zhang et al.，2011；李久海等，2008；王伟，2010)，明显低于民用燃煤源（Chen et al.，2005）。煤炭燃烧排放的PAHs中，大分子质量的PAHs比例要高于生物质燃烧的排放。在蜂窝煤燃烧排放的16种优控PAHs中，中高环（4～6环）的多环芳烃占总PAHs的34.6%。燃烧产生

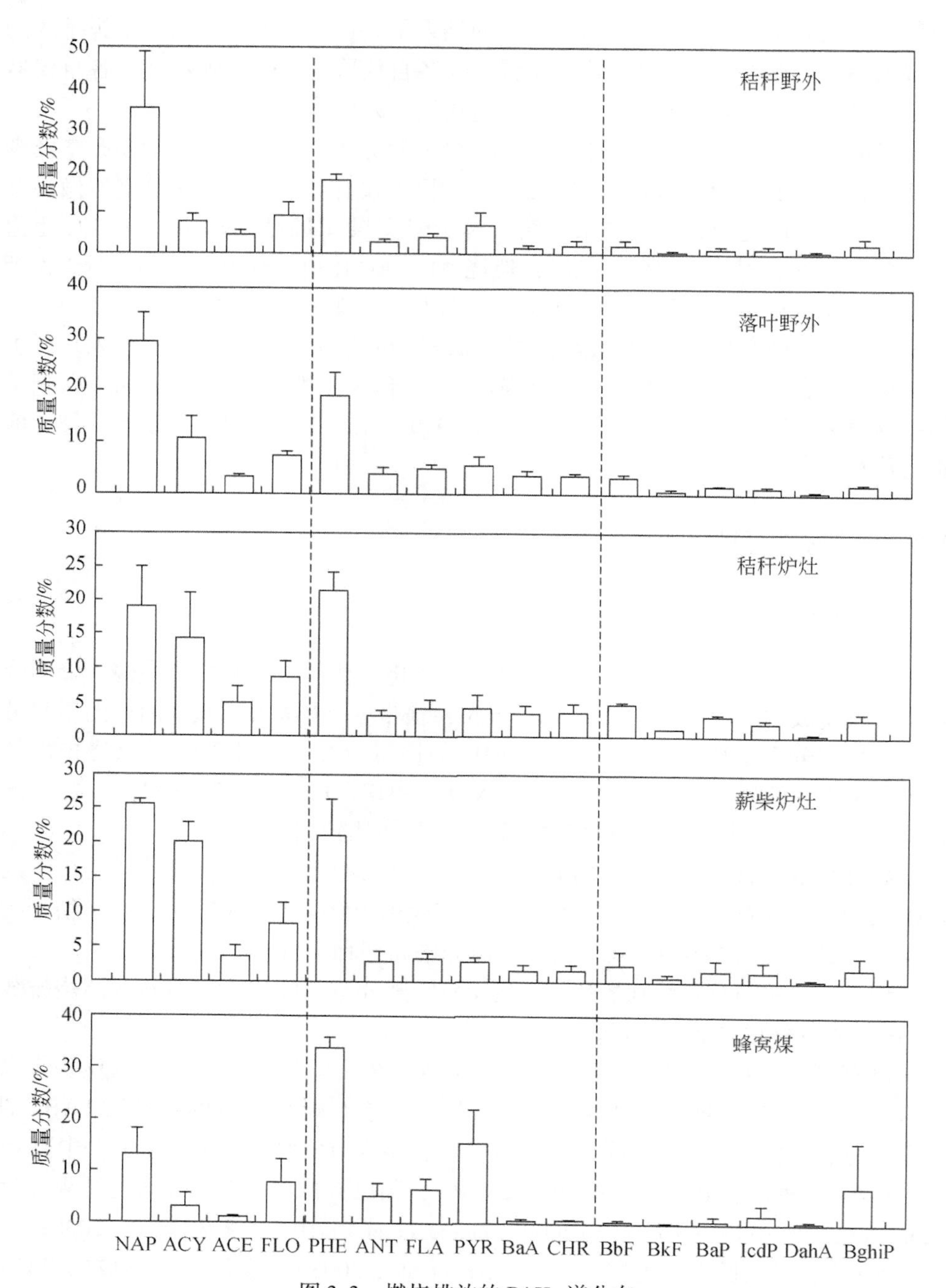

图 3.3　燃烧排放的 PAHs 谱分布

的PAHs中，低环多环芳烃大量产生于中低温度的燃烧过程，而中高环多环芳烃则主要产生于高温燃烧过程。由于煤炭燃烧温度相比生物质燃烧温度更高，因此燃煤产生的PAHs种类多富集在中高环多环芳烃。

表3.14　不同环的组分占总PAHs的比重　(单位:%)

类型	相	2环	3环	4环	5环	6环
秸秆野外	G	38.3±11.8	53.5±6.6	6.6±3.1	0.9±0.7	0.6±0.4
	P	30.4±15.4	19.3±5.1	31.1±8.8	9.9±4.6	9.3±4.5
	G+P	35.3±13.5	42.5±7.0	14.5±6.3	4.1±2.8	3.6±2.5
落叶野外	G	33.7±6.3	57.9±6.3	7.2±0.9	0.7±0.4	0.6±0.4
	P	22.3±6.6	19.0±8.3	36.4±11.1	14.7±3.9	7.7±0.6
	G+P	29.4±5.6	44.2±5.9	17.7±3.7	5.7±0.6	3.0±0.2
秸秆炉灶	G	22.0±6.7	68.2±5.6	8.5±1.4	0.9±0.6	0.4±0.3
	P	18.1±4.8	9.0±3.8	25.5±7.0	29.9±7.5	17.5±6.1
	G+P	19.0±6.0	52.3±5.1	15.1±5.3	9.0±0.6	4.7±1.3
薪柴炉灶	G	25.1±4.9	67.2±4.0	6.9±1.3	0.5±0.3	0.3±0.1
	P	19.7±14.7	12.7±11.7	20.4±3.7	28.6±17.9	18.6±11.6
	G+P	25.6±0.8	56.3±5.3	9.7±1.7	5.0±4.0	3.3±3.2
燃煤炉	G	17.4±0.4	72.9±0.0	9.4±0.3	0.2±0.1	0.2±0.0
	P	7.7±10.2	18.2±12.3	49.3±3.2	4.1±3.2	20.7±22.5
	G+P	13.2±5.2	52.2±11.3	23.7±4.0	1.8±1.7	9.1±10.8

注：2环的含NAP；3环的含ACY、ACE、FLO、PHE、ANT；4环的含FLA、PYR、BaA、CHR；5环的含BbF、BkF、BaP、DahA；6环的含IcdP、BghiP

归一化后的颗粒相与气相多环芳烃占总PAHs的质量比例如图3.4所示。结果表明，4类生物质燃烧源的PAHs气固分配规律基本一致，低环PAHs挥发性较强，主要富集在气相，中高环PAHs主要富集在颗粒相。燃煤源排放的中高环多环芳烃更多富集在颗粒态外。

3.3.3.2　特征比值

对PAHs的来源进行识别，对控制PAHs具有重要的环境意义。野外实验表明，不同环数的PAHs分子进入大气后降解速率不同，但FLA、PYR、IcdP和BghiP等降解速率差别不大，相应的特征比值在大气颗粒物中的变化幅度较小(Behymer and Hites，1988；Zhang et al.，2005)。因此，在PAHs的源解析研究中，可以通过比较源排放和环境样品中的PAHs异构体的比值来判断PAHs的来源(Yunker et al.，2002；Zhang et al.，2005；Tobiszewski and Namieśnik，2012)。本书采

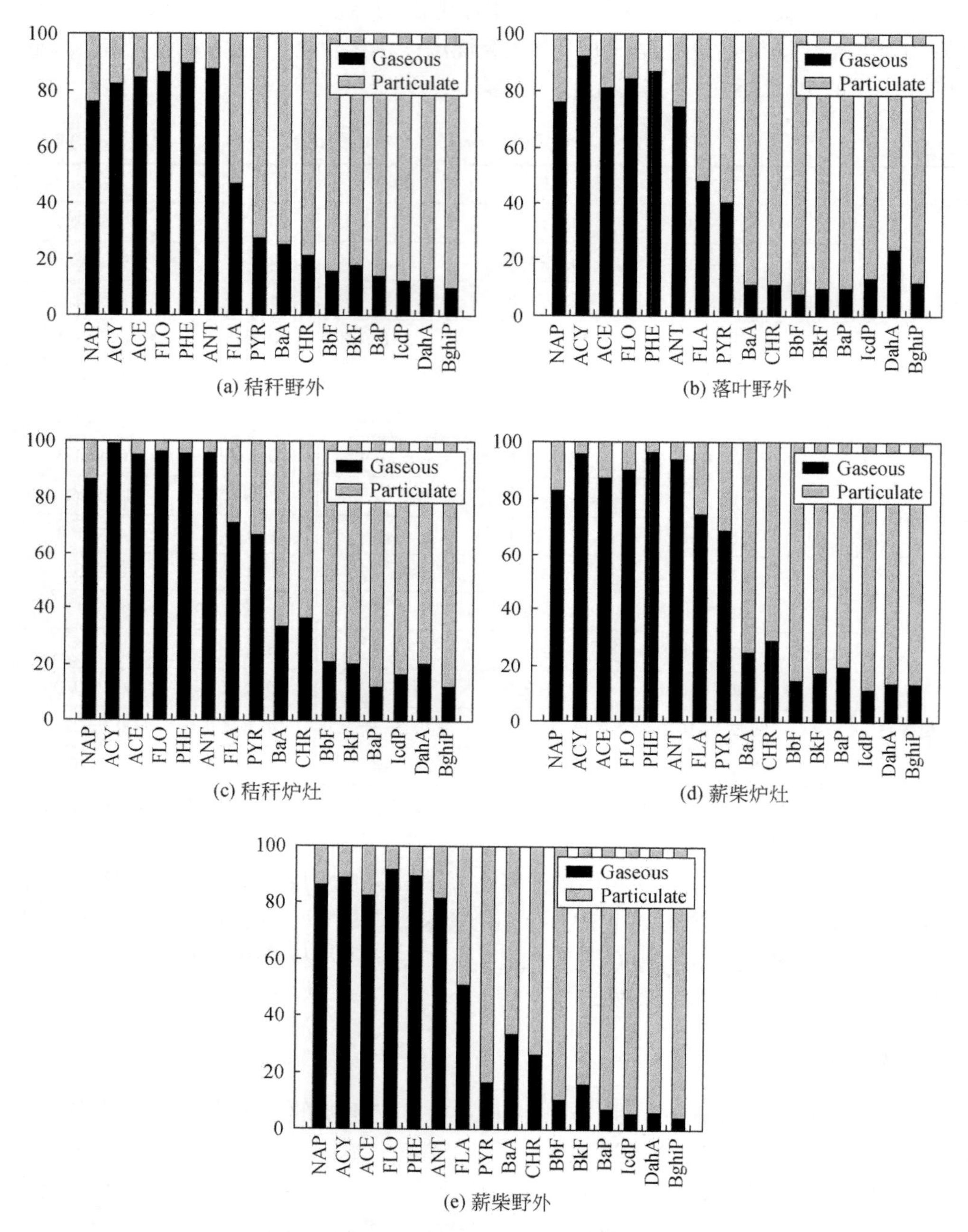

图 3.4　燃烧源排放的 PAHs 气固分配情况

用的 PAHs 特征异构体有六组，分别为 ANT/(ANT+PHE)、FLA/(FLA+PYR)、BaA/(BaA+CHR)、IcdP/(IcdP+BghiP)、BbF/(BbF+BkF) 和 BaP/(BaP+BghiP)。

1）生物质露天焚烧特征比值

生物质露天焚烧排放的 PAHs 的异构体比值列于表 3.15，秸秆焚烧的这 6 组 PAHs 异构体比值分别在 0.12～0.20、0.33～0.42、0.37～0.43、0.13～0.36、0.60～0.83 和 0.23～0.40。落叶焚烧的 6 组 PAHs 异构体比值范围分别为 0.15～0.18、0.42～0.55、0.48～0.50、0.30～0.43、0.79～0.82、0.35～0.48。

进一步考察水稻、玉米、大豆等单一类型秸秆燃烧排放，本书 ANT/(ANT+PHE) 值与已有研究结果接近（表 3.16），略大于 Lu 等（2009）的研究。本书 IcdP/(IcdP+BghiP) 和 BaP/(BaP+BghiP) 值略低于已有文献报道值，FLA/(FLA+PYR)、BaA/(BaA+CHR) 处于已有研究结果之间，而 BbF/(BbF+BkF) 值则高于大部分文献报道值。Lu 等（2009）通过实验室模拟 200～700℃下水稻秸秆开放式燃烧的 PAHs 排放特征，考虑 700℃的燃烧已接近炉灶燃烧情景，本书选取200～600℃的排放结果进行比较。Lu 等（2009）的研究表明，对水稻秸秆燃烧，ANT/(ANT+PHE)、FLA/(FLA+PYR)、BaA/(BaA+CHR)、IcdP/(IcdP+BghiP)、BbF/(BbF+BkF) 和 BaP/(BaP+BghiP) 值范围分别为 0.04～0.08、0.13～0.33、0.87～0.89、0.54～0.60、0.79～0.91 和 0.58～0.77。除 ANT/(ANT+PHE) 和 BbF/(BbF+BkF) 值外，其他值均与本书结果差距较大。Zhang 等（2011）通过实验室模拟了水稻秸秆和玉米秸秆的露天燃烧，得到这六个指标值，其中水稻秸秆为 0.17、0.55、0.24、0.47、0.27、0.47，玉米秸秆 ANT/(ANT+PHE)、FLA/(FLA+PYR)、BaA/(BaA+CHR) 和 BbF/(BbF+BkF) 分别为 0.26、0.60、0.12 和 0.40。除 ANT/(ANT+PHE) 和 BaP/(BaP+BghiP) 值与本书结果较为接近外，其他值差距较大。

不同物种的降解速率差异会导致特征比值的显著波动，如 ANT、BaA 和 BaP 等明显比其他同系物降解迅速，使特征比值在受体处与源处有较大的变化。研究表明，玉米秸秆燃烧释放的 PAHs 中，FLA/(FLA+PYR) 和 IcdP/(IcdP+BghiP) 值在老化过程中比值波动较小；而 BaA 的降解速率高于 CHR，BaA/(BaA+CHR) 值随时间推移比值急剧下降，最低降至 0.2，落入石油来源比值范围（王伟，2010）。在中国台湾地区水稻秸秆野外焚烧季节，剔除村落背景大气 PAHs 浓度，得到 BaA/(BaA+CHR) 值为 0.19（Yang et al.，2006）。因此，生物质燃烧源 BaA/(BaA+CHR) 比值在环境介质中显著低于源排放，与国外的研究结果一致（Yunker et al.，2002）。表 3.16 总结的已有秸秆燃烧排放研究中，部分 BaA/(BaA+CHR) 比值在 0.12～0.24，推测可能是由于源排放样品老化时间较长。各类秸秆燃烧 FLA/(FLA+PYR) 比值稳定在 0.50 左右，IcdP/(IcdP+BghiP) 值均在 0.3 以上，但研究表明随着老化时间延长，前者有上升趋势，而后者在 0.3～0.7 波动（王伟，2010）。

表 3.15　生物质燃料露天焚烧排放的 PAHs 的异构体比值

类型	相	ANT/(ANT+PHE)	FLA/(FLA+PYR)	BaA/(BaA+CHR)	IcdP/(IcdP+BghiP)	BbF/(BbF+BkF)	BaP/(BaP+BghiP)
水稻秸秆（N=10）铺烧	G	0.16±0.06	0.38±0.13	0.42±0.06	0.35±0.08	0.76±0.11	0.39±0.15
	P	0.12±0.03	0.51±0.06	0.43±0.04	0.41±0.09	0.75±0.10	0.47±0.15
	G+P	0.12±0.02	0.42±0.11	0.42±0.05	0.36±0.07	0.76±0.09	0.40±0.15
水稻秸秆（N=2）堆烧	G	0.22±0.02	0.33±0.02	0.41±0.03	0.26±0.11	0.83±0.08	0.22±0.17
	P	0.20±0.02	0.57±0.02	0.48±0.03	0.32±0.12	0.80±0.09	0.30±0.21
	G+P	0.20±0.02	0.41±0.02	0.43±0.03	0.27±0.11	0.83±0.08	0.23±0.18
玉米秸秆（N=2）铺烧	G	0.16±0.01	0.26±0.03	0.36±0.06	0.32±0.03	0.79±0.02	0.27±0.05
	P	0.14±0.01	0.48±0.04	0.42±0.07	0.38±0.04	0.76±0.03	0.36±0.06
	G+P	0.14±0.01	0.33±0.03	0.37±0.06	0.33±0.03	0.79±0.02	0.28±0.05
花生秸秆（N=1）堆烧	G	0.15	0.34	0.37	0.12	0.61	0.27
	P	0.13	0.57	0.43	0.16	0.56	0.36
	G+P	0.14	0.41	0.38	0.13	0.60	0.28
荔枝叶（N=4）堆烧	G	0.15±0.02	0.54±0.04	0.46±0.05	0.41±0.09	0.73±0.06	0.46±0.21
	P	0.19±0.01	0.40±0.04	0.51±0.05	0.43±0.03	0.80±0.07	0.47±0.17
	G+P	0.15±0.02	0.46±0.03	0.50±0.04	0.43±0.03	0.79±0.07	0.48±0.17
大叶榕落叶（N=2）堆烧	G	0.13±0.02	0.53±0.06	0.47±0.01	0.33±0.12	0.81±0.08	0.22±0.14
	P	0.37±0.08	0.56±0.14	0.48±0.04	0.28±0.00	0.81±0.01	0.38±0.05
	G+P	0.18±0.05	0.55±0.09	0.48±0.04	0.30±0.03	0.81±0.01	0.36±0.04
小叶榕落叶（N=2）堆烧	G	0.14±0.04	0.52±0.04	0.48±0.05	0.35±0.03	0.73±0.02	0.21±0.16
	P	0.27±0.12	0.38±0.10	0.49±0.06	0.41±0.20	0.82±0.05	0.35±0.40
	G+P	0.16±0.02	0.42±0.05	0.49±0.05	0.41±0.19	0.82±0.05	0.35±0.39

注：G 表示气相；P 表示颗粒相

表3.16　本研究异构体比值与已有研究结果的比较

物质	燃烧类型	ANT/(ANT+PHE)	FLA/(FLA+PYR)	BaA/(BaA+CHR)	IcdP/(IcdP+BghiP)	BbF/(BbF+BkF)	BaP/(BaP+BghiP)	来源
水稻	A	0.16	0.42	0.42	0.31	0.80	0.31	本书
	B	0.12	0.49	0.47	0.43	0.80	0.52	本书
玉米	A	0.14	0.33	0.37	0.33	0.79	0.28	本书
	B	0.15	0.55	0.51	0.41	0.83	0.43	本书
大豆	B	0.12	0.52	0.45	0.39	0.83	0.56	本书
水稻	B	0.12～0.17	0.50～0.54	0.51～0.54	0.57	0.49～0.59	0.61～0.70	Shen et al., 2011
	A+B	0.04～0.08	0.13～0.33	0.87～0.89	0.54～0.60	0.79～0.91	0.58～0.77	Lu et al., 2009
	A+B	0.17	0.55	0.24	0.47	0.27	0.47	Zhang and Tao, 2009
	A	0.25	0.72	0.18	0.00	0.36	0.78	李久海等, 2008
玉米	A+B	0.26	0.60	0.12	—	0.40	—	Zhang and Tao, 2009
	B	0.13	0.60	0.50	0.50	0.56	0.56	王伟, 2010
大豆	B	0.11～0.12	0.50～0.52	0.48～0.51	0.54	0.55～0.56	0.54～0.62	Shen et al., 2011
	A+B	0.18～0.34	0.17～0.53	0.66～0.77	0.44～0.56	0.69～0.82	0.61～0.76	Lu et al., 2009

注：均为作物秸秆，A为露天焚烧，B为家庭炉灶燃烧

2）生物质炉灶、蜂窝煤燃烧排放特征比值

秸秆和薪柴炉灶燃烧排放的PAHs异构体比值列于表3.17。秸秆炉灶燃烧排放的PAHs六组常用异构体比值ANT/(ANT+PHE)、FLA/(FLA+PYR)、BaA/(BaA+CHR)、IcdP/(IcdP+BghiP)、BbF/(BbF+BkF)和BaP/(BaP+BghiP)均值范围分别是0.12～0.15、0.46～0.55、0.45～0.51、0.39～0.43、0.80～0.83和0.43～0.56。薪柴燃烧这六组比值范围在0.11～0.15、0.52～0.55、0.48～0.52、0.37～0.43、0.71～0.80、0.40～0.44。两者之间没有明显的差别。蜂窝煤燃烧排放的PAHs六组比值均值分别为0.14、0.31、0.39、0.24、0.81和0.10，其中，BaP/(BaP+BghiP)值远低于秸秆和薪柴的相应值。

沈国锋（2012）测试了一系列灌木和乔木作为薪柴燃烧排放的PAHs特征，其获得的ANT/(ANT+PHE)、BaA/(BaA+CHR)、IcdP/(IcdP+BghiP)、BbF/(BbF+BkF)和BaP/(BaP+BghiP)的均值和标准偏差分别是0.12±0.02、0.54±0.02、0.50±0.04、0.55±0.03、0.51±0.03和0.62±0.04。除本书中BbF/(BbF+BkF)比值较高外，其余比值符合较好。王伟（2010）的研究中，玉米秸秆炉灶燃烧排放中的FLA/（FLA+PYR）的比值为0.5，BaA/（BaA+CHR）的比值约为0.50，与本书结果相符；而IcdP/(IcdP+BghiP)的比值为0.6～0.7，显著高

表 3.17　炉灶燃烧排放的 PAHs 的异构体比值

类型	相	ANT/(ANT+PHE)	FLA/(FLA+PYR)	BaA/(BaA+CHR)	IcdP/(IcdP+BghiP)	BbF/(BbF+BkF)	BaP/(BaP+BghiP)
长干稻草（N=3）	G	0.12±0.04	0.51±0.05	0.41±0.09	0.41±0.03	0.73±0.13	0.37±0.18
	P	0.23±0.13	0.46±0.04	0.53±0.02	0.43±0.05	0.81±0.05	0.52±0.10
	G+P	0.12±0.04	0.49±0.02	0.47±0.07	0.43±0.05	0.80±0.01	0.52±0.10
玉米秸秆（N=1）	G	0.16	0.56	0.56	0.31	0.78	0.37
	P	0.08	0.47	0.50	0.41	0.83	0.43
	G+P	0.15	0.55	0.51	0.41	0.83	0.43
花生秸秆（N=2）	G	0.12±0.01	0.50±0.08	0.39±0.00	0.39±0.02	0.75±0.03	0.46±0.00
	P	0.11±0.05	0.48±0.03	0.57±0.06	0.41±0.12	0.80±0.05	0.53±0.23
	G+P	0.12±0.04	0.46±0.01	0.47±0.08	0.42±0.11	0.83±0.01	0.54±0.21
大豆秸秆（N=2）	G	0.12±0.04	0.55±0.00	0.42±0.03	0.43±0.00	0.81±0.07	0.44±0.08
	P	0.14±0.03	0.49±0.05	0.44±0.04	0.33±0.23	0.81±0.01	0.58±0.01
	G+P	0.12±0.04	0.52±0.04	0.45±0.02	0.39±0.14	0.83±0.04	0.56±0.01
桉树粗枝（N=2）	G	0.12±0.04	0.59±0.03	0.39±0.04	0.36±0.00	0.76±0.02	0.31±0.01
	P	0.15±0.05	0.45±0.01	0.52±0.05	0.43±0.02	0.81±0.02	0.51±0.06
	G+P	0.15±0.01	0.55±0.02	0.52±0.06	0.37±0.07	0.79±0.00	0.42±0.07
桉树细枝（N=2）	G	0.13±0.04	0.56±0.02	0.37±0.05	0.38±0.01	0.75±0.00	0.36±0.10
	P	0.11±0.03	0.46±0.04	0.50±0.06	0.43±0.06	0.80±0.02	0.44±0.08
	G+P	0.13±0.04	0.54±0.04	0.48±0.07	0.43±0.06	0.80±0.02	0.44±0.08
荔枝柴（N=2）	G	0.10±0.00	0.52±0.02	0.46±0.04	0.29±0.19	0.76±0.00	0.46±0.02
	P	0.23±0.10	0.53±0.04	0.53±0.01	0.42±0.01	0.75±0.22	0.27±0.27
	G+P	0.11±0.01	0.52±0.04	0.50±0.01	0.41±0.01	0.71±0.14	0.40±0.08

注：G 表示气相；P 表示颗粒相

于本结果。其他文献报道的薪柴燃烧排放的这六组常用比值的范围在0.10～0.30、0.43～0.74、0.39～0.56、0.16～0.69、0.35～0.51和0.38～0.78（Kim Oanh et al.，1999，2005；Hedberg et al.，2002）。

3）燃烧类型的比较

表3.18比较了五种燃料类型燃烧排放的PAHs异构体特征比，这些特征比值具有较小的变异系数。格拉布斯检验（Grubbs' test）表明，这些特征比值在五种燃料之间没有显著的差别。实际上，在源解析研究中，这五者经常被归为同一大类燃烧源。

已有源解析中，一般认为生物质燃烧排放的PAHs中，FLA/(FLA+PYR）大于0.5，而石油和机动车等其他源排放的PAHs中，其比值小于0.5（Yunker et al.，2002）。沈国锋（2012）得到的秸秆和薪柴炉灶燃烧排放FLA/(FLA+PYR）比值分别为0.53和0.54。本书中落叶野外焚烧和秸秆薪柴的燃烧排放FLA/(FLA+PHY）比在0.48～0.54，符合该设定。但秸秆野外焚烧排放的PAHs中FLA/(FLA+PYR）值为0.39，明显低于0.5。

一般认为，生物质和煤炭燃烧排放的PAHs中，IcdP/(IcdP+BghiP）比值大于0.5，而石油燃烧排放的PAHs中该比值小于0.5（Yunker et al.，2002）。本书中，五种燃料燃烧排放的PAHs中IcdP/(IcdP+BghiP）比值在0.24～0.41。Zhang等（2008c）测试的工业和室内煤炭燃烧排放的IcdP/（IcdP+BghiP）比值均值分别为0.50和0.57，但是一种蜂窝煤室内燃烧排放的该比值只有0.35。Chen等（2005）报道了室内蜂窝煤燃烧排放IcdP/(IcdP+BghiP）比值在0.33左右。沈国锋（2012）研究得到，太原的一种蜂窝煤燃烧排放IcdP/(IcdP+BghiP）比值为0.316。

因此，运用某一个单一数值作为这些特征比的取值，并将其运用于PAHs的源解析具有较大不确定性。首先，不同的源排放的PAHs特征比值可能相近，同一源在不同燃烧条件下排放的PAHs特征比值波动可能较大，需结合当地和区域源排放清单、气流轨迹等手段进一步判断。其次，一次源排放的新鲜气溶胶中，PAHs异构体老化和降解过程的差别会引起特征比值的变化，如采用BaA/(BaA+CHR）比值用作生物质燃烧源特征比值不确定性较大。从源排放到环境中，PAHs会经历复杂的环境迁移和转化行为，异构体间理化性质的差别会引起特征比值的变化，从而增加运用比值法进行源解析的不确定性（王伟，2010；Tobiszewski and Namieśnik，2012）。最后，气相与颗粒相中PAHs的特征比值有所差异，采用特征比值法评估其来源时应同时采集气相和颗粒相样品分别进行分析。

表 3.18　生物质及民用煤燃烧排放的多环芳烃特征比值

燃料类型	相	ANT/(ANT+PHE)	FLA/(FLA+PYR)	BaA/(BaA+CHR)	IcdP/(IcdP+BghiP)	BbF/(BbF+BkF)	BaP/(BaP+BghiP)
秸秆野外	G	0. 14±0. 01	0. 53±0. 05	0. 44±0. 02	0. 30±0. 13	0. 70±0. 12	0. 37±0. 02
	P	0. 17±0. 02	0. 32±0. 05	0. 38±0. 03	0. 25±0. 11	0. 73±0. 11	0. 28±0. 02
	G+P	0. 15±0. 01	0. 39±0. 05	0. 39±0. 03	0. 26±0. 11	0. 73±0. 11	0. 29±0. 02
落叶野外	G	0. 14±0. 01	0. 53±0. 01	0. 47±0. 01	0. 36±0. 04	0. 76±0. 05	0. 30±0. 14
	P	0. 28±0. 09	0. 45±0. 10	0. 49±0. 01	0. 37±0. 08	0. 81±0. 01	0. 40±0. 06
	G+P	0. 16±0. 01	0. 48±0. 06	0. 49±0. 01	0. 38±0. 07	0. 81±0. 01	0. 40±0. 07
秸秆炉灶	G	0. 13±0. 02	0. 53±0. 03	0. 45±0. 08	0. 39±0. 05	0. 77±0. 03	0. 41±0. 05
	P	0. 14±0. 06	0. 47±0. 01	0. 51±0. 06	0. 39±0. 04	0. 81±0. 01	0. 51±0. 06
	G+P	0. 13±0. 02	0. 50±0. 04	0. 47±0. 03	0. 41±0. 02	0. 82±0. 01	0. 51±0. 06
薪柴炉灶	G	0. 12±0. 01	0. 55±0. 04	0. 41±0. 05	0. 34±0. 05	0. 76±0. 01	0. 38±0. 08
	P	0. 17±0. 06	0. 48±0. 04	0. 52±0. 01	0. 43±0. 01	0. 78±0. 03	0. 41±0. 13
	G+P	0. 13±0. 02	0. 54±0. 01	0. 50±0. 02	0. 40±0. 03	0. 76±0. 05	0. 42±0. 02
燃煤炉	G	0. 13±0. 05	0. 60±0. 02	0. 45±0. 12	0. 34±0. 01	0. 74±0. 01	0. 23±0. 11
	P	0. 21±0. 03	0. 23±0. 17	0. 37±0. 14	0. 24±0. 05	0. 82±0. 07	0. 10±0. 01
	G+P	0. 14±0. 04	0. 31±0. 16	0. 39±0. 12	0. 24±0. 06	0. 81±0. 07	0. 10±0. 01

注：G 表示气相；P 表示颗粒相

参考文献

段小丽，陶澍，徐东群，等. 2011. 多环芳烃的人体暴露和健康风险评价方法. 北京：中国环境科学出版社.

高尚武，马文元. 1990. 中国主要能源树种. 北京：中国林业出版社.

李久海，董元华，曹志洪. 2008. 稻草焚烧产生的多环芳烃排放特征研究. 中国环境科学，28（1）：23-26.

林云. 2009. 生物质开放式燃烧污染排放特征模拟研究. 北京：北京大学硕士学位论文.

沈国锋. 2012. 室内固体燃料燃烧产生的碳颗粒物和多环芳烃的排放因子及影响因素. 北京：北京大学博士学位论文.

王伟. 2010. 室内玉米秸秆燃烧的颗粒态、多环芳烃排放特征及其动态变化. 北京：北京大学博士学位论文.

魏文. 2012. 中国农村地区生物质燃料燃烧的汞排放研究. 北京：北京大学硕士学位论文.

吴兑，毛节泰，邓雪娇，等. 2009. 珠江三角洲黑炭气溶胶及其辐射特性的观测研究. 中国科学 D 辑，39（11）：1542-1553.

郇宁，曾立民，邵敏，等. 2006. 北京市冬季 $PM_{2.5}$ 中碳组分的测量与分析. 北京：北京大学学报（自然科学版），42（2）：265-270.

祝斌. 2004. 典型地区农作物秸秆燃烧有机物源成分谱及有机示踪物的研究. 北京：北京大学硕士学位论文.

Ahmed T, Dutkiewicz V A, Shareef A, et al. 2009. Measurement of black carbon (BC) by an optical method and a thermal-optical method: Intercomparison for four sites. Atmospheric Environment, 43: 6305-6311.

Behymer T D, Hites R A. 1988. Photolysis of polycyclic aromatic hydrocarbons adsorbed on fly ash. Environmental Science and Technology, 22: 1311-1319.

Chen L W, Moosmuller H, Arnott W P, et al., 2007. Emissions from laboratory combustion of wildland fuels: Emission factors and source profiles. Environmental Science and Technology, 41: 4317-4325.

Cao G L, Zhang X Y, Gong S L, et al. 2008. Investigation on emission factors of particulate matter and gaseous pollutants from crop residue burning. Journal of Environmental Sciences, 20 (1): 50-55.

Cao J J, Wu F, Chow J C, et al. 2005. Characterization and source apportionment of atmospheric organic and elemental carbon during fall and winter of 2003 in Xi'an, China. Atmospheric Chemistry and Physics, (5): 3127-3137.

Chen Y J, Sheng G Y, Bi X H, et al. 2005. Emission factors for carbonaceous particles and polycyclic aromatic hydrocarbons from residential coal combustion in China. Environmental Science and Technology, 39: 1861-1867.

Cheng Y, He K B, Duan F K, et al. 2010. Improved measurement of carbonaceous aerosol: Evaluation of the sampling artifacts and inter-comparison of the thermal-optical analysis methods.

AtmosphericChemistry and Physics, 10: 8533-8548.

Christian T J, Kleiss B, Yokelson R J, et al. 2003. Comprehensive laboratory measurements of biomass-burning emissions: 1. Emissions from Indonesian, African, and other fuels. Journal of Geophysical Research Atmospheres, 108 (D23): 4719.

Dhammapala R, Claiborn C, Corkill J, et al. 2006. Particulate emissions from wheat and Kentucky bluegrass stubble burning in eastern Washington and northern Idaho. Atmospheric Environment, 40: 1007-1015.

Dhammapala R, Claiborn C, Jimenez J, et al. 2007. Emission factors of PAHs, methoxyphenols, levoglucosan, elemental carbon and organic carbon from simulated wheat and Kentucky bluegrass stubble burns. Atmospheric Environment, 41: 2660-2669.

Habib G, Venkataraman C, Bond T C, et al. 2008. Chemical, microphysical and optical properties of primary particles from the combustion of biomass fuels. Environmental Science and Technology, 42: 8829-8834.

Han Y M, Lee S C, Cao J J, et al. 2009. Spatial distribution and seasonal variation of char-EC and soot-EC in the atmosphere over China. Atmospheric Environment, 43: 6066-6073.

Han Y M, Cao J J, Lee S C, et al. 2010. Different characteristics of char and soot in the atmosphere and their ratio as an indicator for source identification in Xi'an, China. Atmospheric Chemistry and Physics, 10: 595-607.

Hays M D, Fine P M, Geron C D, et al. 2005. Open burning of agricultural biomass-physical and chemical properties of particle-phase emissions. Atmospheric Environment, 39: 6747-6764.

Hedberg E, Kristensson A, Ohlsson M. 2002. Chemical and physical characterization of emissions from birch wood combustion in a wood stove. Atmospheric Environment, 36 (30): 4823-4837.

Inomata Y, Kajino M, Sato K, et al. 2012. Emission and atmospheric transport of particulate PAHs in Northeast Asia. Environmental Science and Technology, 46: 4941-4949.

Jenkins B M, Daniel Jones A, Turn S Q, et al. 1996c. Particle concentrations, gas- particle partitioning, and species intercorrelations for Polycyclic Aromatic Hydrocarbons (PAH) emitted during biomass burning. Atmospheric Environment, 30 (22): 3825-3835.

Jenkins B M, Turn S Q, Williams R B, et al. 1996a. Atmospheric pollutant emission factors from open burning of agricultural and forest biomass by wind tunnel simulations. Optics Express, 18 (23): 24344-24351.

Jenkins B M, Jones A D, Turn S Q, et al. 1996b. Emission factors for polycyclic aromatic hydrocarbons (PAH) from biomass burning. Environmental Science and Technology, 30: 2462-2469.

Jeong C H, Hopke P K, Kim E, et al. 2004. The comparison between thermal-optical transmittance elemental carbon and Aethalometer black carbon measured at multiple monitoring sites. Atmospheric Environment, 38: 5193-5204.

Jung J, Kim Y J, Lee K Y, et al. 2010. Spectral optical properties of long-range transport Asian dust and pollution aerosols over Northeast Asia in 2007 and 2008. Atmospheric Chemistry and Physics,

10: 5391-5408.

Kanaya Y, Komazaki Y, Pochanart P, et al. 2008. Mass concentrations of black carbon measured by four instruments in the middle of Central East China in June 2006. Atmospheric Chemistry and Physics, 8: 7637-7649.

Khalili N R, Scheff P A, Holsen T M. 1995. PAH source fingerprints for coke ovens, diesel and gasoline engines, highway tunnels, and wood combustion emissions. Atmospheric Environment, 29: 533-542.

Kim Oanh N T, Reutergardh L B, Dung N T. 1999. Emission of polycyclic aromatic hydrocarbons and particulate matter from domestic combustion of selected fuels. Environmental Science and Technology, 33: 2703-2709.

Kim Oanh N T, Albina D O, Li P, et al. 2005. Emission of particulate matter and polycyclic aromatic hydrocarbons from select cookstove-fuel systems in Asia. Biomass and Bioenergy, 28: 579-590.

Kim Oanh N T, Bich T L, Tipayarom D, et al. 2011. Characterization of particulate matter emission from open burning of rice straw. Atmospheric Environment, 45: 493-502.

Kleeman M J, Robert M A, Riddle S G, et al. 2008. Size distribution of trace organic species emitted from biomass combustion and meat charbroiling. Atmospheric Environment, 42 (13): 3059-3075.

Li X H, Duan L, Wang S X, et al. 2007. Emission characteristics of particulate matter from rural household biofuel combustion in China. Energy and Fuels, 21: 845-851.

Li X H, Wang S X, Duan L, et al. 2009. Carbonaceous aerosol emissions from household biofuel combustion in China. Environmental Science and Technology, 43 (573): 6076-6081.

Li Y, Zhang X Y, Gong S L, et al. 2006. Comparison of EC and BC and evaluation of dust aerosol contribution to light absorption in Xi'an, China. Environmental Monitoring and Assessment, 120: 301-312.

Liao C P, Wu C Z, Yan Y J, et al. 2004. Chemical elemental characteristics of biomass fuels in China. Biomass and Bioenergy, 27: 119-130.

Lu H, Zhu L, Zhu N. 2009. Polycyclic aromatic hydrocarbon emissions from straw burning and the influenceof combustion parameters. Atmospheric Environment, 43: 978-983.

McMeeking G R, Kreidenweis S M, Baker S, et al. 2009. Emissions of trace gases and aerosols during the open combustion of biomass in the laboratory. Journal of Geophysical Research, 114: (D19210): 1-20.

Miura Y, Kanno T. 1997. Emissions of trace gases (CO_2, CO, CH_4, and N_2O) resulting from rice straw burning. Soil Science and Plant Nutrition, 43 (4): 849-854.

Miyazaki Y, Kondo Y, Han S, et al. 2007. Chemical characteristics of water-soluble organic carbon in the Asian outflow. Agu Fall Meeting, 112 (122): 22-30.

Murkovic M. 2007. Analysis of heterocyclic aromatic amines. Analytical and Bioanalytical Chemistry, 389: 139-146.

Nguyen B C, Mihalopoulos N, Putaud J P. 1994a. Rice straw burning in Southeast Asia as a source of CO and COS to the atmosphere. Journal of Geophysical Research, 99 (8): 16435-16439.

Nguyen B C, Putaud J P, Mihalopoulos N, et al. 1994b. CH_4 and CO emissions from rice straw burning in South East China. Environmental Monitoring and Assessment, 31: 131-137.

Ram K, Sarin M M, Tripathi S N. 2010. Inter- comparison of thermal and optical methods for determination of atmospheric black carbon and attenuation coefficient from an urban location In Northern India. Atmospheric Research, 97: 335-342.

Sahai S, Sharma C, Singh D P, et al. 2007. A study for development of emission factors for trace gases and carbonaceous particulate species from in situ burning of wheat straw in agricultural fields in India. Atmospheric Environment, 41 (39): 9173-9186.

Schkolnik G, Chand D, Hoffer A, et al. 2007. Constraining the density and complex refractive index of elemental and organic carbon in biomass burning aerosol using optical and chemical measurements. Atmospheric Environment, 41: 1107-1118.

Sheesley R J, Schauer J J, Chowdhury Z, et al. 2003. Characterization of organic aerosols emitted from the combustion of biomass indigenous to South Asia. Journal of Geophysical Research-Atmospheres, 108 (D9): 1761-1762.

Shen G F, Yang Y F, Wang W, et al. 2010. Emission factors of particulate matter and elemental carbon for crop residues and coals burned in typical household stoves in China. Environmental Science and Technology, 44: 7157-7162.

Shen G F, Wang W, Yang Y F, et al. 2011. Emissions of PAHs from indoor crop residue burning in a typical rural stove: Emission factors, size distributions and gas-particle partitioning. Environmental Science and Technology, 45: 1206-1212.

Tobiszewski M, Namieśnik J. 2012. PAH diagnostic ratios for the identification of pollution emission sources. Environmental Pollution, 162: 110-119.

Turn S Q, Jenkins B M, Chow J C, et al. 1997. Elemental characterization of particulate matter emitted from biomass burning: Wind tunnel derived source profiles for herbaceous and wood fuels. Journal of Geophysical Research, 102: (D3): 3683-3699.

USEPA. 2012. Report to Congress on Black Carbon. http://www.epa.gov/blackcarbon/2012report/fullreport.pdf [2013-10-12].

Venkataraman C, Habib G, Eigurenfernandez A, et al. 2005. Residential biofuels in South Asia: Carbonaceous aerosol emissions and climate impacts. Science, 307 (5714): 1454-1456.

Wang S X, Wei W, Du L, et al. 2009. Characteristics of gaseous pollutants from biofuel-stoves in rural China. Atmospheric Environment, 43 (27): 4148-4154.

Watson J G, Chow J C, Chen L W A, et al. 2011. Particulate emission factors for mobile fossil fuel and biomass combustion sources. Science of the Total Environment, 409: 2384-2396.

Weingartner E, Saatho H, Schnaiter M, et al. 2003. Absorption of light by soot particles: Determination of the absorption coefficient by means of Aethalometers. Aerosol Science, 34: 1445-1463.

Xu S S, Liu W X, Tao S. 2006. Emission of polycyclic aromatic hydrocarbons in China. Environmental Science and Technology, 40: 702-708.

Yang H H, Tsai C H, Chao M R, et al. 2006. Source identification and size distribution of atmospheric polycyclic aromatic hydrocarbons during rice straw burning period. Atmosphere Environment, 40: 1266-1274.

Yunker M B, Macdonald R W, Vingarzan R, et al. 2002. PAHs in the fraser river basin: A critical appraisal of PAH ratios as indicators of PAH source and composition. Organic Geochemistry, 33: 489-515.

Zhang H F, Hu D W, Chen J M, et al. 2011. Particle size distribution and polycyclic aromatic hydrocarbons emissions from agricultural crop residue burning. Environmental Science and Technology, 45 (13): 5477-5482.

Zhang H F, Ye X N, Cheng T T, et al. 2008. A laboratory study of agricultural crop residue combustion in China: Emission factors and emission inventory. Atmospheric Environment, 42 (36): 8432-8441.

Zhang X L, Tao S, Liu W X, et al. 2005. Source diagnostics of polycyclic aromatic hydrocarbons based on species ratios: A multimedia approach. Environmental Science and Technology, 39: 9109-9114.

Zhang Y, Tao S. 2009. Global atmospheric emission inventory of polycyclic aromatic hydrocarbons (PAHs) for 2004. Atmosphere Environment, 43: 812-819.

Zhang Y, Dou H, Chang B, et al. 2008. Emission of polycyclic aromatic hydrocarbons form indoor straw burning and emission inventory updating in China. Annals of the New York Academy of Science, 1140: 218-227.

Zhang Y X, Schauer J J, Zhang Y H, et al. 2008. Characteristics of particulate carbon emissions from real-world Chinese coal combustion. Environmental Science and Technology, 42: 5068-5073.

Zhi G R, Chen Y J, Feng Y L, et al. 2008. Emission characteristics of carbonaceous particles from various residential coal-stoves in China. Environmental Science and Technology, 42: 3310-3315.

第4章　农村生物质及煤燃烧源含碳气溶胶排放清单

中国碳质气溶胶排放量较大，污染严重，生物质燃烧和农户燃煤是大气中含碳物质的重要排放源之一。中国城市区域大气中 OC 和 EC 浓度大多在 10 ~ 40μg/m^3，远高于国外城市的观测结果（Zhang et al.，2012）。中国一些背景站和高山站的浓度（如浙江临安、黑龙江龙凤山等）甚至高于国外城市地区浓度。因此，构建国家级尺度上生物质燃烧和农户燃煤的含碳物质排放清单对于空气质量管理、污染源解析、相关大气污染控制政策的制定具有非常重要的意义。

不少学者估算了中国生物质燃烧量、相应大气污染物排放量及农户燃煤排放，并将其时空分配后用于区域大气质量预测（Streets et al.，2003a；Yan et al.，2006；曹国良等，2005a；Qin and Xie，2011a，2011b），但估算清单不确定性较大，主要体现在以下三个方面：①已有的排放清单多基于各省份的农村能源消耗数据直接计算了中国省级或按人口分配后的更小尺度上含碳物质的排放量，消弭了更小行政区划（如区县级）上的排放差异，不足以支持更小尺度的区域归趋迁移模拟、生态和健康风险评估及控制政策制定。例如，现有文献结果均采用将省级农村生物质和燃煤能源消费直接按人口分配的方法，未考虑地域差异、经济社会发展水平不同导致的县区级农村能源消费结构差异，从而影响了排放清单的准确分布；②已有的研究多采用国外其他燃烧条件下测定的排放因子或按某一平均水平来处理，与中国的实际情况可能存在一定偏差。由于排放因子测定过程中测试材料、测试装置及条件设置，以及测试过程的不同，对于某特定排放源，不同研究者测定的排放因子往往有较大区别。已有研究建立了部分含碳物质的排放因子数据库，但由于建立时间较早，一般是建立在收集国外测定的排放因子并处理的基础上。③已有研究可能遗漏或高估了某些源的实际排放，如作为家庭燃料燃烧的动物粪便可能是一个重要源。

近年来，有关中国生物质燃烧及农户燃煤含碳物质（如 PAHs、$PM_{2.5}$、EC、OC）排放特征的研究日渐增多，使构建中国本土化的含碳物质排放因子库成为可能。同时，一系列农业普查、农业污染源普查、全国农作物秸秆资源调查等的开展，使得全面获取更小尺度上生物质和燃煤的能源利用和焚烧等数据存在可能，为构建更可靠的活动水平数据库提供了基础。

因此，本书在以下三个方面做了改进：①对我国主要的生物质燃烧类型和农户燃煤排放进行实验室测试，获得排放因子的基础上，结合国内已有的排放因子和少量国外排放因子（国内未见相关报道时，重点参考印度等发展中国家的结果），构建了本土化的排放因子库；②运用已有的农业普查等资料获取更高分辨率的（县区级）农户能源利用数据，结合构建的县级秸秆露天焚烧数据等，完善了活动水平数据库；③评估了排放清单不确定性，为后续更可靠排放清单的建立提供了依据。

4.1　研 究 方 法

4.1.1　研究范围

清单构建涉及我国农村地区 5 种主要的燃烧方式：秸秆、薪柴和动物粪便作为家庭燃料使用、秸秆的野外焚烧、农户燃煤、森林大火和草原大火。研究区域包括中国 31 省、自治区和直辖市，台湾省、香港和澳门特别行政区由于数据缺失，暂未考虑。基于第二次全国农业普查调查了我国 2006 年农村能源利用结构等内容，本书以该年为基准年，建立了我国县、县级市、区、旗级（以下简称县级）水平上生物质燃烧及农户燃煤含碳物质排放清单，包括 CO_2、CO、CH_4、VOCs、PAHs、$PM_{2.5}$、OC 和 EC。

4.1.2　计算方法

采用“自下而上”（bottom-up）的方法计算生物质燃烧及农户燃煤含碳物质的排放量，具体公式如下：

$$Q_T = 10^{-3} \sum_i Q_i \tag{4-1}$$

$$Q_i = 10^{-3} \sum_j Q_{i,j} \tag{4-2}$$

$$Q_{i,j} = EF_{i,j} \times M_{i,j} \tag{4-3}$$

式中，Q 为含碳污染物种的排放量（t）；EF 为某种污染物的排放因子（g/kg）；M 为生物质/农户生活煤的燃烧量（t）；T 为全国；i 为县（含县级市）、区、旗；j 为生物质或农户煤不同的燃烧方式。

对于森林火灾和草原火灾，燃烧生物质量由下式计算（王效科等，2001；田晓瑞等，2003）：

$$M = A \times B \times E \tag{4-4}$$

式中，M 为森林火灾生物质损失量；A 为生物量载量；B 为火灾过火面积；E 为燃烧效率。

4.1.3 活动水平确定

4.1.3.1 农村家庭生物质及煤消耗量

1）消耗总量

农村家庭炊事和取暖的生物质能源主要包括秸秆、薪柴和动物粪便。各地区秸秆和薪柴消耗量来自国家统计局的统计数据（国家统计局，2007）。各类秸秆用作家庭能源的比例来自国家土壤肥料专业统计数据（Huang et al.，2011）。尽管中国各地区消耗的薪柴来源树种差距极大，但由于缺乏相关的研究和数据，本书不具体区分。

各地区农村生活燃煤量来自中国能源统计年鉴（国家统计局，2007）。能源统计年鉴仅报道了农村地区块煤与型煤的使用总量，没有具体区分烟煤与无烟煤的消耗量。鉴于目前尚缺乏相关数据，本书按照产量划分农村烟煤与无烟煤消耗量。获取了2006年省级烟煤与无烟煤的产量，进而得到各省农村烟煤与无烟煤的使用量。

考虑边远地区能源比较匮乏，动物粪便的消耗及其含碳污染物的排放值得注意，但目前缺乏农村地区动物粪便消耗量的官方统计数据，已有的相关研究列于表4.1。

表4.1 不同地区动物粪便消耗量

年份	地区	消耗量/万吨	参考文献
1999	西藏	269.4	国家环境保护总局，2005
1999	甘肃	48.5	国家环境保护总局，2005
1999	青海	768.7	国家环境保护总局，2005
1999	内蒙古	388.2*	国家环境保护总局，2005
2007	西藏	2 426	Ping et al.，2011
2007	青海	1 430	Ping et al.，2011

注：* 根据《全国生态现状调查与评估：西北卷》及《中国能源统计年鉴2000～2002》整理获得

国内以动物粪便作为主要能源的地区，其能源消耗情况列于表4.2。陈鹏飞（2011）的调研结果显示，青藏高原纳木错地区牛粪作为能源的消耗量，夏季每日户均值为（34.7±2.0）kg，冬季每日户均值为（61.2±2.4）kg，年户均消耗量达17.5t。

表 4.2　动物粪便为主要能源地区的能源消费结构

调研年份	地点	调研农户特征	牛粪消耗/(kg/d)	辅助生物质能源/(kg/d)	参考文献
2010	西藏纳木错	放牧	47.9	无	陈鹏飞，2011
2006	西藏日喀则	农业/半农业	18.8	秸秆 9.0；薪柴 4.0	Feng et al.，2009
2006	西藏拉萨	农业	2.2	秸秆 0.2；薪柴 0.3	Liu et al.，2008
2006	西藏拉萨	放牧/半农业	4.5	秸秆 0.1；薪柴 0.3	Liu et al.，2008

按 2006 年西藏地区牧业、半农半牧业、农业人口划分，其每日户均动物粪便消耗量分别设定为 47.9kg/d、18.8kg/d 和 4.5kg/d，则 2006 年西藏地区动物粪便作为能源被消耗的量为 238 万 t，接近全国生态现状调查与评估调研获得的值，远低于 Ping 等（2011）的报道值。因此，在后续计算时，本书选用全国生态现状调查与评估中获得的动物粪便能源消耗量核算含碳物质排放量。

2）县级活动水平分配

本书使用的中国 ArcGIS 图层共包括县级行政单位 2879 个。收集了 2006 年所有县级的相关参数，包括总人口、总户数、农村人口、农村户数、农村人口年均纯收入、粮食作物（水稻、小麦、玉米、其他谷物、油料、棉花、甘蔗、薯类）产量等数据。收集了 2006 年全国地级市水平上柴草作为主要炊事能源的户数、煤炭作为主要炊事能源的户数，并进一步获取了 1014 个县级市水平上的农户使用薪柴和秸秆及煤炭作为主要炊事能源的比例，考察了几个数据齐全的典型省份县级农村能源使用结构与人均纯收入的关系（安徽、福建、甘肃、吉林、山西、新疆），发现二者具有较好的线性回归性。对于其余没有农村炊事能源使用数据的县级区域，根据其人均纯收入水平填补炊事能源使用结构，如图 4.1 所示。

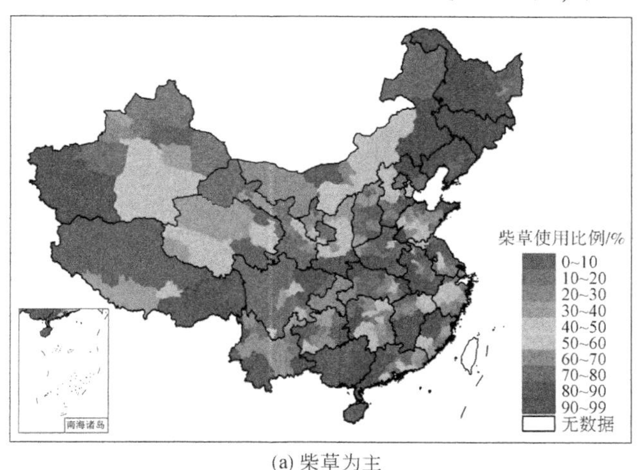

(a) 柴草为主

图 4.1　2006 年中国农村农户炊事使用的能源特征

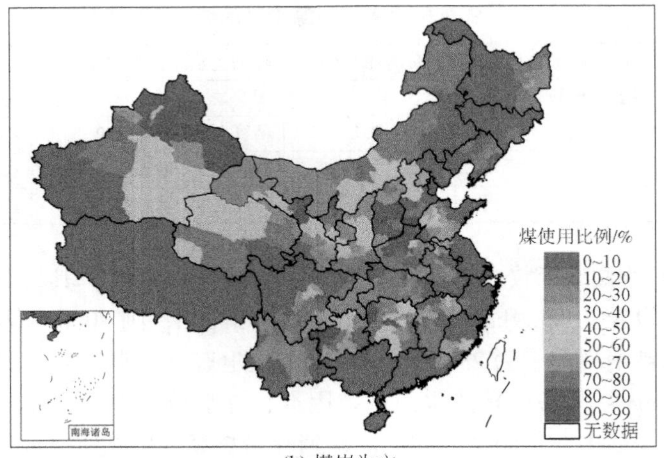

(b) 煤炭为主

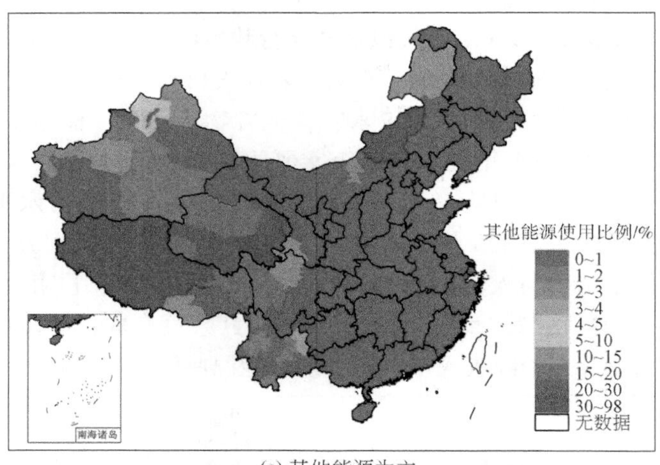

(c) 其他能源为主

图 4.1　2006 年中国农村农户炊事使用的能源特征（续）

注：其他能源指剔除柴草、煤炭、电、太阳能、沼气后的能源，主要为动物粪便；未包含香港、澳门及台湾数据

生物质能和农户燃煤常用于炊事和室内取暖，中国能源统计数据提供的是两者的合计值。考虑炊事使用量与取暖使用量很难区分，本书假定取暖量与炊事使用量分配规律相同。省级能源使用量数据按各县级区域使用秸秆、薪柴、煤炭作为主要炊事能源的户数进行分配。

4.1.3.2　秸秆野外焚烧量

1）秸秆焚烧总量

农田秸秆露天焚烧具有很强的季节性，其燃烧量由各地区所处气候带、农村生活水平、植被覆盖现状和各种农作物的产量等因素决定。关于秸秆的露天焚烧量，2008 年之前我国基本没有这方面的统计资料。国家环境保护总局（现环境保护部）开展的“全国生态现状调查与评估”中零星报告了几个省份 2000 年左右的秸秆露天焚烧比例（国家环境保护总局，2005）。高祥照等（2002）基于土壤肥料专业统计数据报道了 2000 年各省秸秆作为燃料和野外焚烧的比例。2003 年，农业部开展了“秸秆利用与禁烧调查”，初步了解了我国各地秸秆综合利用情况。

部分学者开展过相关的研究，如通过调查问卷获取焚烧状况，或采用卫星监测的火点数计算焚烧面积等。曹国良等（2005a，2005b）在计算农田秸秆露天焚烧时，按田间被废弃的秸秆量的一半进行估算。曹国良等（2006，2007）推断各地秸秆被露天焚烧的比例，主要由农民的收入水平、秸秆利用成本所决定，其进一步通过居民年平均收入来估算各地区秸秆露天焚烧量。李兴华（2007）、王书肖和张楚莹（2008）等通过 2006 年开展的 206 份有效问卷确定了省级水平上的秸秆焚烧情况，并将结果应用于 2002 年全国生物质燃烧排放清单计算。但将其结果应用于地级市，甚至更小维度的县级行政区划上存在困难。张彦旭（2010）采用了 29 省份的人均收入水平作为自变量（不含甘肃、新疆和港澳台地区），将秸秆焚烧量占总秸秆产量的比例作为回归变量，建立了估算野外秸秆焚烧比例的公式，公式可决系数 R^2 达 0.70。秸秆焚烧量占秸秆总产量的比例与人均收入水平呈正相关关系，表明收入较低的家庭趋向于更合理地使用秸秆作为生活用能源。有限的研究中，各地秸秆的露天焚烧比例相差极大。

本书确定的 2006 年各省秸秆焚烧比见表 4.3。2009 年开始，各地政府部门编制的秸秆综合利用规划开始陆续公开 2006 年以来的秸秆废弃及焚烧状况。刘建胜（2005）调研了 8 个省份的实际情况，废弃秸秆的量一般占秸秆资源总量的 5.5%~9.4%，黑龙江省略高，为 14.6%。本书结合已有各省份第一次全国污染源普查结果，设定秸秆废弃量为占总量的 5%，进而获得了省级秸秆露天焚烧比例。

表 4.3　本书 2006 年各省秸秆野外焚烧比及卫星遥感火点数

地区	焚烧比[†]/%	火点数*		
		合计	麦收期间	秋季秸秆
			5 月 29 日 ~7 月 2 日	9 月 11 日 ~10 月 1 日
北京	20.8	15	12	3
天津	25.0	21	18	3
河北	21.1	195	187	8

续表

地区	焚烧比†/%	火点数*		
		合计	麦收期间	秋季秸秆
			5月29日~7月2日	9月11日~10月1日
山西	18.5	15	15	0
内蒙古	15.6	0	0	0
辽宁	21.6	0	0	0
吉林	18.2	0	0	0
黑龙江	13.4	0	0	0
上海	23.5	0	0	0
江苏	34.2	574	574	0
浙江	16.9	0	0	0
安徽	24.9	548	546	2
福建	25.0	0	0	0
江西	17.5	11	11	0
山东	28.0	631	430	201
河南	25.7	1 062	1 051	11
湖北	24.6	35	32	3
湖南	24.6	0	0	0
广东	30.0	0	0	0
广西	15.0	0	0	0
海南	10.0	0	0	0
重庆	19.0	22	22	0
四川	20.0	26	26	0
贵州	15.8	0	0	0
云南	15.0	0	0	0
西藏	8.2	0	0	0
陕西	17.8	139	136	3
甘肃	11.0	0	0	0
青海	8.7	0	0	0
宁夏	16.1	0	0	0
新疆	15.9	0	0	0

注：†不含香港、澳门、台湾；*火点数来自毕于运（2010），秋季缺10月监测结果

从2004年开始，国家环保总局（现环境保护部）利用卫星（FY-1D、NOAA-12、NOAA-16、NOAA-18）遥感等现代科技手段，对全国夏秋两季秸秆焚

烧情况实施了在线监控（参见环境保护部网站，http：//hjj. mep. gov. cn/stjc/和www. 12369. gov. cn）。将每日两次收到的有关焚烧火点数、焚烧时间、焚烧所在省地县名、经纬度、火区影响范围等信息及卫星遥感火情监测图像编辑成《秸秆焚烧卫星遥感监测情况通报》，并在“12369 中国环保热线”网站上公布。

国家卫星气象中心遥感监测到的2006年麦收期间和秋季秸秆火点数量见表4. 3。2006年监测到麦收期间和秋季秸秆火点共计3294个，其中，麦收期间火点数量达到3060个，占92. 9%，秋季火点数量234个，占7. 1%。黄淮海地区的河南（32. 2%）、山东（19. 2%）、江苏（17. 4%）、安徽（16. 6%）、河北（5. 9%）5省秸秆火点数量最多，秸秆火点数量合计为3010个，占全国的91. 4%。秸秆火点数量超过100个的省份还有陕西（4. 2%）。2006年，麦收期间秸秆火点数量最多的5省全部集中于黄淮海地区，它们分别是河南（34. 3%）、江苏（18. 8%）、安徽（17. 8%）、山东（14. 1%）、河北（6. 1%），秸秆火点数量合计占全国同期秸秆火点总数的91. 1%。由于秋收季节的卫星遥感影像数据有缺失，不对其进行讨论。

本书中2006年黄淮海地区的河南、山东、江苏3省秸秆野外焚烧比均在25%以上，安徽省、河北省高于20%，均与卫星遥感火点数的分布规律有一定一致性。部分省份监测到的着火点数目较少，推测其原因可能是中国气象局国家卫星气象中心秸秆火点监测所采用的气象卫星数据（白天图像）仅能探测最小为$100m^2$的完全燃烧的火场，若干小规模的秸秆焚烧被漏掉（毕于运，2010）。

2）县级活动水平分配

本书收集了县级粮食作物产量数据，结合谷草比数据，得到县级水平上各类秸秆产量。县级焚烧比数据通过下列原则确定。

（1）秸秆家庭能源消耗量和秸秆野外露天焚烧量不超过秸秆总产生量。

$$M_f + M_p \times \eta < M_p \tag{4-5}$$

式中，M_f为用秸秆家庭能源消耗量；M_p为秸秆总产量；η为秸秆焚烧比。

（2）本书尝试了多种拟合方程考察秸秆焚烧比η与各参数的关系。首先考察了秸秆焚烧比η与农村居民人均纯收入的关系，发现两者有较明显的正相关性，但公式可决系数R^2小于0. 30，发现主要是某些高收入省份（农民年人均纯收入超6000元）的加入，导致曲线拟合优度下降。原因可能是秸秆焚烧比η和人均纯收入在高收入范围的非线性关系。将高收入4省份（北京、天津、上海、浙江）剔除后，曲线的可决系数R^2为0. 64（图4. 2）。后续考察了η与家庭能源使用量、柴草为主要炊事能源的比等参数的关系，未发现明显相关性，因此采用图4. 2所示公式分配县级秸秆焚烧比。

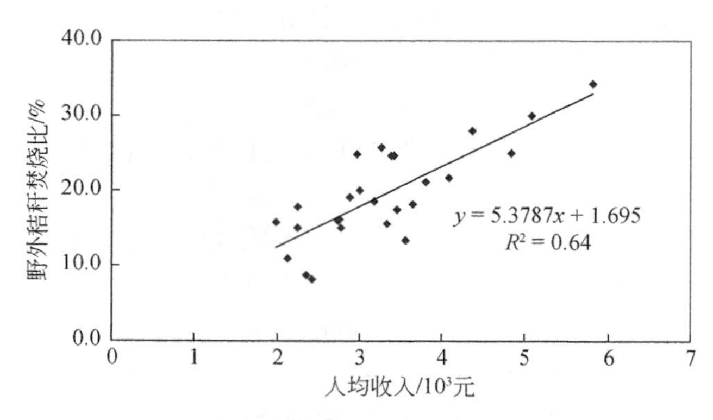

图 4.2　野外秸秆焚烧量与农村地区人均纯收入的关系

（3）对北京、天津、上海，直接采用直辖市水平上的焚烧比分配县级数据。针对浙江省，获取了地级市水平上的焚烧比数据，按地级市水平分配县级秸秆焚烧比。

（4）将经步骤（2）和（3）计算所得的县级焚烧比带入式（4-5），若满足条件，则选用该值。若不符合，则选用所属地级市或临近县级焚烧比。

4.1.3.3　森林大火和草原大火燃烧量

各地区森林过火面积来自农业部的统计资料（国家林业局，2007），生物量来自文献中调研的各地区值，缺失值采用田晓瑞等的数据。燃烧效率引用田晓瑞等（2003）的研究结果。

各地区草原火灾过火面积来自农业部统计资料（中国畜牧业年鉴编辑委员会，2007）、农业部全国草原监测报告、省级农村统计年鉴。草原生物载荷量基于2006年全国草原监测报告中的相关数据折算。全国草原监测报告记载了重点监测省份2006年度产草量情况、含鲜产草量和折合干草量（农业部，2007）。草地地上部分的生物量（干物质含量）等于产草量减去风干草中的含水量（朴世龙等，2004）。风干草含水百分比取15%，植物生物量（单位为g）转换为碳（gC）采用系数0.45（朴世龙等，2004）。草原生物载荷量则为各地区草地的地上部分的生物量与相应总草场面积的比值（10^3 kg/hm²）。燃烧效率参考有关文献，取为0.9（Streets et al.，2003b）。

4.1.4　排放因子确定

在确定排放因子时，一般应划定排放因子等级。排放因子等级是根据排放因子获取过程依据的技术方法、样本数量和质量等因素给予的质量判断等级，反映了排放因子的质量。美国 EPA 将排放因子按其可靠性、准确性程度划分为 A、B、C、D、E 五级。其中，A 级表示最可靠，E 级表示最不可靠。其采用的分级标准是：采用同样的测量技术，测试 10 个或更多个污染源得出的排放因子列为 A 级，测试少数几个污染源得出的排放因子列为 B 级，根据调查收集或者用污染物排放过程相似的排放因子推导得出的排放因子列为 C 级、D 级至 E 级。

本书中秸秆和薪柴家庭炉灶燃烧污染物的排放因子取自实验室模拟测试和其他本土现场实测数据，确定为 B 级。秸秆露天燃烧、民用煤燃烧排放因子综合本书实测数据和国内类似的研究结果，确定为 B 级。动物粪便排放因子取自印度地区的实验测试结果，确定为 B 级。森林火灾和草原火灾排放因子未有本土的测试结果，采用已有文献的综合调研结果，确定为 C 级。由于某些排放因子被重复报道，本书只选用最先报道的文献进行统计。书中列出了部分含碳物质的相关排放因子，并确定了各排放源排放因子的变异情况，以便进一步对排放量的不确定性进行估计。

已有研究表明，对于有较大样本量的排放因子，skewness-kurtosis tests（$p = 0.05$）测试结果表明其服从对数正态分布，经对数转换后，其变异系数均较为接近（Bond et al.，2004；Xu et al.，2006；Wang et al.，2012）。因此，对收集的排放因子经对数转换（log-transformation）后采用其几何均值。所有的含碳物质排放因子均对数转换后检测其分布，采用了格拉布检验法（Grub's test）剔除其中的异常值（陶澍，1994）。删除异常值后，对每一种排放源都生成了相关的概率分布函数。

4.1.4.1　确定方法

1）OC、EC 确定

以 OC、EC 为例，描述具体的筛选过程。剔除的异常值列于表 4.4。剔除异常值后的各类燃料燃烧排放的 OC 及 EC 对数转换后的排放因子平均值及标准偏差列于表 4.5。图 4.3 和图 4.4 给出了各类燃烧源的排放因子的频率分布情况。可见，排放因子皆呈现（近似）对数正态分布，对于样本量较大的排放源，符合程度较高。

表 4.4　格拉布检验法剔除的异常值

类型	燃料种类	燃烧类型	OC	EC	参考文献
生物质	小麦秸秆	家庭燃料		2.64	Shen et al.，2010
	玉米秸秆	家庭燃料		2.32	Cao et al.，2008

续表

类型	燃料种类	燃烧类型	OC	EC	参考文献
生物质	豆类秸秆	家庭燃料	0.89		李兴华，2007
	薪柴	家庭燃料		3.26	Li et al.，2009
	薪柴	家庭燃料	3.81		沈国锋，2012
	动物粪便	家庭燃料		5.96	Parashar et al.，2005
	水稻秸秆	开放式焚烧	46.60		祝斌，2004
	小麦秸秆	开放式焚烧	60.80		祝斌，2004
	玉米秸秆	开放式焚烧	59.00		祝斌，2004
	森林大火	开放式焚烧	46.91		Oros and Simoneit，2001
	草原大火	开放式焚烧	38.62		Chen et al.，2007
煤炭	烟煤/非型煤	燃烧类型		28.5	Zhi et al.，2008
	无烟煤/非型煤	家庭燃料		6.17	Chen et al.，2009
	无烟煤/型煤	家庭燃料	0.36		Zhi et al.，2008

注：显著性水平为 0.05。剔除异常值时，相应的 OC 或 EC 值同时剔除

表 4.5　生物质燃烧及农户燃煤 $\log EF_{EC}$ 和 $\log EF_{OC}$ 分布

类型	燃料种类	$\log EF_{EC}$			$\log EF_{OC}$		
		均值	标准偏差	样本数	均值	标准偏差	样本数
野外	水稻秸秆	-0.25	0.20	4	0.72	0.33	4
	小麦秸秆	0.17	0.68	2	0.86	0.60	2
	玉米秸秆	-0.06	0.56	2	0.77	0.25	2
	甘蔗秸秆	0.09	0.50	1	0.10	0.50	1
	森林大火	-0.33	0.42	34	0.54	0.58	29
	草原大火	-0.24	0.38	14	0.74	0.29	7
家庭生物质燃烧	水稻秸秆	-0.49	0.35	9	0.20	0.15	8
	小麦秸秆	-0.43	0.28	6	0.40	0.21	5
	玉米秸秆	-0.43	0.28	9	0.21	0.21	8
	高粱秸秆	-0.17	0.08	2	0.56	0.06	2
	豆类秸秆	0.09	0.06	3	0.07	0.01	2
	花生秸秆	-0.31	0.50	1	0.03	0.50	1
	油菜秸秆	0.37	0.50	1	0.24	0.50	1
	棉花秸秆	-0.03	0.16	4	0.08	0.47	3
	芝麻秸秆	0.03	0.50	1	0.37	0.50	1

续表

类型	燃料种类	$logEF_{EC}$			$logEF_{OC}$		
		均值	标准偏差	样本数	均值	标准偏差	样本数
家庭生物质燃烧	薪柴	-0.26	0.43	33	-0.26	0.39	32
	动物粪便	-0.34	0.39	10	0.61	0.24	10
家庭燃煤	烟煤/非型煤	0.37	0.77	30	0.39	0.71	30
	无烟煤/非型煤	-1.95	0.52	6	-0.79	0.53	6
	烟煤/型煤	-0.87	0.89	28	0.01	1.00	28
	无烟煤/型煤	-2.54	0.41	3	-1.77	0.38	3

注：①EF_{EC}或EF_{OC}的单位为 g/kg 干燃料。$logEF_{EC}$或$logEF_{OC}$值为负时，表明EF_{EC}或EF_{OC}小于 1 g/kg；②对于只报道了单一EF_{EC}或EF_{OC}值的，设定其标准偏差为 0.50；③草原大火和森林大火EF_{EC}数据引自 Wang 等（2012）

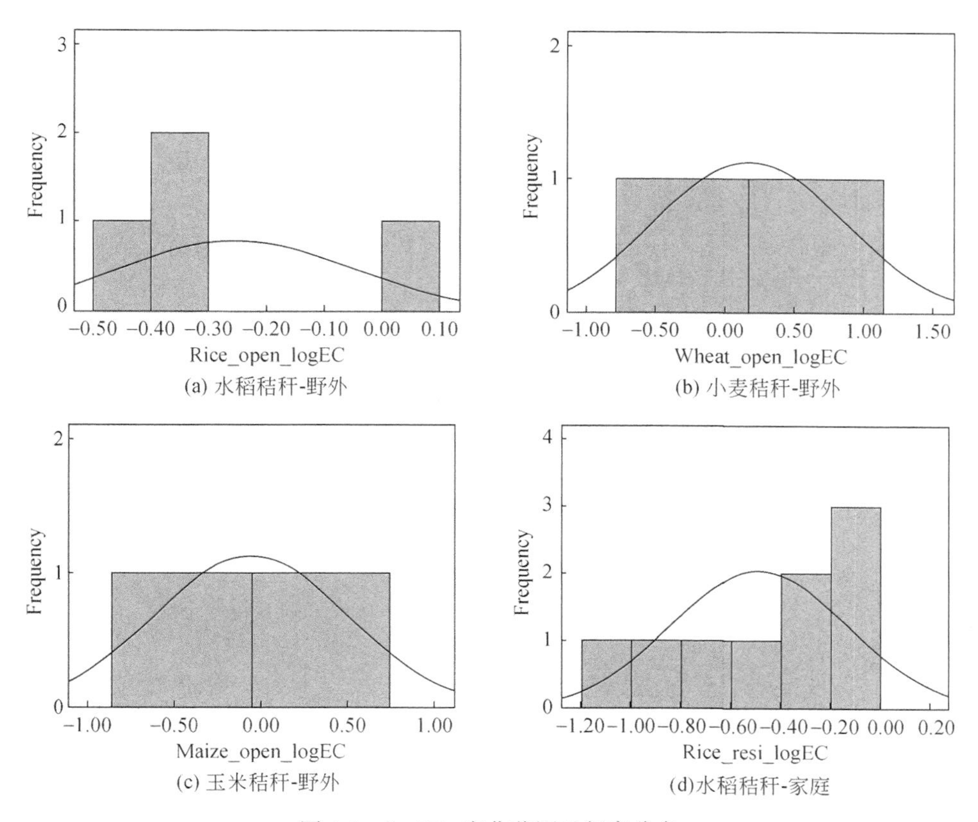

图 4.3 $logEF_{EC}$变化范围及频率分布

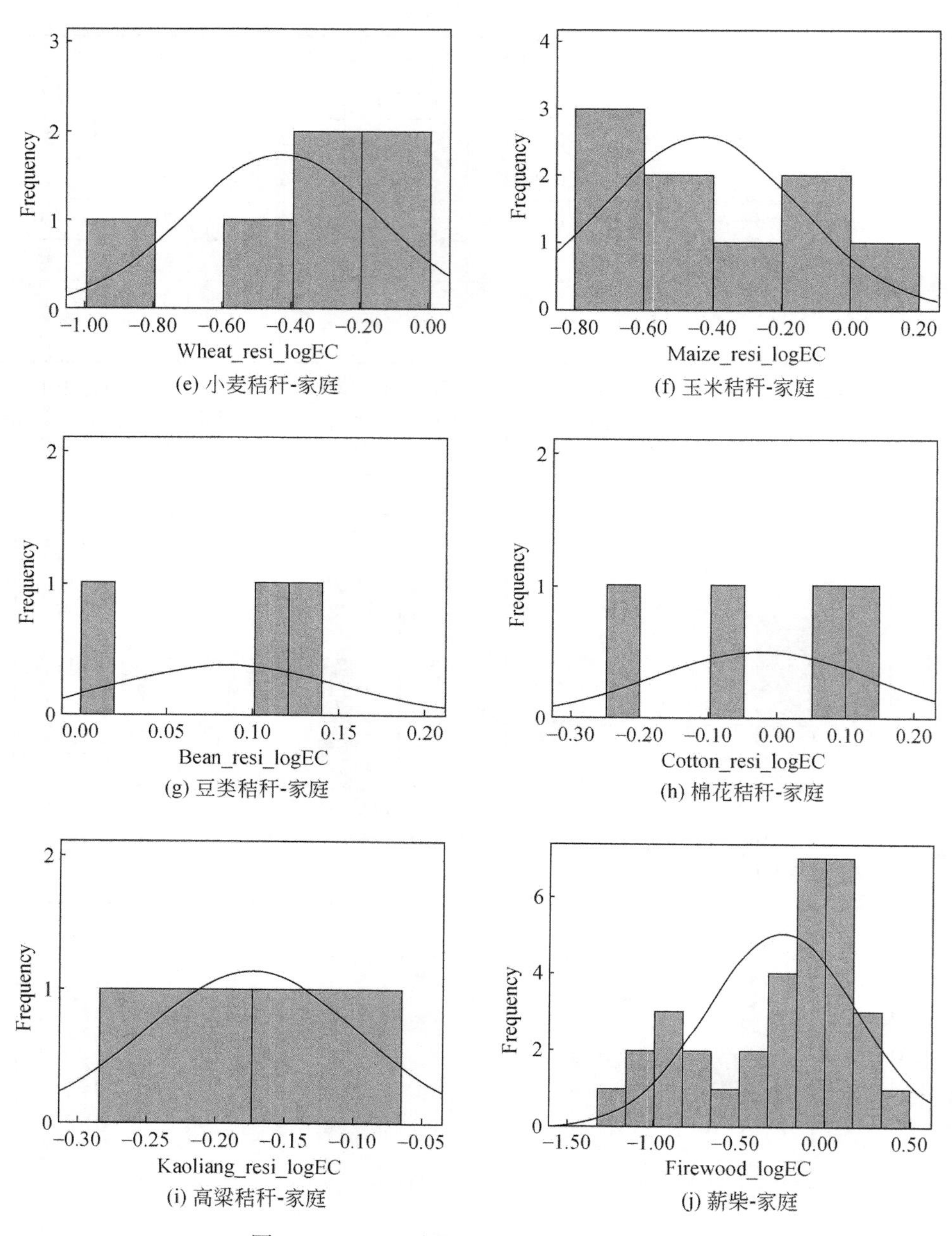

图 4.3 $\log EF_{EC}$变化范围及频率分布（续）

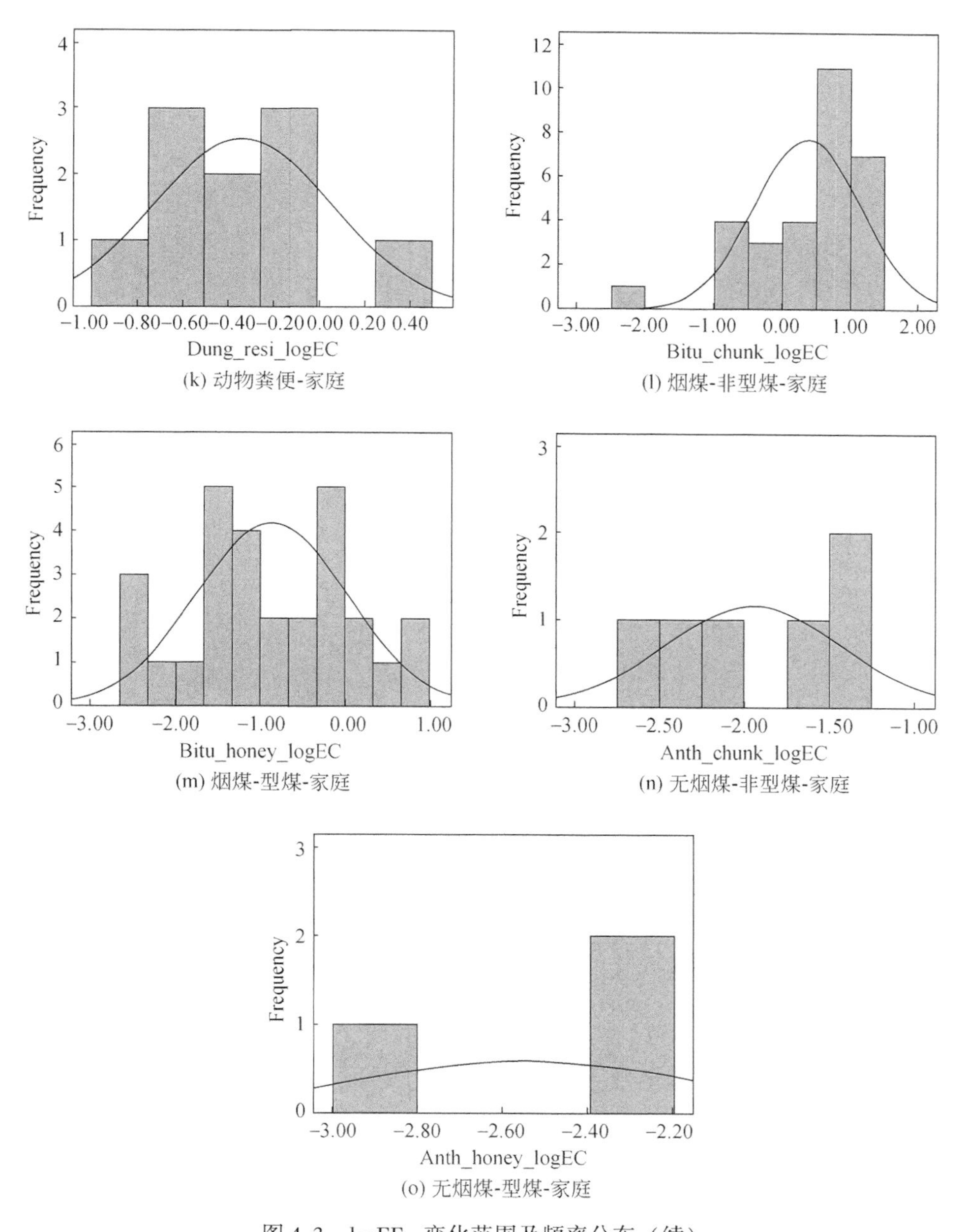

(k) 动物粪便-家庭

(l) 烟煤-非型煤-家庭

(m) 烟煤-型煤-家庭

(n) 无烟煤-非型煤-家庭

(o) 无烟煤-型煤-家庭

图 4.3　$\log EF_{EC}$变化范围及频率分布（续）

注：横坐标为排放因子（mg/kg）对数转换后，纵坐标为已有研究报道次数

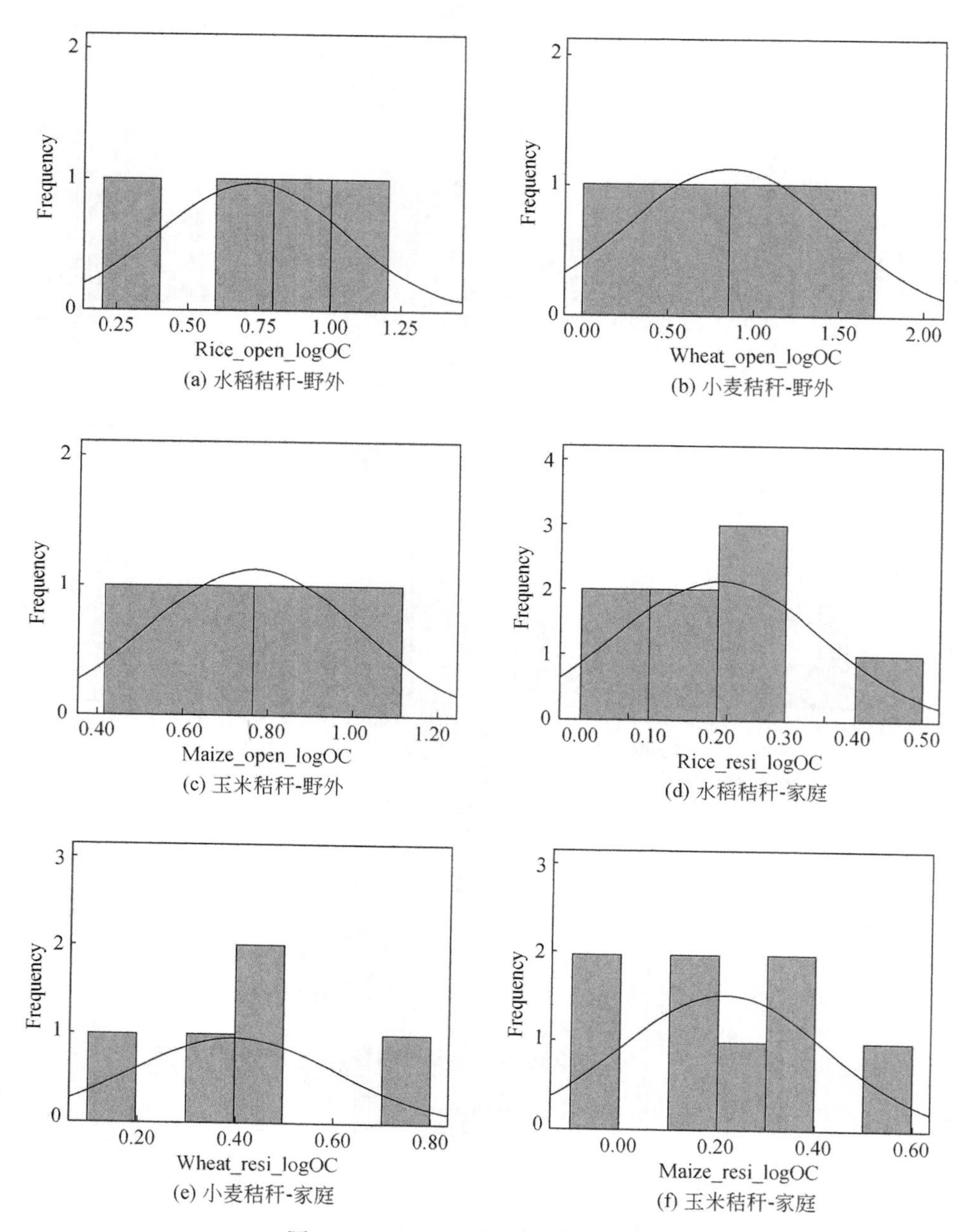

图 4. 4 $\log EF_{OC}$变化范围及频率分布

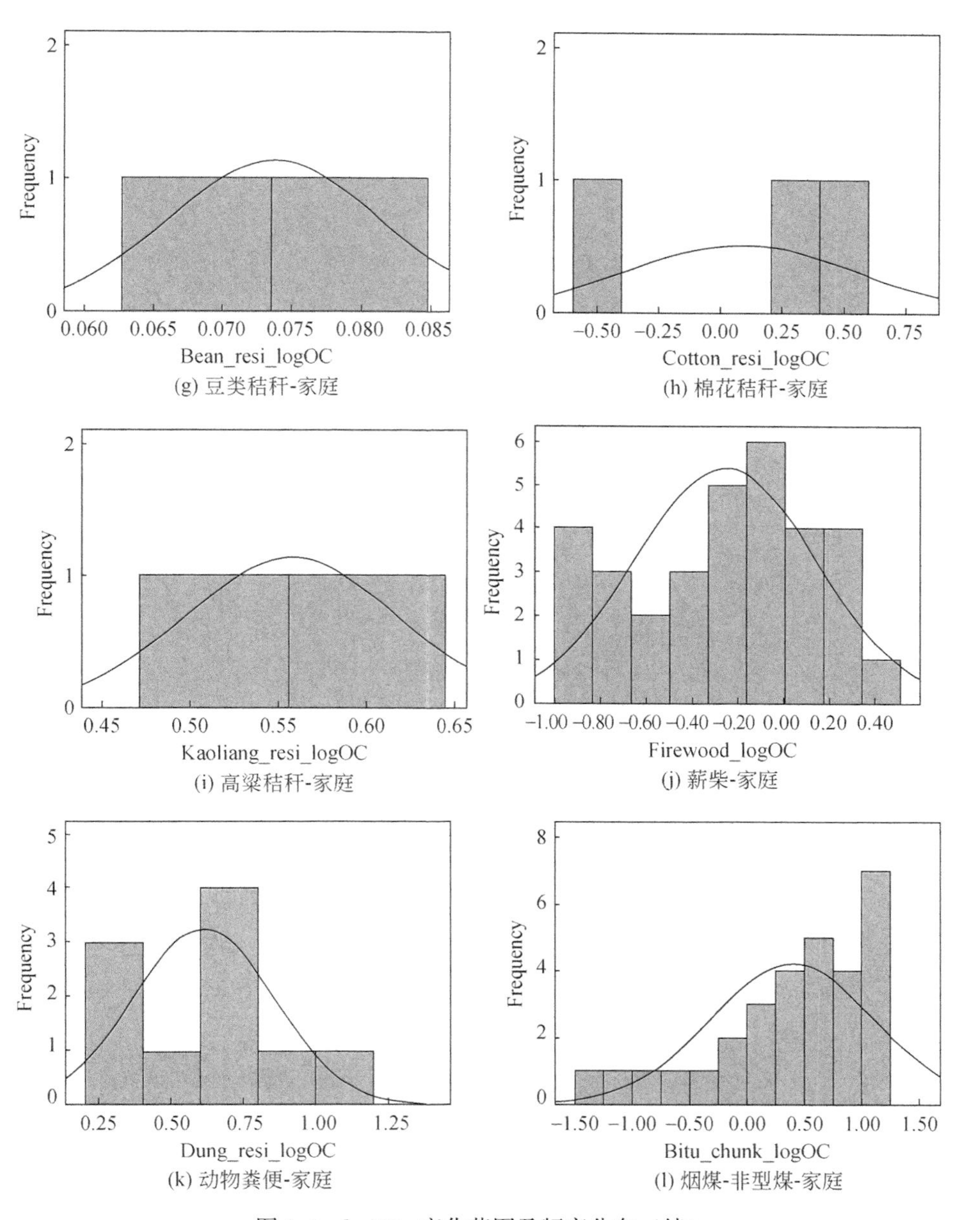

图 4.4　$\log EF_{OC}$变化范围及频率分布（续）

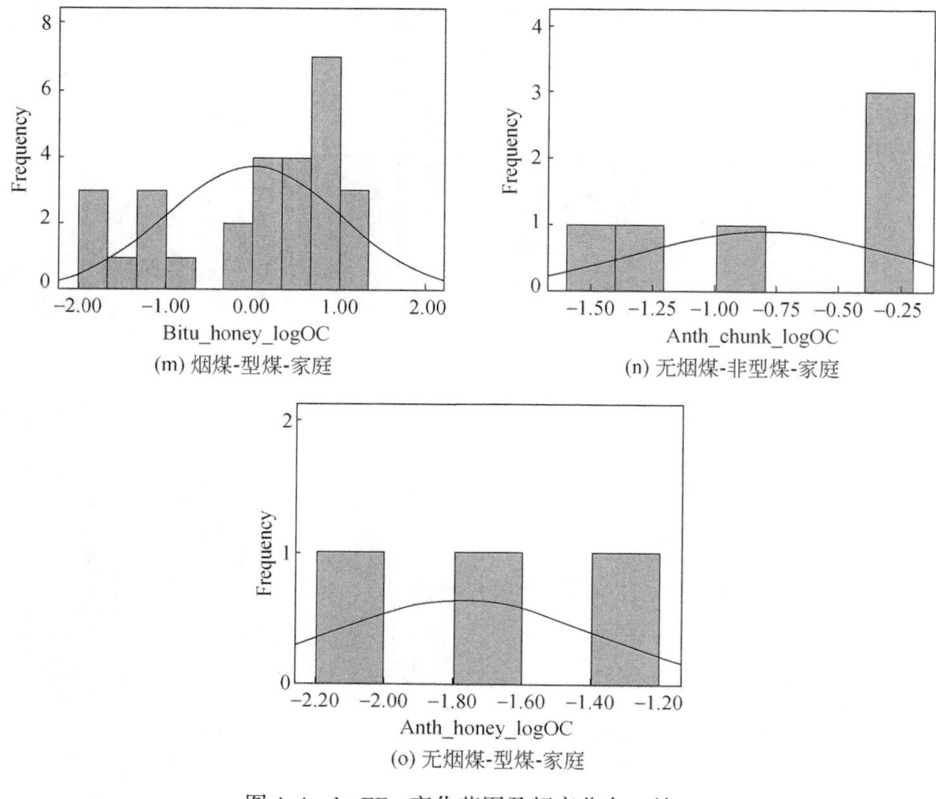

图 4.4 $logEF_{OC}$变化范围及频率分布（续）

注：横坐标为排放因子（mg/kg）对数转换后，纵坐标为已有研究报道次数

2）其他含碳物质排放因子确定

生物质燃烧及农户燃煤 $logEF_{CO_2}$ 和 $logEF_{CO}$分布如表 4.6 所示，$logPM_{2.5}$分布如表 4.7 所示，$logEF_{CH_4}$和 $logEF_{VOCs}$分布如表 4.8 所示。

表 4.6 生物质燃烧及农户燃煤 $logEF_{CO_2}$ 和 $logEF_{CO}$ 分布

类型	燃料种类	$logEF_{CO_2}$			$logEF_{CO}$		
		均值	标准偏差	样本数	均值	标准偏差	样本数
野外	水稻秸秆	2.98	0.08	3	1.76	0.23	4
	小麦秸秆	3.18	0.02	2	1.96	0.26	2
	玉米秸秆	3.12	0.02	2	1.89	0.24	2
	甘蔗秸秆	3.06	0.50	1	1.60	0.50	1

续表

类型	燃料种类	$logEF_{CO_2}$			$logEF_{CO}$		
		均值	标准偏差	样本数	均值	标准偏差	样本数
野外	森林大火	3.23	—	—	1.94	—	—
	草原大火	3.21	—	—	1.90	—	—
家庭生物质燃烧	水稻秸秆	3.06	0.04	5	2.00	0.11	4
	小麦秸秆	3.08	0.11	13	2.00	0.23	9
	玉米秸秆	3.09	0.09	16	1.93	0.27	13
	高粱秸秆	3.22	0.01	3	1.47	0.10	3
	豆类秸秆	3.17	0.03	4	1.88	0.17	4
	花生秸秆	3.12	0.50	1	2.13	0.50	1
	油菜秸秆	3.14	0.50	1	2.08	0.50	1
	棉花秸秆	3.20	0.03	5	1.84	0.23	5
	芝麻秸秆	3.16	0.50	1	1.97	0.50	1
	薪柴	3.19	0.03	28	1.66	0.27	50
	动物粪便	3.01	0.02	4	1.50	0.19	15
家庭燃煤	烟煤/非型煤	3.33	0.05	19	1.92	0.29	19
	烟煤/型煤	2.81	0.50	1	1.74	0.50	1
	无烟煤/非型煤	3.26	0.04	5	1.94	0.20	5
	无烟煤/型煤	2.46	0.50	1	1.54	0.50	1

注：①EF_{CO_2}或 EF_{CO}的单位为 g/kg 干燃料。$logEF_{CO_2}$或 $logEF_{CO}$值为负时，表明 EF_{CO_2}或 EF_{CO}小于 1g/kg；②对于只报道了单一 EF_{CO_2}或 EF_{CO}值的，设定其标准偏差为 0.50；③森林大火和草原大火排放因子引自 Song 等（2009），森林大火 CO_2排放因子取均值

表 4.7　生物质燃烧及农户燃煤 $logPM_{2.5}$分布

类型	燃料种类	$logPM_{2.5}$		
		均值	标准偏差	样本数
野外	水稻秸秆	1.09	0.16	3
	小麦秸秆	1.19	0.43	2
	玉米秸秆	1.12	0.08	2
	甘蔗秸秆	0.61	0.50	1
	森林大火	1.00	—	—
	草原大火	0.80	—	—

续表

类型	燃料种类	$\log PM_{2.5}$		
		均值	标准偏差	样本数
家庭生物质燃烧	水稻秸秆	0.65	0.25	8
	小麦秸秆	0.86	0.25	7
	玉米秸秆	0.61	0.18	11
	高粱秸秆	0.83	0.04	2
	豆类秸秆	0.71	0.18	3
	花生秸秆	0.86	0.50	1
	油菜秸秆	1.23	0.50	1
	棉花秸秆	0.66	0.12	3
	芝麻秸秆	0.87	0.50	1
	薪柴	0.36	0.25	39
	动物粪便	0.76	0.39	24
家庭燃煤	烟煤/非型煤	1.01	0.38	43
	烟煤/型煤	0.68	0.50	28
	无烟煤/非型煤	0.17	0.25	9
	无烟煤/型煤	−0.39	0.61	6

注：①EF_{PM}的单位为 g/kg 干燃料。$\log EF_{PM}$值为负时，表明 EF_{PM}小于 1 g/kg；②对于只报道了单一EF_{PM}值的，设定其标准偏差为0.50；③森林大火和草原大火排放因子引自 Song 等（2009）

表 4.8　生物质燃烧及农户燃煤 $\log EF_{CH_4}$和 $\log EF_{VOCs}$分布

类型	燃料种类	$\log EF_{CH_4}$			$\log EF_{VOCs}$		
		均值	标准偏差	样本数	均值	标准偏差	样本数
野外	水稻秸秆	0.22	—	—	0.76	0.04	3
	小麦秸秆	0.23	0.50	1	0.53	0.50	1
	玉米秸秆	0.20	0.50	1	0.64	0.50	1
	甘蔗秸秆	0.22	—	—	1.04	0.50	1
	森林大火	0.45	—	—	0.97	—	—
	草原大火	0.52	—	—	0.78	—	—

续表

类型	燃料种类	$logEF_{CH_4}$			$logEF_{VOCs}$		
		均值	标准偏差	样本数	均值	标准偏差	样本数
家庭生物质燃烧	水稻秸秆	0.68	0.50	1	0.87	0.50	1
	小麦秸秆	0.55	0.50	5	0.09	0.19	2
	玉米秸秆	0.56	0.55	9	0.20	0.73	5
	高粱秸秆	0.60	—	—	0.53	—	—
家庭生物质燃烧	豆类秸秆	0.60	—	—	0.53	—	—
	花生秸秆	0.60	—	—	0.53	—	—
	油菜秸秆	0.60	—	—	0.53	—	—
	棉花秸秆	-0.04	0.17	2	0.53	—	—
	芝麻秸秆	0.60	—	—	0.53	—	—
	薪柴	0.55	0.24	9	0.20	0.22	3
	动物粪便	0.77	0.34	4	1.40	0.10	4
家庭燃煤	烟煤/非型煤	0.69	0.34	10	-0.60	0.25	4
	烟煤/型煤	-1.84	0.14	4	—	—	—
	无烟煤/非型煤	0.50	0.03	2	-0.36	0.07	2
	无烟煤/型煤	—	—	—	—	—	—

注：①EF_{CH_4}或EF_{VOCs}的单位为g/kg干燃料。$logEF_{CH_4}$或$logEF_{VOCs}$值为负时，表明EF_{CH_4}或EF_{VOCs}小于1g/kg；②对于只报道了单一EF_{CH_4}或EF_{VOCs}值的，设定其标准偏差为0.50；③森林大火和草原大火排放因子引自Song等（2009），森林大火CH_4排放因子取均值

4.1.4.2　排放因子库

根据以上方法，确定了各类燃烧源的排放因子，具体见表4.9。对于部分作物的野外秸秆焚烧部分，由于未见相关报道，采用已知作物焚烧的排放因子的均值来替代。森林大火和草原大火的排放因子直接借鉴了已有文献结果。

表4.9　本书采纳的燃烧源主要含碳物质的排放因子　（单位：g/kg）

类型	燃料种类	CO_2	CO	CH_4	VOCs	$PM_{2.5}$	OC	EC
野外	水稻秸秆	955	57.5	1.66	5.75	12.30	5.25	0.56
	小麦秸秆	1 514	91.2	1.70	3.39	15.49	7.24	1.48

续表

类型	燃料种类	CO_2	CO	CH_4	VOCs	$PM_{2.5}$	OC	EC
野外	玉米秸秆	1 318	77.6	1.58	4.37	13.18	5.89	0.87
	甘蔗秸秆	1 148	39.8	1.66	10.96	4.07	1.26	1.23
	豆类秸秆	1 148	39.8	1.66	10.96	4.07	1.26	1.23
	森林大火	1 698	87.1	2.82	9.33	10.00	3.47	0.47
	草原大火	1 622	79.4	3.31	6.03	6.31	5.50	0.58
家庭生物质燃烧	水稻秸秆	1 148	100.0	4.79	7.41	4.47	1.58	0.32
	小麦秸秆	1 202	100.0	3.55	1.23	7.24	2.51	0.37
	玉米秸秆	1 230	85.1	3.63	1.58	4.07	1.62	0.37
	高粱秸秆	1 660	29.5	3.98	3.39	6.76	3.63	0.68
	豆类秸秆	1 479	75.9	3.98	3.39	5.13	1.17	1.23
	花生秸秆	1 318	134.9	3.98	3.39	7.24	1.07	0.49
	油菜秸秆	1 380	120.2	3.98	3.39	16.98	1.74	2.34
	棉花秸秆	1 585	69.2	0.91	3.39	4.57	1.20	0.93
	芝麻秸秆	1 445	93.3	3.98	3.39	7.41	2.34	1.07
	薪柴	1 549	45.7	3.55	1.58	2.29	0.55	0.55
	动物粪便	1 023	31.6	5.89	25.12	5.75	4.07	0.46
家庭燃煤	烟煤/非型煤	2 138	83.2	4.90	0.25	10.23	2.45	2.34
	烟煤/型煤	646	55.0	0.01	1.00	4.79	0.16	0.01
	无烟煤/非型煤	1 820	87.1	3.16	0.44	1.48	1.02	0.13
	无烟煤/型煤	288	34.7	1.00	1.00	0.41	0.02	0.00

目前，国内对于生物质野外焚烧和家庭燃烧过程中 CH_4 和 VOCs 排放情况的研究相对较少，导致排放因子选取及排放量计算存在较大的不确定性。关于燃烧源 PAHs 的排放因子确定，本书整合了同时报道气态和颗粒态 PAHs 排放因子的文献结果。部分学者只报道了气态或颗粒态其中一种形式 PAHs 的排放因子，未纳入最终的排放因子库，只用来验证最终选取排放因子的可靠性。排放因子的处理方法同上，最终采用的排放因子如表 4.10 所示。

表4.10　本书整理的PAHs排放因子

（单位：mg/kg）

类型	燃料种类	样本量	NAP	ACY	ACE	FLO	PHE	ANT	FLA	PYR	BaA	CHR	BbF	BkF	BaP	IcdP	DahA	BghiP	P16
野外	水稻秸秆	6	4.07	0.30	0.66	0.83	2.79	0.22	0.22	0.62	0.75	0.20	0.14	0.03	0.04	0.03	0.01	0.02	10.93
	小麦秸秆	1	0.28	0.03	0.33	0.04	0.09	0.07	0.16	0.12	0.01	0.09	0.02	0.05	0.00	0.05	0.00	0.03	1.37
	玉米秸秆	1	0.41	0.23	0.14	0.08	0.23	0.08	0.18	0.12	0.02	0.15	0.04	0.06	0.00	0.00	0.00	0.00	1.74
	豆类秸秆	5	2.11	0.32	0.66	0.70	0.93	0.31	0.08	0.16	0.49	0.19	0.05	0.01	0.03	0.02	0.00	0.01	6.07
	森林大火	—	11.00	2.20	1.80	0.75	2.30	0.37	1.60	1.10	0.16	0.16	0.05	0.14	0.10	0.32	0.19	0.07	22.31
	草原大火	—	11.00	2.20	1.80	0.75	2.30	0.37	1.60	1.10	0.16	0.16	0.05	0.14	0.10	0.32	0.19	0.07	22.31
家庭生物质燃烧	水稻秸秆	5	59.80	14.48	3.21	6.54	16.93	3.01	9.21	9.64	1.71	1.92	1.58	0.82	1.20	0.59	0.09	0.43	131.16
	小麦秸秆	5	60.73	15.02	5.20	9.94	25.34	4.74	12.68	12.62	3.14	3.56	2.42	1.54	2.03	1.02	0.16	0.83	160.97
	玉米秸秆	4	17.13	4.05	2.65	3.95	10.04	1.60	4.56	3.93	0.85	0.93	0.83	0.52	0.64	0.42	0.09	0.36	52.55
	高粱秸秆	—	42.07	10.19	3.61	6.58	16.84	2.95	8.45	8.21	1.74	1.95	1.53	0.90	1.21	0.65	0.11	0.52	107.50
	豆类秸秆	5	16.99	3.39	3.45	3.41	6.18	0.89	1.80	2.25	0.66	0.54	0.46	0.30	0.43	0.34	0.06	0.29	41.44
	花生秸秆	1	18.03	4.94	6.50	7.42	6.86	0.88	3.25	2.79	0.50	0.59	0.45	0.44	0.52	0.36	0.09	0.30	53.90
	油菜秸秆	4	70.00	30.58	5.11	14.37	31.29	5.31	12.79	12.93	2.60	2.71	2.88	1.40	2.14	1.17	0.21	1.01	196.51
	棉花秸秆	4	26.77	4.41	2.33	2.79	8.40	1.30	5.12	5.49	0.90	1.11	1.00	0.57	0.82	0.47	0.05	0.36	61.89
	芝麻秸秆	2	6.31	1.94	1.04	4.10	8.59	1.01	2.80	1.96	0.44	0.49	0.47	0.32	0.29	0.25	0.13	0.23	30.37
	薪柴	29	6.42	1.60	0.11	0.44	2.51	0.35	1.38	1.19	0.32	0.31	0.18	0.17	0.16	0.12	0.01	0.10	15.37
	动物粪便	1	0.48	0.27	0.83	0.08	2.66	5	4.38	3.84	5.32	7.78	8.92	8.34	3.42	3.96	3.82	3.35	62.45
家庭燃煤	烟煤/非型煤	9	20.09	39.19	4.47	20.16	49.74	16.62	24.69	20.20	12.09	10.03	11.12	8.86	9.93	10.61	1.97	6.97	266.74
	烟煤/型煤	10	3.43	4.34	0.83	4.35	21.63	3.40	5.76	3.66	2.94	6.11	2.56	1.36	1.20	0.75	0.61	1.32	64.25
	无烟煤/非型煤	5	1.64	2.82	7.62	3.74	5.66	0.78	0.91	0.74	0.14	0.32	0.19	1.20	0.00	0.14	0.12	0.30	26.32
	无烟煤/型煤	2	1.64	0.02	0.04	0.04	0.22	0.01	0.03	0.03	0.003	0.01	0.01	0.05	0.08	0.07	0.01	0.03	2.29

注：①家庭高粱秸秆燃烧按水稻、小麦和玉米作物燃烧排放的均值处理；②森林大火和草原大火排放因子引自张彦旭（2010）；③非型煤无烟煤 NA的排放因子假定与型煤无烟煤一致

4.2 结果与讨论

4.2.1 排放量

4.2.1.1 分地区含碳物质排放量

2006 年中国 31 个省、直辖市、自治区生物质燃烧及农户燃煤含碳污染物排放量结果见表 4.11（暂缺港澳台数据）。2006 年全国生物质燃烧及农户燃煤向大气排放 CO_2 118 060.7 万 t、CO 6673.2 万 t、CH_4 295.9 万 t、VOCs 325.6 万 t、$PM_{2.5}$ 575.8 万 t、OC 204.5 万 t、EC 59.3 万 t、PAHs 5.95 万 t。其中，以四川、河南、山东、河北等地区排放量最大，主要受该地区农村人口数量及分布、经济发展水平、地理条件、气候条件等因素的影响。黑龙江省排放量也比较高，主要受 2006 年 5 月发生的特重大森林火灾的影响。

表 4.11 2006 年中国生物质燃烧及农户燃煤含碳物质排放清单 （单位：t）

省份	CO_2	CO	CH_4	VOCs	$PM_{2.5}$	OC	EC	PAHs
北京	7 652 206	333 966	15 590	6 205	14 665	6 016	1 916	131
天津	3 422 453	211 817	7 307	6 357	17 283	7 334	1 397	127
河北	63 815 005	3 416 448	145 677	83 667	301 332	106 891	36 474	3 604
山西	35 867 331	1 958 898	86 195	40 253	160 502	53 776	21 665	2 403
内蒙古	43 492 964	2 290 936	111 032	195 507	238 423	85 778	25 376	2 259
辽宁	42 152 414	2 265 262	97 805	82 234	205 036	78 996	21 017	1 515
吉林	30 182 734	1 777 226	70 887	69 652	168 784	66 044	15 643	1 112
黑龙江	97 823 578	5 446 346	206 440	396 982	525 034	185 888	38 275	2 580
上海	574 346	31 434	1 002	2 243	4 452	2 013	264	7
江苏	42 616 871	2 998 515	109 817	157 092	292 905	115 641	21 293	2 444
浙江	10 554 736	587 280	27 197	33 667	51 919	16 756	4 873	487
安徽	59 807 424	4 283 892	161 955	187 840	348 213	126 997	26 453	3 921
福建	10 884 499	537 374	24 759	25 594	40 898	15 503	3 901	328
江西	33 426 780	1 894 656	96 022	115 516	141 399	45 177	14 102	1 762
山东	77 824 648	4 872 972	172 012	137 037	480 560	186 926	44 978	4 086
河南	88 756 844	5 363 773	197 466	152 539	511 616	195 780	49 827	4 689
湖北	50 930 875	2 912 622	127 731	136 740	267 060	84 388	28 556	2 698

续表

省份	CO_2	CO	CH_4	VOCs	$PM_{2.5}$	OC	EC	PAHs
湖南	41 470 635	2 189 400	105 764	125 435	200 660	70 751	18 642	1 617
广东	37 552 567	1 699 637	94 836	98 155	127 845	44 513	14 426	1 069
广西	65 087 060	3 540 022	185 471	188 042	224 243	68 840	27 096	3 295
海南	4 146 107	184 039	10 608	9 321	12 318	3 772	1 665	136
重庆	53 512 433	3 604 559	163 810	158 833	249 712	71 399	28 170	4 059
四川	97 308 751	6 137 471	280 172	287 067	413 700	142 844	41 548	6 029
贵州	60 559 853	2 458 451	142 239	73 493	195 171	54 201	34 306	2 927
云南	3 3554 995	1 399 872	71 676	77 092	136 378	45 085	20 004	1 130
西藏	3 531 086	127 229	17 682	69 129	19 141	12 224	1 615	201
陕西	23 852 510	1 264 055	58 790	48 142	106 341	37 638	11 613	1 028
甘肃	22 090 127	1 136 429	54 975	35 610	103 541	30 278	14 897	1 608
青海	11 576 729	458 310	54 604	197 848	68 468	36 337	7 191	858
宁夏	4 570 739	261 731	11 016	7 596	24 310	8 292	3 029	340
新疆	22 007 918	1 086 986	48 512	50 746	106 206	38 453	13 162	1 088
合计	1 180 607 218	66 731 610	2 959 048	3 255 636	5 758 115	2 044 531	593 375	59 536

注：区域依据国家统计局（2007）划分，不含香港、澳门和台湾地区数据

4.2.1.2　分燃烧方式排放情况

不同方式的生物质及民用煤燃烧排放的含碳物质量及贡献率分别见表 4.12、表4.13 和图 4.5。可见，秸秆的炉灶燃烧是 PAHs、CO、CH_4、VOCs、$PM_{2.5}$、CO_2、EC 的主要排放来源，分别占其总量的 68%、55%、51%、42%、39%、38%和 34%。PAHs 主要来自秸秆中含碳组分的降解，且随着燃烧温度的增加排放量显著增加（Lu et al.，2009）。适合 PAHs 生成的最佳温度为 700 ~ 900℃，在更高温度条件下 PAHs 受热分解。本书的实验室模拟测量也证实，秸秆炉灶燃烧的温度一般在适合 PAHs 生成的范围内，因此排放因子较高。薪柴的燃烧温度一般高于 900℃，不利于 PAHs 的生成。在不完全燃烧条件下（低温），PAHs 的生成也受到抑制（Lu et al.，2009）。

秸秆露天焚烧排放是 OC 的主要来源，占其总量的46%，主要是由于秸秆不完全燃烧条件下，纤维素等不完全分解，产生了大量的有机组分。秸秆露天焚烧排放的 $PM_{2.5}$、EC、VOCs、CO 和 CO_2分别占其总量的37%、25%、23%、18%和17%。薪柴燃烧排放的 CO_2、CH_4、EC、CO 分别占其总量的 25%、23%、18% 和 13%。农户燃煤排放的 PAHs、EC、CO_2、CH_4分别占其总量的23%、19%、12%和10%。

表 4.12　不同生物质燃烧方式含碳污染物排放量

（单位：10^3kg）

类型	CO_2	CO	CH_4	VOCs	$PM_{2.5}$	OC	EC	PAHs
秸秆露天焚烧	197 500 725	11 682 692	260 432	752 660	2 103 269	937 605	148 482	786
秸秆炉灶燃烧	466 239 026	36 543 810	1 510 098	1 373 101	2 191 898	659 734	199 235	40 242
薪柴	294 142 424	8 680 758	673 841	300 994	435 069	104 366	104 366	2 919
森林大火	64 801 313	3 323 409	107 543	356 110	381 578	132 307	17 848	851
草原大火	54 358	2 662	111	202	211	184	19	1
动物粪便	18 339 783	566 753	105 534	450 188	103 132	73 012	8 192	1 119
农户燃煤	139 529 589	5 931 525	301 488	22 381	542 957	137 323	115 234	13 618
合计	1 180 607 218	66 731 609	2 959 047	3 255 636	5 758 114	2 044 531	593 376	59 536

表 4.13　本书 PAHs 排放清单

（单位：t）

地区	薪柴室内	秸秆室内	农户家庭煤	森林火灾	草原火灾	秸秆焚烧	动物粪便	合计
北京	29.6	49.6	51.1	0	0	0.6	0.2	131.1
天津	0.2	112.4	11.3	0	0	1.7	1.7	127.3
河北	147.7	1 701.3	1 733.7	0.2	0	17.9	3.1	3 603.9
山西	36.9	1 038.3	1 318.4	1.3	0	5.7	2.1	2 402.7
内蒙古	38.7	907.5	932.4	126.6	0.4	11	242.4	2 259
辽宁	110.3	886.1	490.9	0.5	0	26.4	0.5	1 514.7
吉林	44.1	818.4	223.6	0	0	26.1	0.1	1 112.3
黑龙江	55.7	1 659	149.4	685.1	0.2	29.9	0.6	2 579.9
上海	0	0	2.9	0	0	2.8	1.2	6.9
江苏	31.8	2 252.8	66.4	0	0	91.1	1.8	2 443.9
浙江	44.4	386.8	36.5	2.7	0	16.2	0.1	486.7

续表

地区	薪柴室内	秸秆室内	农户家庭煤	森林火灾	草原火灾	秸秆焚烧	动物粪便	合计
安徽	63.4	3 679.8	111.1	0.1	0	64.8	1.5	3 920.7
福建	37	199.4	70.8	2.5	0	16.5	1.3	327.5
江西	150.5	1 479.6	87.4	2.1	0	40.6	1.8	1 762
山东	78.2	2 883.5	1 077.6	0.1	0	40.9	5.3	4 085.6
河南	134.3	3 141.9	1 358.7	0.3	0	51	2.3	4 688.5
湖北	154.2	2 146.5	335.3	1.2	0	59.2	1.4	2 697.8
湖南	168.3	1 120.2	235.1	9.5	0	79.8	4.4	1 617.3
广东	240.8	759.6	16.8	2.5	0	48.3	1.2	1 069.2
广西	314.6	2 924.3	20.8	3.2	0	27.9	3.9	3 294.7
海南	28.3	104.5	0.4	0.4	0	2.2	0.1	135.9
重庆	86.5	3 653.1	306.3	1.3	0	11.4	0.9	4 059.5
四川	223.2	4 754.8	916.4	0.9	0.1	44.1	89.4	6 028.9
贵州	318.5	722.6	1 868.3	3.5	0	12.9	1.5	2 927.3
云南	158.7	330.6	598	6.8	0	34.7	0.7	1 129.5
西藏	3.4	29.3	0	0.1	0	0.4	168.2	201.4
陕西	94.8	841.1	58.7	0	0	7.4	26	1 028
甘肃	54.1	729.8	790.9	0	0	2.6	30.3	1 607.7
青海	5.1	208	164	0.1	0	0.5	480.1	857.8
宁夏	2.2	151.3	183.5	0	0	2.4	0.9	340.3
新疆	63.4	569.4	401.6	0.1	0	9.2	44.3	1 088.0
合计	2 918.9	40 241.5	13 618.3	851.1	0.7	786.2	1 119.3	59 536.0

注：均为 16 种优先 PAHs 的排放清单；不含香港、澳门和台湾数据

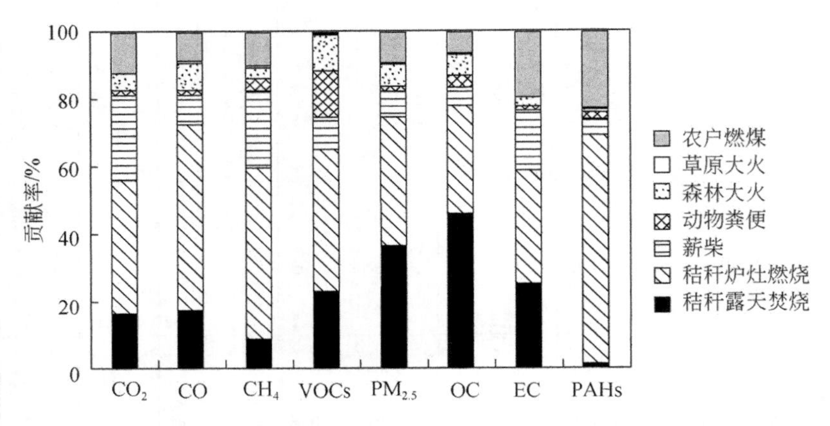

图 4.5　不同方式的生物质及生活用煤燃烧含碳物质排放的贡献率

需要指出的是，作为国内已有排放清单普遍忽视的源，动物粪便作为燃料的排放占 VOCs 排放总量的 14%，略高于薪柴燃烧的排放，同时分别占 OC 和 CH_4 排放总量的 4%。本书获得的 2006 年动物粪便作为能源消耗的量达 1792 万 t，且主要分布在青藏高原和内蒙古北部等地区，是当地 OC 和 EC 等污染物的主要来源。

IARC 和 WHO 根据毒性不同，对多环芳烃化合物的致癌性划分了等级（表 1.5）。WHO 推荐苯并（a）芘 BaP 作为风险的指示性物质。因此，有必要进一步获得 16 种优控多环芳烃的分类排放数据，以便进行后续的健康风险评价和制定相应的调控措施。不同种类 PAHs 的排放情况列于表 4.14。

表 4.14　不同种类 PAHs 的排放情况

类别	薪柴室内	秸秆室内	农户家庭煤	森林火灾	草原火灾	秸秆焚烧	动物粪便	合计
NAP	1 219	15 977	1 017	420	0	268	9	18 910
ACY	304	4 155	1 957	84	0	32	5	6 537
ACE	21	1 408	356	69	0	62	15	1 930
FLO	84	2 529	1 058	29	0	56	1	3 756
PHE	477	6 072	2 599	88	0	173	48	9 457
ANT	66	1 058	830	14	0	21	90	2 079
FLA	262	2 985	1 232	61	0	29	78	4 647
PYR	226	2 960	1 003	42	0	46	69	4 345
BaA	61	623	598	6	0	45	95	1 429

续表

类别	薪柴室内	秸秆室内	农户家庭煤	森林火灾	草原火灾	秸秆焚烧	动物粪便	合计
CHR	59	692	518	6	0	24	139	1 439
BbF	34	552	551	2	0	11	160	1 310
BkF	32	323	454	5	0	7	149	971
BaP	30	440	484	4	0	2	61	1 021
IcdP	23	238	517	12	0	4	71	864
DahA	2	41	100	7	0	1	68	219
BghiP	19	191	347	3	0	2	60	623
P16	2 919	40 245	13 618	851	0.7	785	1 119	59 538

注：不含香港、澳门和台湾数据

4.2.2 空间分布特征

4.2.2.1 县级水平含碳物质排放空间分布

县级水平上主要含碳物质排放量的空间分布如图 4.6 和图 4.7 所示。主要含碳物质 $PM_{2.5}$、OC、EC、CO、CH_4、PAHs 呈现较为一致的分布规律，主要分布在江苏、山东、河南、四川、重庆、广西及东北地区，与这些地区人口密集程度、生物质或煤炭等生活能源消耗、秸秆野外焚烧量等有关。VOCs 的排放除分布在以上地区外，青藏高原地区、内蒙古东北部地区、黑龙江北部等也有较高的排放，主要与当地牧民使用动物粪便炊事取暖及森林火灾有关。

4.2.2.2 1km×1km 含碳物质排放空间分布

县区级分辨率的排放清单仍然存在分辨率较粗的问题，对于化学模式进行精确模拟研究而言，需要分辨率更高、空间结构更规整的排放清单。因此，本书尝试在获得县区级农村地区典型燃烧源含碳物质排放量的基础上，进一步构建 1km×1km 分辨率的排放清单（以有机碳 OC 为例）。

建立该清单的基础是收集分辨率为 1km×1km 的各类参数。本书收集了中国 1km×1km 分辨率的农村居民点分布图、土地利用图（水田和旱田统一按耕地进行处理）、森林分布图、草原分布图。对于农村民用生物质及煤炭，本书假定其仅发生在农村居民点，野外秸秆焚烧仅发生在耕地上。野外秸秆焚烧、森林大火和草原大火均被处理成面源。尽管这三者都或多或少带有点源性质，但由于具体地理信息的缺乏，本书中被作为面源处理。

图4.8给出了分辨率为1km×1km的OC排放强度的空间分布。由图可见，OC排放主要分布在东部地区，其中华北平原地区（含江苏、河南、山东、河北、安徽北部）是我国典型的OC排放区域，其排放强度高于周边省份，是秸秆野外焚烧量和农村居民点家庭生物质使用量较大共同作用的结果。四川盆地部分地区OC排放强度高于华北平原地区，主要与当地农村居民点家庭生物质能源使用量大有关。黑龙江省部分区域受森林火灾的影响，OC排放强度也比较高。

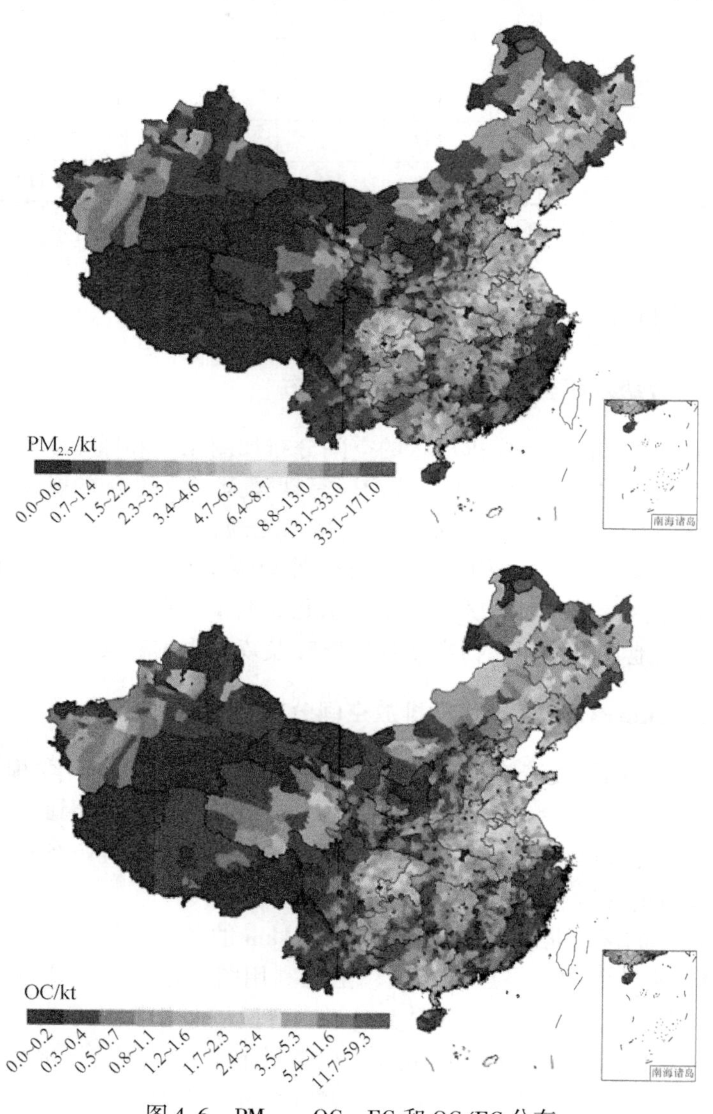

图4.6 $PM_{2.5}$、OC、EC和OC/EC分布

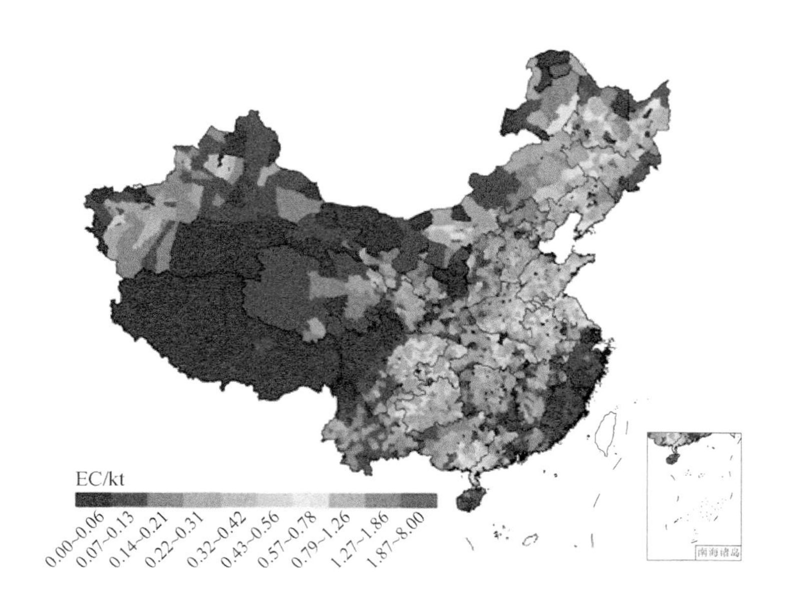

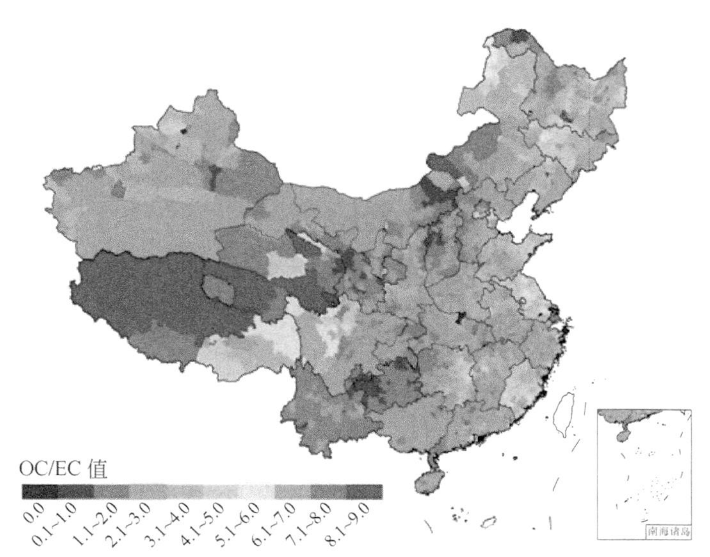

图4.6　$PM_{2.5}$、OC、EC和OC/EC分布（续）

注：不含香港、澳门和台湾数据

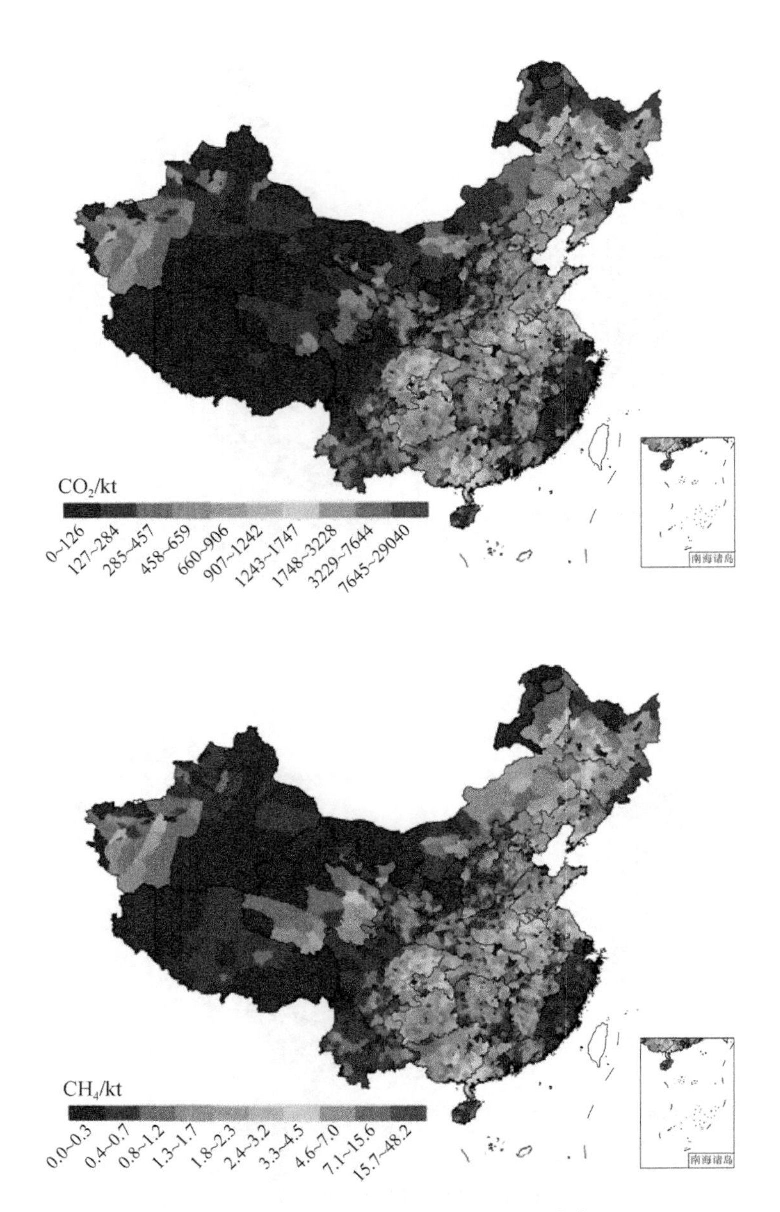

图 4.7　CO、CH_4、VOCs 和 PAHs 分布

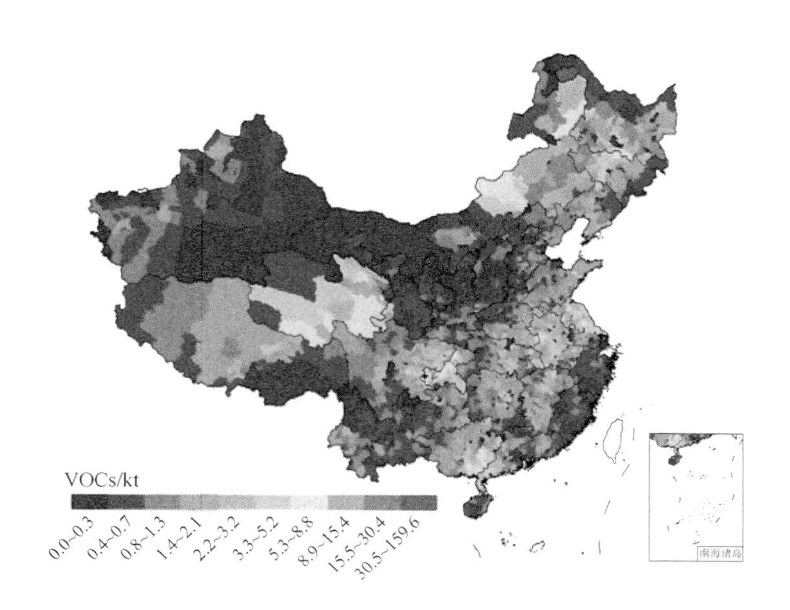

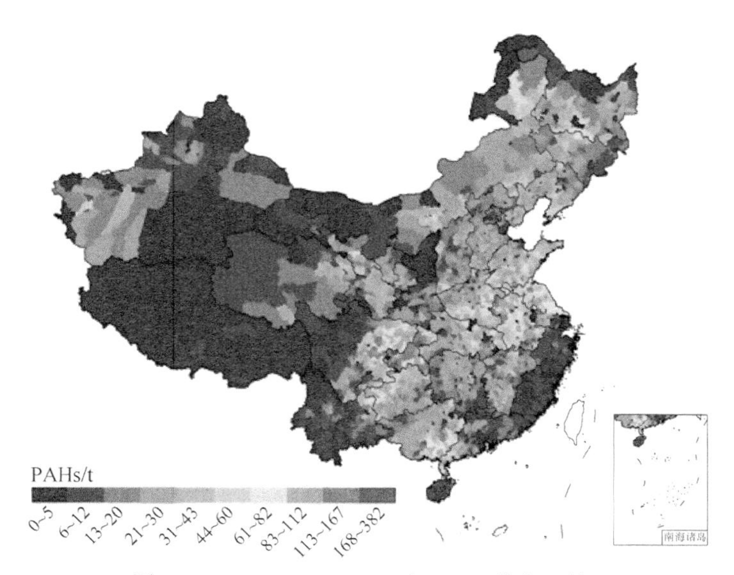

图4.7　CO、CH_4、VOCs和PAHs分布（续）

注：不含香港、澳门和台湾数据

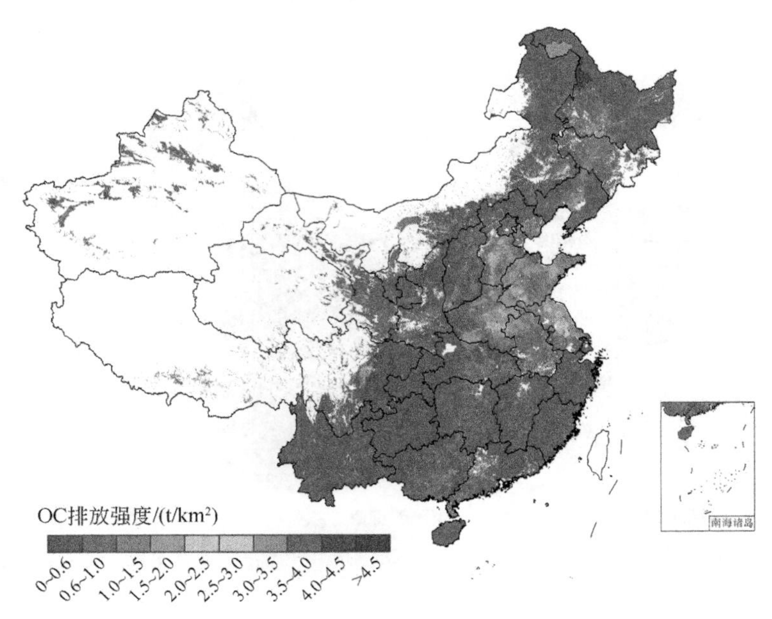

图 4.8　1km×1km OC 排放强度的空间分布

注：不含香港、澳门和台湾数据

4.2.2.3　OC/EC 空间分布

OC/EC 值是指征污染物来源的重要指标，可用来指征含碳气溶胶的排放和转化特征，评价和鉴别颗粒物的二次来源。部分研究者利用该指标分析了中国不同城市大气污染物的来源特征（Cao J J et al.，2007，2009；Qu et al.，2008；Zhang et al.，2008a，2012；罗运阔等，2010；Fu et al.，2012）。本书获得的县级水平上 OC/EC 值如图 4.6 所示。

OC/EC 比值范围为 0～9.0，其中，比值在 6.0～9.0 的县主要分布在青藏高原和内蒙古东北部，与当地牧民生活用动物粪便的燃烧排放具有较高的 OC/EC 比有关。比值在 4.0～6.0 的县主要分布在江苏、山东、福建、江西、黑龙江和吉林等地，主要由于当地秸秆资源丰富，农户使用秸秆作为主要炊事能源，且秸秆废弃焚烧的比例比较高。OC/EC 比值小于 1.0 的地区主要为贵州、山西、甘肃部分地区，这些地区煤炭资源丰富，使用煤炭作为炊事和取暖的主要能源。其他地区 OC/EC 比值在 2.0～4.0，使用薪柴和秸秆作为主要的生活能源，生物质露天焚烧总量较少。

4.2.3　对不同区域污染贡献

INTEX-B 排放清单是评估中国 2006 年污染排放量及排放分布的重要数据库，包含 CO、NMVOC、$PM_{2.5}$、BC、OC 等含碳物质的排放量（Zhang et al.，2009；数据出处 http：//mic. greenresource. cn/）。研究表明，INTEX-B 排放清单发布的 BC 等总量排放数据被证明是较为可靠的（Kondo et al.，2011）。本书尝试利用获得的生物质和农户生活煤燃烧含碳物质排放数据，评估其对不同地区的贡献。

INTEX-B 排放清单不含生物质野外焚烧（秸秆露天焚烧、森林大火、草原大火）和动物粪便用作家庭燃料的污染排放，本书将缺失的生物质露天燃烧和动物粪便燃烧排放量补充后，再进行相关计算。由于 INTEX-B 排放清单对活动水平数据做过修正，部分排放因子也以数值范围的方式提供（Streets et al.，2003a；Zhang et al.，2009），对 INTEX-B 中的生物质燃烧（除动物粪便）和家庭燃煤的排放量不做调整。贡献比及更新后的 INTEX-B 清单如表 4. 15 所示。

表 4.15　生物质燃烧对区域大气含碳污染物排放的贡献

地区	贡献比/%					更新后 INTEX-B 清单/Gg*				
	CO	NMVOC	$PM_{2.5}$	BC	OC	CO	NMVOC	$PM_{2.5}$	BC	OC
北京	6	1	13	9	19	2 615	498	94	19	21
天津	9	2	14	8	31	1 917	384	119	16	22
河北	17	5	21	15	36	16 162	1 555	1 094	146	251
山西	24	6	15	7	23	6 005	640	706	141	175
内蒙古	32	26	37	22	45	6 162	742	549	79	171
辽宁	24	8	30	23	46	8 741	1 028	623	71	160
吉林	39	12	41	27	51	4 352	557	391	52	126
黑龙江	66	36	62	40	64	8 140	1 089	836	92	290
上海	1	0	5	2	20	1 980	596	95	11	9
江苏	24	8	27	21	43	12 298	1 880	1 063	99	267
浙江	11	3	8	13	30	4 981	1 244	580	37	56
安徽	48	19	47	28	52	8 808	1 010	726	95	241
福建	9	3	10	8	10	4 011	712	360	45	136

续表

地区	贡献比/%					更新后 INTEX-B 清单/Gg*				
	CO	NMVOC	$PM_{2.5}$	BC	OC	CO	NMVOC	$PM_{2.5}$	BC	OC
江西	43	24	30	33	46	4 211	487	451	42	98
山东	27	6	30	23	53	16 485	2 168	1 472	153	332
河南	38	11	42	25	57	12 488	1 364	1 099	155	318
湖北	32	15	38	32	43	8 052	917	667	80	185
湖南	34	18	35	29	44	5 692	694	536	60	153
广东	19	5	17	24	30	8 996	1812	740	59	146
广西	79	28	58	63	62	4 481	667	388	43	111
海南	25	8	22	23	19	742	119	57	7	19
重庆	114	45	84	71	79	3 062	353	282	36	86
四川	50	21	40	24	36	11 517	1 383	951	140	367
贵州	38	14	26	20	20	4 587	494	467	92	176
云南	28	13	27	24	31	4 195	565	412	63	126
西藏	67	84	82	63	99	189	82	23	3	12
陕西	33	9	28	21	37	3 759	513	368	52	99
甘肃	31	11	30	23	36	2 789	319	240	36	63
青海	47	74	62	48	80	870	268	100	12	43
宁夏	19	5	16	12	29	1 008	134	106	12	22
新疆	32	12	38	24	45	3 044	421	241	41	78
合计	33	13	33	24	44	182 337	24 697	15 836	1 985	4 360

注：* $1Gg=10^6 kg$；香港、澳门和台湾数据暂缺

结果表明，生物质燃烧排放对区域污染物总排放量有显著的贡献。对 CO、NMVOC、$PM_{2.5}$、BC、OC 的贡献范围分别是 1%~114%、0%~84%、5%~84%、2%~71%、10%~99%。OC 的贡献分别占西藏、青海和内蒙古总排放量的 99%、80%和 45%，主要是动物粪便的使用引起的。OC 对广西、河南、山东、黑龙江等的高贡献主要与当地使用秸秆炊事取暖的量比较高有关。Woo 等（2003）基于 Trace-P 的结果，按化石燃料燃烧、生物质燃料和野外焚烧排放的贡献等情况对中国各省份进行了划分。本书的划分结果与其有一定的相似性。

由于城市大气污染物往往同时受区域源排放及污染物传输的影响，本书将生

物质燃烧排放对大气污染的贡献情况与重点城市群城市污染物来源解析的结果进行了比较研究。本书选取 2006 年前后且年均合计监测时间不小于 0.5 年的研究作为比较对象（参见表 1.3 和表 4.15），结果表明：

（1）珠三角地区 $PM_{2.5}$ 源解析结果中生物质燃烧的贡献范围为 14.1%～26.6%（Song et al.，2008；Zheng et al.，2011），与本书获得的广东省级水平上的贡献值（24%）符合性较好。

（2）长三角地区，选择上海、浙江、江苏三省份的合计贡献情况进行分析。对上海地区 2007～2010 年 VOCs 的 PMF 源解析结果为 9%（Cai et al.，2010），高于本清单确定的长三角贡献值（5.8%）。对浙江临安 1999 年 VOCs 和 CO 的源解析贡献结果为 11% 和 18%（Guo et al.，2004），也分别高于本书中对浙江省的清单贡献比（3% 和 11%）。

（3）华北平原地区，目前针对大气污染物来源解析的工作主要集中在北京（Zheng et al.，2005；Song et al.，2006a，b；Wang et al.，2008）。对背景点 2006 年大气 $PM_{2.5}$ 源解析得出的生物质燃烧贡献比为 15.6%，略高于本书结果（13%）。对 2001～2006 年北京市区大气 $PM_{2.5}$ 源解析得出的生物质燃烧贡献比为 10.2%～11.8%，略低于本书结果（13%）。早期的源解析结果表明，生物质燃烧贡献了 2000 年北京市区大气 $PM_{2.5}$ 中 OC 组分的 16.1%，略低于本书得到的 19% 的贡献值。

4.2.4　与已有研究比较

4.2.4.1　活动水平不确定性比较

本书采用相对平均偏差（relative difference，RD）来评估县级活动水平相比已有研究的改进程度，公式定义如下：

$$\mathrm{RD} = \frac{M_{\mathrm{PKU}} - M_{\mathrm{POP}}}{(M_{\mathrm{PKU}} + M_{\mathrm{POP}})/2} \times 100\% \tag{4-6}$$

式中，M_{PKU} 为本书获得的县级家庭柴草或燃煤使用量（t/a）；M_{POP} 为已有研究直接基于农村人口数量分配得到的家庭柴草或燃煤使用量（t/a）。由定义可得，RD 的绝对值越大，则采用直接基于农村人口数量分配能源消耗量的误差越大。RD 值的空间和频率分布如图 4.9 所示。

对所有县级单位农村生活生物质能消耗量（这里仅指薪柴和秸秆）估计的平均 RD 值为-12.8%，RD 绝对值大于 50% 的比例为 31.1%，表明使用县级能源结构来估算生物质能的消耗量能显著减少活动水平的不确定性。对家庭生物质能消耗量，RD（绝对值）高值主要分布在边远山区，包括青海、新疆、西藏和

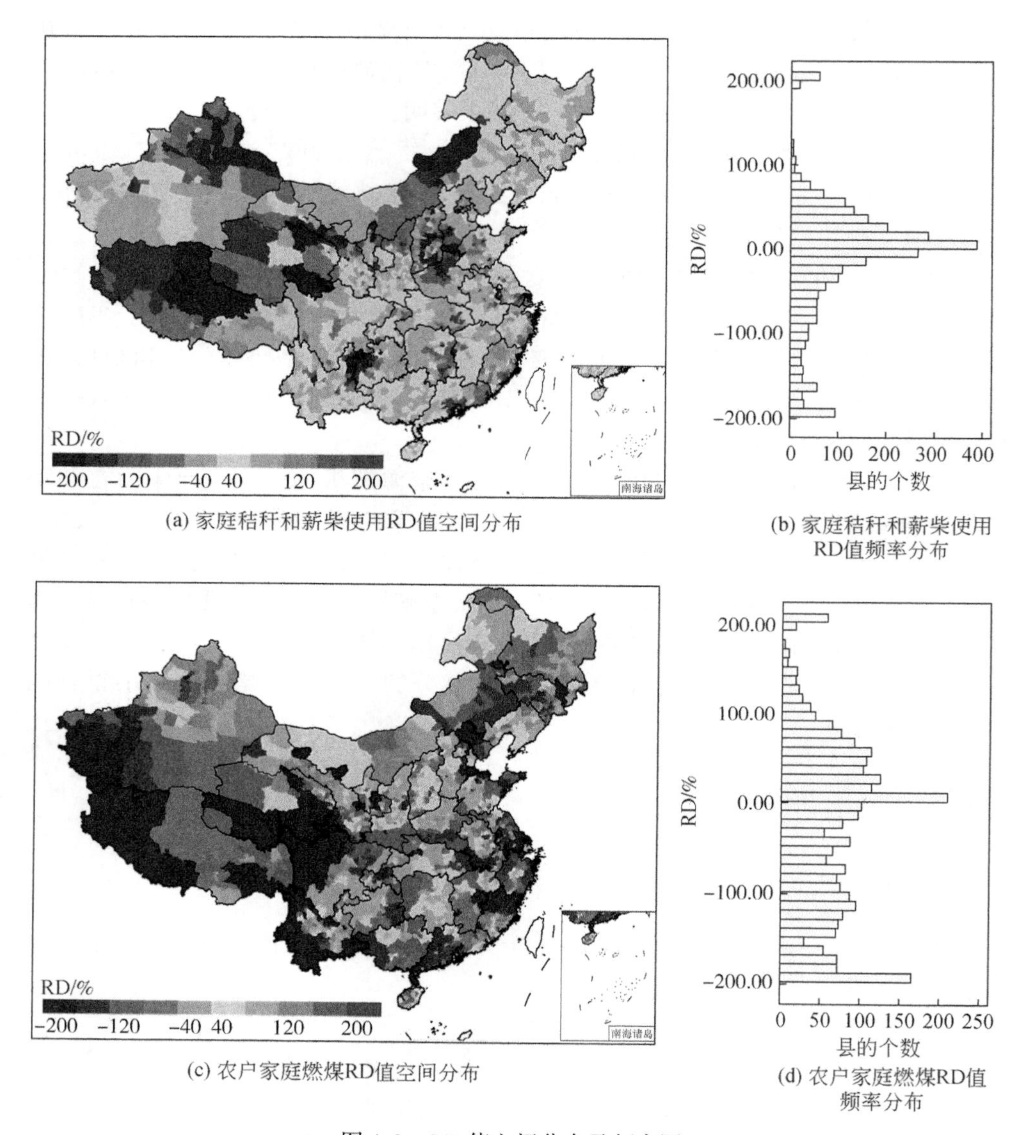

(a) 家庭秸秆和薪柴使用RD值空间分布

(b) 家庭秸秆和薪柴使用RD值频率分布

(c) 农户家庭燃煤RD值空间分布

(d) 农户家庭燃煤RD值频率分布

图 4.9 RD 值空间分布及频率图

注：不含不含香港、澳门和台湾数据

内蒙古。另外，有三个区域 RD 绝对值也显著偏大：①山西东南部、河北南部、河南北部、山东西部；②贵州与云南交界处，主要位于贵州；③珠江三角洲地区。前两个区域大部分县的生物质能使用量被显著高估，主要由于当地煤炭资源禀赋优良、农民炊事取暖使用比例高。而珠三角地区 RD 值高与当地能源结构差异较大有关，东莞、中山等地使用清洁能源的比例大，而外围的惠州、江门、肇庆等使用生物质能比例较高。由此可见，简单按照农业人口分配消耗量将显著地增加排放量空间分布的不确定性。

相比于家庭生物质能使用量的不确定性，对所有县级单位农村生活燃煤消耗量估计的平均 RD 值为-29.1%，RD 绝对值大于 50% 的比例为 71.4%，表明使用县级能源结构来估算燃煤能源的使用量能显著地减少不确定性，显著提升空间分布的可靠性。RD（绝对值）高值主要分布在边远地区，包括青海、新疆、西藏、内蒙古、云南等地。值得注意的是，在三个典型的城市群地区，包括珠江三角洲、长江三角洲和环渤海地区，RD 绝对值也比较高（实际值为负），表明采用传统的分配方法将明显高估这几个城市群边缘农村地区的燃煤消耗量，以及相应的燃煤含碳物质的排放量。

4.2.4.2　排放因子比较

本书构建的本土化排放因子库除森林大火、草原大火和动物粪便燃烧排放借鉴国外排放因子外，其余均来自实验测定和国内已有相关研究，而以往的排放清单研究多借鉴国外的排放因子，将两种来源的排放因子进行比较分析，结果如表 4.16 所示。

（1）本书排放因子内容更为全面，涵盖了 CO_2、CO、CH_4、VOCs、$PM_{2.5}$、OC、EC、PAHs 等多种含碳物质的排放因子，以往的研究多侧重 EC、OC，对其他含碳物质的关注比较少。

（2）本书排放因子的类型划分更细化，具体给出了每一类燃料燃烧的排放因子，以往的部分研究则以生物质燃料或作物秸秆统一代替，未区分燃料类型。

（3）秸秆的家庭燃烧：本书 VOCs 的排放因子显著低于已有清单，OC 和 EC 的排放因子略低于已有清单，$PM_{2.5}$的排放因子与已有清单中使用的排放因子相差不大（表 4.17）。

（4）薪柴的家庭燃烧：本书 CO_2和 CO 的排放因子低于已有清单使用的排放因子；CH_4和 VOCs 的排放因子高于已有清单；$PM_{2.5}$的排放因子与已有清单中使用的排放因子相差不大；OC 的排放因子与 Lei 等（2011）的研究接近，高于陆炳等（2011）和 Lu 等（2011）的研究；EC 的排放因子与已有清单中的差别不大。

（5）秸秆的野外焚烧：本书 CH_4和 VOCs 的排放因子低于已有清单，$PM_{2.5}$、OC 和 EC 的排放因子高于已有清单，而 EC 的排放因子与已有清单中的差别不大。以水稻、小麦、玉米三种常见秸秆为例，EF_{OC}分别为 Cao 等（2006）和 Qin 和 Xie（2011a，b）所用排放因子的 2.7 倍、1.9 倍、3.2 倍，EF_{EC}分别为其 1.1 倍、2.8 倍、1.1 倍。

表 4.16　本书排放因子与已有清单中使用的排放因子的比较　　（单位：g/kg）

类型	燃料	CO_2	CO	CH_4	VOCs	$PM_{2.5}$	OC	EC
家庭	动物粪便	2138*，1010[r]，1046[l]	83.2*，60[r]，89.8[l]	4.90*，2.7[r]，19.04[l]	0.25*，7[r]	10.23*，3.9[r]	2.45*，1.8[a]	2.34*，0.53[a]
	水稻秸秆	1202*	100*	3.55*	1.23*，8.4[b]	7.24*	2.51*	0.37*，0.52[c]
	小麦秸秆	1230*	85.1*	3.63*	1.58*，9.37[b]	4.07*	1.62*	0.37*，0.52[c]
	玉米秸秆	1660*	29.5*	3.98*	3.39*，7.34[b]	6.76*	3.63*	0.68*，0.78[c]
	棉花秸秆	1445*	93.3*	3.98*	3.39*，7.97[b]	7.41*	2.34*	1.07*，0.82[c]
	高粱秸秆	1479*	75.9*	3.98*	3.39*，7.97[b]	5.13*	1.17*	1.23*
	豆类秸秆	1318*	134.9*	3.98*	3.39*，7.97[b]	7.24*	1.07*	0.49*
	花生秸秆	1380*	120.2*	3.98*	3.39*，7.97[b]	16.98*	1.74*	2.34*
	油菜秸秆	1585*	69.2*	0.91*	3.39*，7.97[b]	4.57*	1.20*	0.93*
	芝麻秸秆	1549*	45.7*	3.55*	1.58*，7.97[b]	2.29*	0.55*	0.55*
	作物秸秆	1225[e]，965.82[i]，1437.97[j]，1273[l]	99.9[e]，92.7[f]，151.73[i]，107.07[j]；103.8[l]	5.2[e]，6.77[i]，3.62[j]；5.46[l]	5[e]，10.56[i]，5.38[j]	6.98[d]，7.7[e]，3.94[i]	3.98[d]，3.3[a]，0.7[i]，2.2[z]	1.05[d]，1[a]，2.44[x]，0.77[h]，0.41[i]，0.66[j]，0.72[w]，0.4[z]
	生物质	(1869～2028)[k]，1550[n]	(43～77)[k]，78[n]	6.1[n]	7.3[n]	7.2[n]，6.47[o]	5[k]，4[n]，4.16[o]	1[k]，(1.0–10)[m]，0.59[n]，1.07[o]
	薪柴	1023*，1131.4[i]，1587.24[j]，1658[p]，1390[l]	31.6*，65.3[f]，81.5[i]，75.93[j]，79.1[p]，85.5[l]	5.89*，2.2[i]，2.77[j]，5.5[p]，4.01[l]	25.12*，3.13[b]，1.71[i]，1.92[j]，4.2[p]	5.75*，5.58[d]，7.2[i]，4.2[p]	4.07*，(1.7～7.8)[a]，4.46[d]，0.32[i]，2.7[q]；1.2[z]	0.46*，(0.3～1.4)[a]，0.7[c]，1.12[d]，0.35[i]，1.49[h,x]，0.7[j]，0.9[q]，1.0[w]；1.5[z]

续表

类型	燃料	CO_2	CO	CH_4	VOCs	$PM_{2.5}$	OC	EC
野外	水稻秸秆	955*	57.5*	1.66*	5.75*	12.30*	5.25*，1.96[g,y]	0.56*，0.52[g,x,y]，(0.58-5.8)[m]
	小麦秸秆	1514*	91.2*	1.70*	3.39*	15.49*	7.24*，3.83[g,y]	1.48*，0.52[g,x,y]，(0.9-9.0)[m]
	玉米秸秆	1318*	77.6*	1.58*	4.37*	13.18*	5.89*，2.21[g,y]	0.87*，0.78[g,x,y]，(0.72-7.2)[m]
	甘蔗秸秆	1148*	39.8*	1.66*	10.96*	4.07*	1.26*，3.3[h]	1.23*，0.69[h]
	豆类秸秆	1698*	87.1*	2.82*	9.33*	10.00*	3.47*，3.3[h]	0.47*，0.69[h]
	棉花秸秆						1.83[g,y]	0.82[g,x,y]
	马铃薯秸秆						3.3[h]	0.69[h]
	油料作物秸秆						3.3[h]	0.69[h]
	作物秸秆	1410[i]，1445.76[j]，1515[n,s]，1192[r]，1353.5[t]，1584.9[u]，1132[v]，1537[aa]	56.5[i]，80.99[j]，86[r]，92[n,s]，76.1[t]，102.2[u]，51[v]，111[aa]	3.9[i]，3.89[j]，2.7[n,s]，4.6[r]，2.8[t]，5.8[u]，2.2[v]，6[aa]	9.74[b]，7[j,n,r,aa]，15.7[i,s]，9.8[t]，8.5[ab]	9.65[i]，3.9[n,r]，5[t]，6.3[u]，5.8[aa]	3.3[a,i,n,s,aa]，(1.5-6.2)[q]，2[t]，2.3[u]，(0.5-7.3)[z]，	0.64[c,j]，0.42[i]，0.69[a,n,s,aa]，(0.5-1.0)[q]，0.63[t]，0.8[u]，0.40[w]，(0.2-0.7)[z]

注：*为本书结果；a引自Bond等，2004；b引自Wei等，2008；c引自Cao等，2006；d引自Lei等，2011；e引自Zhang等2000；f引自张强等.，2006；g引自Cao等，2007；h引自Qin和Xie，2012；i引自陆炳等，2011；j引自田贺忠等，2011；k引自Streets等，2003b；l引自Streets和Waldhoff，1999；m引自Streets等，2001；n引自Andreae和Merlet，2001；o引自Zhang等，2007；p引自Yan等，2006；q引自Lu等，2011；r引自Ito和Penner，2004；s引自Zhang等，2009；t引自Song等，2009；u引自Huang等，2012；v引自Yevich和Logan，2003；w引自Wang等，2012. x引自Qin和Xie，2011a；y引自Qin和Xie，2011b；z引自Zhao等，2011；aa引自Wiedinmyer等，2011；ab引自Klimont等，2002

表 4.17 已有排放清单研究中 PAHs 排放因子的设定 （单位：mg/kg）

类型	燃料	NAP	ACY	ACE	FLO	PHE	ANT	FLA	PYR	BaA	CHR	BbF	BkF	BaP	IcdP	DahA	BghiP	P16	参考文献
野外	秸杆	1.2×10^{1}	3.5×10^{-1}	8.6×10^{-1}	3.6×10^{-1}	2.5×10^{0}	4.2×10^{-1}	1.1×10^{0}	1.0×10^{0}	2.9×10^{-1}	3.8×10^{-1}	1.9×10^{-1}	2.9×10^{-1}	7.8×10^{-2}	1.1×10^{-1}	1.0×10^{-2}	5.3×10^{-2}	2.0×10^{1}	Xu et al.，2006
野外	玉米	4.1×10^{-1}	2.3×10^{-1}	1.4×10^{-1}	8.0×10^{-2}	8.0×10^{-2}	2.3×10^{-1}	1.8×10^{-1}	1.2×10^{-1}	2.0×10^{-2}	1.5×10^{-1}	4.0×10^{-2}	6.0×10^{-2}	0.0×10^{0}	0.0×10^{0}	0.0×10^{0}	0.0×10^{0}	1.7×10^{0}	Zhang and Tao，2009
野外	玉米	1.9×10^{0}	5.9×10^{-1}	5.0×10^{-1}	6.9×10^{-2}	1.3×10^{0}	2.1×10^{-1}	5.8×10^{-1}	5.5×10^{-1}	1.1×10^{-1}	1.6×10^{-1}	3.0×10^{-2}	1.4×10^{-1}	2.0×10^{-2}	0.0×10^{0}	0.0×10^{0}	0.0×10^{0}	6.2×10^{0}	张彦旭，2010
野外	小麦	2.8×10^{-1}	3.0×10^{-2}	3.3×10^{-1}	4.0×10^{-2}	7.0×10^{-2}	9.0×10^{-2}	1.6×10^{-1}	1.2×10^{-1}	1.0×10^{-2}	9.0×10^{-2}	2.0×10^{-2}	5.0×10^{-2}	0.0×10^{0}	5.0×10^{-2}	0.0×10^{0}	3.0×10^{-2}	1.4×10^{0}	Zhang and Tao，2009
野外	小麦	7.4×10^{0}	4.3×10^{-2}	5.8×10^{-1}	2.9×10^{-1}	1.3×10^{0}	2.1×10^{-1}	3.9×10^{-1}	3.0×10^{-1}	9.2×10^{-2}	1.1×10^{-1}	9.8×10^{-2}	3.5×10^{-2}	3.5×10^{-2}	0.0×10^{0}	2.8×10^{-2}	3.4×10^{-2}	1.1×10^{1}	张彦旭，2010
野外	水稻	1.9×10^{0}	6.9×10^{-1}	1.0×10^{-1}	7.0×10^{-2}	1.5×10^{-1}	7.3×10^{-1}	3.6×10^{-1}	3.0×10^{-1}	8.0×10^{-2}	2.5×10^{-1}	4.0×10^{-2}	1.1×10^{-1}	1.4×10^{-1}	1.4×10^{-1}	1.8×10^{-1}	1.6×10^{-1}	5.3×10^{0}	Zhang and Tao，2009
野外	水稻	3.7×10^{-1}	3.2×10^{-1}	7.9×10^{-1}	2.2×10^{-1}	4.1×10^{0}	1.0×10^{0}	6.6×10^{0}	2.5×10^{0}	2.3×10^{0}	2.3×10^{0}	7.3×10^{-1}	5.2×10^{-1}	2.8×10^{-1}	0.0×10^{0}	4.6×10^{-1}	1.0×10^{0}	2.3×10^{1}	张彦旭，2010
野外	秸杆	4.7×10^{1}	9.5×10^{-1}	1.9×10^{0}	5.8×10^{-1}	6.7×10^{0}	1.4×10^{0}	7.6×10^{0}	3.3×10^{0}	2.5×10^{0}	2.6×10^{0}	8.6×10^{-1}	6.9×10^{-1}	3.4×10^{-1}	0.0×10^{0}	4.9×10^{-1}	1.1×10^{0}	7.8×10^{1}	段小丽等，2011
野外	秸杆				1.3×10^{0}				5.8×10^{-1}	9.3×10^{-1}	2.4×10^{-1}	1.4×10^{-1}	3.0×10^{-2}	4.0×10^{-2}	2.0×10^{-1}		2.0×10^{-2}		Inomata et al.，2012
野外	森林	1.1×10^{1}	2.2×10^{0}	1.8×10^{0}	7.5×10^{-1}	2.3×10^{0}	3.7×10^{-1}	1.6×10^{0}	1.1×10^{0}	1.6×10^{-1}	1.6×10^{-1}	5.3×10^{-2}	1.4×10^{-1}	1.0×10^{-1}	3.2×10^{-1}	1.9×10^{-1}	6.9×10^{-2}	2.2×10^{1}	张彦旭，2010
野外	森林	1.6×10^{2}	3.7×10^{1}	1.7×10^{1}	2.5×10^{1}	5.5×10^{1}	1.7×10^{1}	3.2×10^{1}	3.1×10^{1}	1.7×10^{1}	1.9×10^{1}	6.1×10^{0}	8.7×10^{0}	6.9×10^{0}	2.5×10^{0}	5.3×10^{-1}	2.8×10^{0}	4.4×10^{2}	段小丽等，2011
野外	森林				9.8×10^{-1}				6.9×10^{-1}	1.3×10^{-1}	1.4×10^{-1}	7.6×10^{-2}	8.9×10^{-2}	7.0×10^{-2}	1.6×10^{-1}		5.1×10^{-2}		Inomata et al.，2012
室内	秸杆	1.2×10^{1}	3.5×10^{-1}	8.6×10^{-1}	3.6×10^{-1}	2.5×10^{0}	4.2×10^{-1}	1.1×10^{0}	1.0×10^{0}	2.9×10^{-1}	3.8×10^{-1}	1.9×10^{-1}	2.9×10^{-1}	7.8×10^{-2}	1.1×10^{-1}	1.0×10^{-2}	5.3×10^{-2}	2.0×10^{1}	Xu et al.，2006
室内	玉米	5.1×10^{-3}	1.6×10^{-3}	1.3×10^{-3}	1.9×10^{-4}	3.4×10^{-3}	5.6×10^{-4}	1.6×10^{-3}	1.5×10^{-3}	3.0×10^{-4}	4.4×10^{-4}	8.2×10^{-5}	3.7×10^{-4}	5.4×10^{-5}	0.0×10^{0}	0.0×10^{0}	0.0×10^{0}	1.6×10^{-2}	张彦旭，2010
室内	小麦	1.1×10^{2}	3.3×10^{1}	1.1×10^{1}	2.3×10^{1}	4.1×10^{1}	1.5×10^{1}	2.6×10^{1}	2.6×10^{1}	1.6×10^{1}	1.8×10^{1}	5.4×10^{0}	7.8×10^{0}	6.6×10^{0}	2.5×10^{0}	4.0×10^{-1}	2.6×10^{0}	3.4×10^{2}	Zhang et al.，2008b
室内	小麦	2.0×10^{-2}	1.2×10^{-4}	1.6×10^{-3}	7.9×10^{-4}	3.5×10^{-3}	5.7×10^{-4}	1.1×10^{-3}	8.0×10^{-4}	2.5×10^{-4}	2.9×10^{-4}	2.6×10^{-4}	9.5×10^{-5}	9.6×10^{-5}	0.0×10^{0}	7.5×10^{-5}	9.5×10^{-4}	3.0×10^{-2}	张彦旭，2010
室内	水稻	1.1×10^{2}	3.3×10^{1}	1.1×10^{1}	2.3×10^{1}	4.1×10^{1}	1.5×10^{1}	2.6×10^{1}	2.6×10^{1}	1.6×10^{1}	1.8×10^{1}	5.4×10^{0}	7.8×10^{0}	6.6×10^{0}	2.5×10^{0}	3.8×10^{-1}	2.6×10^{0}	3.4×10^{2}	张彦旭，2010
室内	秸杆	1.6×10^{2}	3.7×10^{1}	1.7×10^{1}	2.5×10^{1}	5.5×10^{1}	1.7×10^{1}	3.2×10^{1}	3.1×10^{1}	1.7×10^{1}	1.9×10^{1}	6.1×10^{0}	8.7×10^{0}	6.9×10^{0}	2.5×10^{0}	5.3×10^{-1}	2.8×10^{0}	4.4×10^{2}	段小丽等，2011

续表

类型	燃料	NAP	ACY	ACE	FLO	PHE	ANT	FLA	PYR	BaA	CHR	BbF	BkF	BaP	IcdP	DahA	BghiP	P16	参考文献
室内	薪柴	1.6×10^{1}	3.0×10^{0}	3.5×10^{0}	2.5×10^{0}	4.6×10^{0}	1.6×10^{0}	3.0×10^{0}	2.6×10^{0}	6.9×10^{-1}	8.8×10^{-1}	4.7×10^{-1}	4.9×10^{-1}	4.0×10^{-1}	1.1×10^{0}	2.1×10^{-1}	1.0×10^{0}	4.2×10^{1}	Xu et al.，2006
室内	薪柴	4.8×10^{1}	2.5×10^{1}	8.9×10^{0}	3.8×10^{0}	1.5×10^{1}	3.7×10^{0}	6.6×10^{0}	4.3×10^{0}	1.5×10^{0}	1.2×10^{0}	7.8×10^{-1}	6.2×10^{-1}	8.3×10^{-1}	1.6×10^{-1}	3.4×10^{-1}	3.5×10^{-1}	1.2×10^{2}	张彦旭，2010
室内	薪柴	4.8×10^{1}	2.5×10^{1}	8.9×10^{0}	3.8×10^{0}	1.5×10^{1}	3.7×10^{0}	6.6×10^{0}	4.3×10^{0}	1.5×10^{0}	1.2×10^{0}	7.8×10^{-1}	6.2×10^{-1}	8.3×10^{-1}	1.6×10^{-1}	3.4×10^{-1}	3.5×10^{-1}	1.2×10^{2}	段小丽等，2011
室内	薪柴 & 秸秆				1.1×10^{0}				1.3×10^{0}	2.9×10^{-1}	3.7×10^{-1}	4.6×10^{-1}	3.9×10^{-1}	3.7×10^{-1}	3.1×10^{-1}		5.3×10^{-1}		Inomata et al.，2012
室内	生活煤	1.1×10^{1}	3.5×10^{0}	1.2×10^{-2}	1.4×10^{-2}	3.0×10^{0}	1.6×10^{0}	4.3×10^{0}	2.5×10^{0}	1.0×10^{0}	1.0×10^{0}	1.6×10^{0}	2.9×10^{-1}	1.6×10^{0}	2.0×10^{0}	3.0×10^{0}	1.2×10^{0}	3.8×10^{1}	Xu et al.，2006
室内	无烟煤	1.3×10^{-1}	2.9×10^{-2}	1.1×10^{-2}	1.0×10^{-2}	1.0×10^{-1}	6.1×10^{-3}	3.0×10^{-2}	2.2×10^{-2}	5.4×10^{-3}	1.3×10^{-3}	2.5×10^{-4}	1.4×10^{-2}	9.8×10^{-4}	8.9×10^{-4}	6.3×10^{-4}	1.8×10^{-3}	3.6×10^{-1}	张彦旭，2010
室内	烟煤	1.6×10^{1}	6.1×10^{0}	1.1×10^{1}	4.3×10^{0}	1.1×10^{1}	1.9×10^{0}	4.2×10^{0}	2.5×10^{0}	1.9×10^{0}	3.7×10^{0}	1.6×10^{0}	1.6×10^{0}	1.1×10^{0}	9.5×10^{-1}	1.9×10^{0}	2.1×10^{0}	7.2×10^{1}	张彦旭，2010
室内	烟煤	1.6×10^{1}	6.1×10^{0}	1.1×10^{1}	4.3×10^{0}	1.1×10^{1}	1.9×10^{0}	4.2×10^{0}	2.5×10^{0}	1.9×10^{0}	3.7×10^{0}	1.6×10^{0}	1.6×10^{0}	1.1×10^{0}	9.5×10^{-1}	1.9×10^{0}	2.1×10^{0}	7.2×10^{1}	段小丽等，2011
室内	燃煤				4.3×10^{0}				3.4×10^{0}	2.8×10^{0}	2.4×10^{0}	5.8×10^{0}	1.4×10^{0}	3.5×10^{0}	2.0×10^{0}		1.8×10^{0}		Inomata et al.，2012

注：张彦旭（2010）和段小丽等（2011）研究中草原大火和森林大火采用的排放因子相同

4.2.4.3 排放量比较

1）排放总量的比较

本书中全国生物质燃烧大气污染物排放量与 Streets 等（2003b）、Yan 等（2006）和曹国良等（2005）的研究结果的比较见表 4.18。Streets 等（2003b）的研究结果中各污染的排放量大多低于本书，主要原因是该文献没有考虑薪柴和秸秆家庭炉灶燃烧的排放。Streets 等（2003a）在 2000 年亚洲地区气态污染物和一次颗粒物排放清单的文章中将薪柴及秸秆等生物质燃料燃烧排放与家庭燃煤排放等一起归入家庭能源类，无法从该文献中获得生物质燃料燃烧排放量，因此不便比较。

本书和另外三篇文献在生物质燃烧包括的范围上基本一致，计算结果在多数污染物种的排放量上比较接近，但由于排放因子选取的不同，几个污染物种（如 EC 和 NMHCs 等）的排放存在一定的差异。在 EC 和 OC 排放量估算上，本书高于多数已有研究，主要在于：①2006 年森林大火排放高于历年数据，占 OC 和 EC 总排放的 12.4% 和 10.7%；②本书补充了动物粪便的排放量，占 OC 和 EC 排放的 3.8% 和 1.7%；③排放因子的选择。以薪柴家庭炉灶燃烧 EC 排放因子为例，李兴华（2007）选取 1.56g/kg，远高于本书的结果。Yan 等（2006）选取 0.59g/kg，也略高于本书结果。曹国良等（2005）参考有关文献取值为 0.285～0.41g/kg，与本书一致。

本书生物质燃烧排放 OC/EC 比值为 6.4，与 Yan 等（2006）和 Streets 等（2003a）等的计算结果接近，高于李兴华（2007）和曹国良等（2005）估算的 2.3 和 4.1，主要原因是 OC 和 EC 排放因子本土化后与已有研究中采用的国外排放因子测定结果差距较大。

表 4.18　本书全国生物质燃烧大气污染物排放量和其他研究的比较

目标年	CO_2/t	CO/t	CH_4/t	NMHCs/t	$PM_{2.5}$/t	OC/t	EC/t	出处
2006	1 041 077 629	60 800 085	2 657 560	3 233 254	5 215 158	1 907 208	478 142	本书
2003	913 786 410	47 274 154	2 115 199	2 164 541	2 981 318	1 191 285	520 675	李兴华，2007
2000	670 448 900	40 822 800	2 123 900	4 378 800	3 222 700	1 958 700	293 000	Yan et al.，2006
2000	883 883 849	39 338 122	1 931 189	7 339 774		1 309 077	316 026	曹国良等，2005
2000	280 000 000	16 000 000	540 000	2 700 000		730 000	110 000	Streets et al.，2003a

基于 INTEX-B 排放清单和 Streets 等（2003b）建立的清单，Fu 等（2012）运用 GEOS-Chem 模型模拟了 2006 年中国各地的 OC 和 EC 分布情况，并与实际的监测值进行了比对。研究结果表明，模型模拟值显著低估了 OC 和 EC 的浓度值，分别低估约 75% 和 56%，表明其使用的排放清单也低估了中国 EC 和 OC 的

排放量。在西藏等西部地区一些重要的源可能被遗漏了，特别是 OC 排放源。本书的结果补充了这一缺失。

与发达国家相比，发展中国家多环芳烃排放清单的研究尚十分缺乏，而关于生物质燃烧排放的多环芳烃量是其中不确定性最大的部分。Xu 等（2006）计算了中国 1980 ~2003 年多环芳烃排放量，发现生活用薪柴、秸秆和煤燃烧分别贡献 33.7%、25.8% 和 19.6%。Xu 等（2006）总结了国外的实验结果，构建了多环芳烃排放因子库，其使用的家庭秸秆燃烧多环芳烃的排放因子约为本书采纳值的五分之一，导致相应排放量远小于本书。张彦旭（2010）系统构建了中国 2003 年多环芳烃排放清单，首次纳入了秸秆露天焚烧的排放。由于以上清单建立时，国内尚缺乏研究生物质燃烧多环芳烃排放的信息，因此其建立的排放因子库大量采用国外的测量结果，与国内近期报道的排放因子差距极大，导致对排放量的估算存在偏差。例如，张彦旭（2010）采用的家庭小麦和玉米燃烧多环芳烃排放因子分别是本书的万分之二和万分之三，水稻则是本书采用值的 2.6 倍。因此，推测其清单将显著低估使用小麦和玉米作为主要燃料地区的多环芳烃排放量，而高估使用水稻秸秆作为主要燃料地区的多环芳烃排放量，使多环芳烃排放的空间分布存在极大偏差。Friedman 和 Selin（2012）运用 Zhang 和 Tao（2009）构建的 2004 年全球多环芳烃排放清单获得了模型模拟浓度值，并与实际值进行了比对。结果表明，Zhang 和 Tao（2009）等构建的清单可能低估了中国某些地区的排放。

Inomata 等（2012）构建了东亚地区 USEPA 推荐优控的 16 种多环芳烃 0.5°×0.5°尺度的排放清单，并模拟了东亚地区不同季节 9 种多环芳烃的浓度值。其构建的 2005 年中国多环芳烃排放清单中，来自家庭燃煤排放的占 47%，家庭生物质燃烧排放占 18%，生物质野外焚烧排放占 0.3%。本书结果认为，2006 年生物质燃烧和农户燃煤排放的 BaP 为 1021t，高于 Xu 等（2006）和张彦旭（2010）得到的结果，表明其潜在的健康风险值得注意，具体比较如表 4.19 所示。

表 4.19　中国农村典型燃烧源多环芳烃排放清单比较　（单位：t）

年份	薪柴室内	秸秆室内	农户家庭煤	森林火灾	草原火灾	秸秆焚烧	出处
2006	2 919	40 242	13 618	851	1	786	本书
2005			4 512 *,#			28.8 *	Inomata et al., 2012
2003	24 664	39 070	3 708	200	4.4	2 820.4	张彦旭，2010
2003	8 561	6 560	2 676				Xu et al., 2006

注：* 表示仅含 FLO、PYR、BaA、Chr、BaP、BbF、BkF、BghiP、IcdP 等 9 种 PAHs，Inomata 等（2012）估计的 9 种 PAHs 家庭燃烧排放总量为 1728t；# 表示含城市家庭燃煤

2）生物质露天燃烧 OC 和 EC 排放量

部分研究单独报道了生物质露天燃烧 OC 和 EC 的排放量，总结于图 4.10 和图 4.11。本书中生物质露天燃烧排放量显著高于已有研究，OC 排放量为已知文献报道值的 1.5～8.9 倍，EC 排放量为已知文献报道值的 1.4～5.7 倍，原因主要来自以下三个方面。

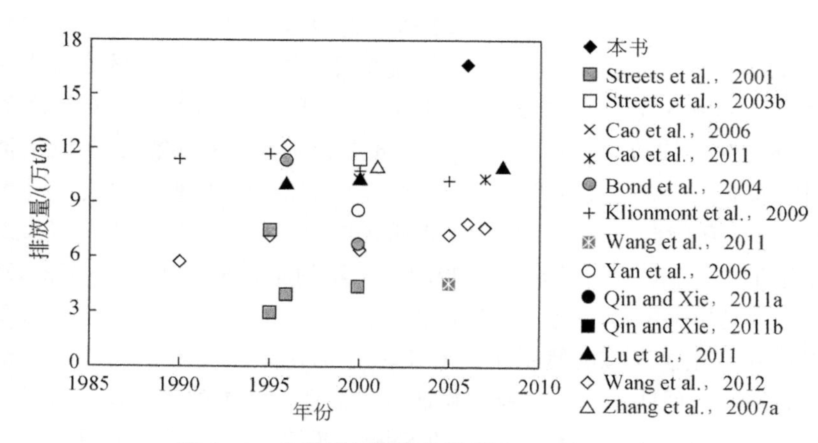

图 4.10　生物质露天燃烧排放的 EC 结果比较

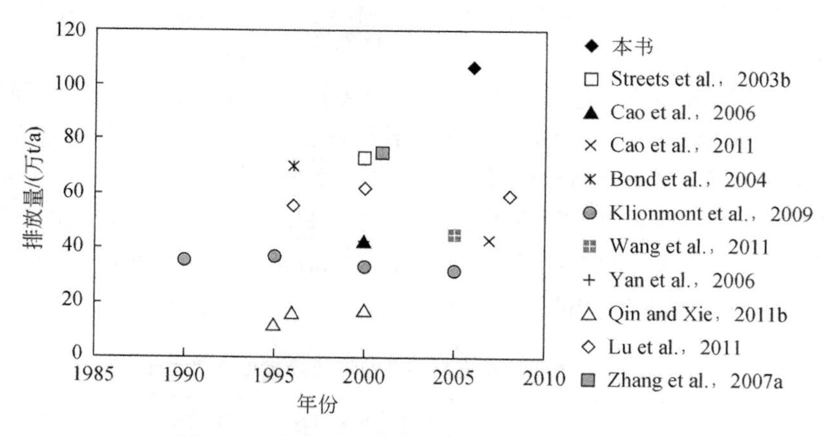

图 4.11　生物质露天燃烧排放的 OC 结果比较

（1）排放因子的影响。本书构建的本土化排放因子库中 EF_{OC}、EF_{EC}值显著高于已有清单中使用的排放因子。以水稻、小麦、玉米三种常见秸秆为例，本书中 EF_{OC}分别为 Cao 等（2007）及 Qin 和 Xie（2011a，2011b）所用排放因子的 2.7 倍、1.9 倍、3.2 倍，EF_{EC}分别为其 1.1 倍、2.8 倍、1.1 倍。

（2）森林大火的影响。2006 年全国森林火灾排放远高于历年均值，分别贡献了生物质露天焚烧 OC 和 EC 排放量的 12.4% 和 10.7%（表 4.12）。

（3）统计数据出处不同造成活动水平的差异。本书基于地级市统计年鉴粮食产量数据估算秸秆产量。地级市粮食产量合计值分别高出国家统计局报道的全国玉米、小麦、水稻总产量的 19%、7%、3%，高出甘蔗、油料、棉花、豆类全国总产量的 151%、12%、10%、7%。

4.2.4.4　与已有观测结果比较

中国大气监测网（中国气象局）在中国各地分布的测站观测到相对较高的 OC/EC 值，其中边远地区均值为 8.57，区域背景点值为 4.47，而城市点位为 2.96（Zhang et al.，2008a）。某些偏远地区受到高 OC 和 EC 的污染的影响，如 2006 年西藏纳木错地区监测到的 OC/BC 平均值高达 31.9（康世昌等，2011）。已有研究表明，Sunset NIOSH 协议分析获得的大气样品膜中 EC 值可能被低估，对受生物质燃烧源排放影响的样品膜分析结果偏差更为显著，直接造成 OC/EC 比值的高估（Cheng et al.，2010，2011a，2011b）。因此，本书仅筛选通过 IMPROVE 协议测定获得的 OC/EC 比值结果，并列出了本书构建的“自下而上”清单中地级市水平上的生物质燃烧和农户燃煤排放的 OC/EC 比值，见表 4.20。

表 4.20　清单 OC/EC 比值与已有观测结果的比对

地点	所属地级市	类型	实测 OC/EC	模拟值 BU-EI	模拟值 TD-EI	清单值* OC/EC	参考文献
番禺	广州	城市	2.6，2.8，2.2	2.9	2.4	3.3	[1]，[2]，[10]
	郑州	城市	2.9，3.2	2.1	2.7	3.1	[1]，[2]
	成都	城市	3.3，3.4	2.6	2.2	2.6	[1]，[2]
	西安	城市	3.1，3.4，4.5，4.6	2.1	3.0	4.1	[1]，[2]，[3]，[9]
	南宁	城市	4.7，4.5	3.9	2.9	2.9	[1]，[2]
	大连	城市	3.9，3.8	2.7	3.0	3.4	[1]，[2]
	北京	城市	3.8	1.9	2.9	3.2	[3]
	长春	城市	3.2	2.2	3.0	4.6	[3]
	金昌	城市	4.7	3.8	3.7	2.3	[3]
	青岛	城市	4.1	2.5	2.8	5.0	[3]
	天津	城市	4.5	2.0	2.9	5.1	[3]
	榆林	城市	3.7	3.1	3.4	2.8	[3]
	重庆	城市	4.1	2.8	2.2	2.7	[3]

续表

地点	所属地级市	类型	实测 OC/EC	模拟值 BU-EI	模拟值 TD-EI	清单值* OC/EC	参考文献
	广州	城市	2.9	2.9	2.1	3.3	[3]
	杭州	城市	3.7	2.7	2.4	3.4	[3]
	上海	城市	3.7	1.6	1.9	7.6	[3]
	武汉	城市	4.6	2.5	2.4	3.4	[3]
	厦门	城市	3.3	3.3	0.9	5.5	[3]
固城	保定	城郊	3.6, 3.5	1.8	2.7	2.9	[1], [2]
	肇庆	城郊	2.3			3.2	[10]
太阳山	常德	农村	6.0, 5.1	3.0	2.8	3.3	[1], [2]
龙凤山	哈尔滨	农村	8.5, 6.4	2.9	3.2	4.5	[1], [2]
敦煌	酒泉	农村	8.7, 7.4	4.6	3.7	3.0	[1], [2]
临安	杭州	农村	3.5, 3.5, 4.6	2.5	2.3	3.4	[1], [2]
金沙	咸宁	农村	6.0, 5.1	3.6	2.9	3.0	[1], [2]
	拉萨	农村	6.5, 5.7	5.5	4.9	6.7	[1], [2]
皋兰山	兰州	农村	5.9, 5.0	2.7	3.2	1.5	[1], [2]
上甸子	北京	农村	5.3			3.2	[1]
镇北台	榆林	农村	4.2			2.8	[1]
朱张	迪庆	边远	11.9, 9.1, 9.1, 8.8, 9.4	5.3	4.7	2.4	[1], [2], [5], [6], [7]
阿克达拉	阿勒泰	边远	12.2, 8.3, 8.3, 9.6, 10.0	3.4	3.6	2.8	[1], [2], [5], [6], [7]
慕士塔格	喀什	边远	8.7	5.3	4.7	3.2	[4]
乌苏木	阿拉善	边远	7.0	2.4	2.8	3.2	[8]

注：①所有监测值均为2003～2007年，监测时长一般在半年以上。文献［1］Zhang等（2008a）；［2］Zhang等（2012）；［3］Cao等（2007），为2003年夏季值与冬季值的均值；［4］Cao等（2009）；［5］Qu等（2008）；［6］Qu等（2010）；［7］Qu等（2009）；［8］Han等（2008）；［9］Han等（2010）；［10］Ho等（2011）。②源清单数据来自Fu等（2012），模拟结果来自Zhang等（2012），BU-EI为基于“自下而上”法清单，运用GEOS-Chem模型模拟输出OC/EC值；TD-EI为基于“自上而下”法清单结果，运用GEOS-Chem模型模拟输出OC/EC值。③＊本书清单值为监测点位所在地级市OC/EC比值

尽管现有源排放清单尚不完善，缺少电厂、工业、交通等的源排放数据，但现有结果仍显著提升了城市地区“自下而上”清单OC/EC的比值，有利于更好地解释城市地区大气中OC和EC的来源。对于农村地区，本书构建的清单可以解释拉萨等地区的OC/EC高比值，但是对于其他农村地区的高OC/EC比值的解

释还需进一步探索，特别是针对偏远地区极高的OC/EC值，现有清单解释能力仍较弱。研究表明，OC在大气中的滞留时间为1.2～1.8d，而EC在大气中的滞留时间可达4.1～5.7d，实际大气中观测的OC/EC比值应低于其源排放的相应比值（Pan et al.，2013）。因此，本书推测大气中的OC/EC高比值可能主要有两个原因：①OC的二次生成；②偏远地区可能受本地源排放的影响，如受所在地区农田焚烧秸秆或农户家庭使用燃料的排放影响。

4.2.5　清单不确定性分析

本书采用Streets等（2003b）估算排放清单的不确定性方法来估计2006年全国生物质燃烧及农户燃煤含碳物质排放量的不确定性。该方法原理参见1.4.4节。

影响排放量估算的主要因素有燃烧量、排放因子等。由于生物质作为家庭能源量和农户生活用煤量的官方统计数据不确定性较高，本书中秸秆和薪柴作为燃料消耗量的不确定性取为20%。考虑森林火灾和草原火灾除火烧面积统计的不确定性外，还存在生物荷载量和燃烧效率的不确定性，将森林火灾和草原火灾生物质燃烧量的不确定性取为100%。秸秆露天焚烧量的数据结合政府调研数据和卫星遥感数据等确定，依据专家意见，其不确定性取为40%。

对薪柴和秸秆家庭炉灶燃烧、秸秆露天焚烧、农户家庭燃煤，其不确定性取构建的本土化数据库所纳入的排放因子集的相对标准偏差，对于只有单次测量结果报道的，排放因子取对数值后，标准偏差设定为0.5（表4.21），森林火灾和草原火灾的排放因子总结自国外数据，获得排放因子的标准偏差。

排放清单的不确定性计算结果列于表4.21。结果显示，森林火灾和草原火灾的不确定度相对较高，原因是活动水平和排放因子的不确定性均比较高；本书的不确定度显著低于Streets等（2003b）的结果，略低于李兴华（2007）等的估算结果。

表4.21　95%置信度下各种燃烧方式排放的不确定度　　（单位：%）

燃烧方式	CO_2	CO	CH_4	VOCs	$PM_{2.5}$	OC	EC	PAHs
秸秆露天焚烧	85	103	151	240	105	102	95	169
秸秆炉灶燃烧	93	85	235	215	95	105	85	154
薪柴炉灶燃烧	91	107	189	243	85	97	82	139
动物粪便	133	154	170	225	167	178	185	195
农户燃煤	87	60	120	169	97	83	101	112
森林火灾	145	155	198	227	148	176	154	203

续表

燃烧方式	CO_2	CO	CH_4	VOCs	$PM_{2.5}$	OC	EC	PAHs
草原火灾	165	210	249	245	177	180	195	206
平均	59	92	147	156	78	65	55	124

参考文献

毕于运. 2010. 秸秆资源评价与利用研究. 北京：中国农业科学院博士学位论文.

曹国良，张小曳，王丹，等. 2005a. 中国大陆生物质燃烧排放的污染物清单. 中国环境科学，25（4）：389-393.

曹国良，张小曳，王丹，等. 2005b. 秸秆秸秆露天焚烧排放的TSP等污染物清单. 农业环境科学学报，24（4）：800-804.

曹国良，张小曳，郑方成，等. 2006. 中国大陆秸秆露天焚烧的量的估算. 资源科学，28（1）：9-13.

曹国良，张小曳，王亚强，等. 2007. 中国区域农田秸秆露天焚烧排放量的估算. 科学通报，52（15）：1826-1831.

陈鹏飞. 2011. 青藏高原纳木错地区牧民室内空气污染特征. 北京：中国科学院硕士学位论文.

段小丽，陶澍，徐东群，等. 2011. 多环芳烃的人体暴露和健康风险评价方法. 北京：中国环境科学出版社.

高祥照，马文奇，马常宝，等. 2002. 中国作物秸秆资源利用现状分析. 华中农业大学学报，21（3）：242-247.

国家环境保护总局. 2005. 全国生态现状调查与评估西北卷. 北京：中国环境科学出版社.

国家林业局. 2007. 中国林业年鉴2006. 北京：中国林业出版社.

国家统计局. 2007. 中国统计年鉴2007. 北京：中国统计出版社.

康世昌，杨永平，朱立平，等. 2011. 青藏高原纳木错流域现代环境过程及其变化. 北京：气象出版社.

李兴华. 2007. 生物质燃烧大气污染物排放特征研究. 北京：清华大学博士学位论文.

刘建胜. 2005. 我国秸秆资源分布及利用现状的分析. 北京：中国农业大学硕士学位论文.

陆炳，孔少飞，韩斌，等. 2011. 2007年中国大陆地区生物质燃烧排放污染物清单. 中国环境科学，31（2）：186-194.

罗运阔，陈尊裕，张轶男，等. 2010. 中国南部四背景地区春季大气碳质气溶胶特征与来源. 中国环境科学，30（11）：1543-1549.

农业部. 2007. 农业部全国草原监测报告. 中国牧业通讯，（9）：28-33.

朴世龙，方精云，贺金生，等. 2004. 中国草地植被生物量及其空间分布格局. 植物生态学报，28（4）：491-498.

沈国锋. 2012. 室内固体燃料燃烧产生的碳颗粒物和多环芳烃的排放因子及影响因素. 北京：

北京大学博士学位论文.
陶澍. 1994. 应用数理统计. 北京：中国环境科学出版社.
田贺忠，赵丹，王艳. 2011. 中国生物质燃烧大气污染物排放清单. 环境科学学报，31（2）：349-357.
田晓瑞，舒立福，王明玉. 2003. 1991～2000年中国森林火灾直接释放碳量估算. 火灾科学，12（1）：6-10.
王书肖，张楚莹. 2008. 中国秸秆露天焚烧大气污染物排放时空分布. 中国科技论文在线，3（5）：329-333.
王效科，冯宗炜，庄亚辉. 2001. 中国森林火灾释放的 CO_2、CO 和 CH_4 研究. 林业科学，37（1）：90-95.
张强，Klimont Z，Streets D G，等. 2006. 中国人为源颗粒物排放模型及2001年排放清单估算. 自然科学进展，16（2）：223-231.
张彦旭. 2010. 中国多环芳烃的排放、大气迁移及肺癌风险. 北京：北京大学博士学位论文.
中国畜牧业年鉴编辑委员会. 2007. 中国畜牧业年鉴. 北京：中国农业出版社.
祝斌. 2004. 典型地区农作物秸秆燃烧有机物源成分谱及有机示踪物的研究. 北京：北京大学硕士学位论文.
Andreae M O，Merlet P. 2001. Emission of trace gases and aerosols from biomass burning. Global BiogeochemicalCycles，15：955-966.
Bond T C，Streets D G，Yarber K F，et al. 2004. A technology-based global inventory of black and organic carbon emissions from combustion. Journal of Geophysical Research，109（D14）：1149-1165.
Cai C，Geng F，Tie X，et al. 2010. Characteristics and source apportionment of VOCs measured in Shanghai，China. Atmospheric Environment，44（38）：5005-5014.
Cao G L，Zhang X Y，Zheng F C. 2006. Inventory of black carbon and organic carbon emissions from China. Atmospheric Environment，40：6516-6527.
Cao G L，Zhang X Y，Wang Y Q，et al. 2007. Estimation of China's regional agricultural waste open burning emissions. Chinese Science Bulletin，52：1826-1831.
Cao G L，Zhang X Y，Gong S L，et al. 2008. Investigation on emission factors of particulate matter and gaseous pollutants from crop residue burning. Journal of Environmental Sciences，20（1）：50-55.
Cao J J，Lee S C，Chow J C，et al. 2007. Spatial and seasonal distributions of carbonaceous aerosols over China. Journal of Geophysical Research Atmospheres，112（D22）11-22.
Cao J J，Xu B Q，He J Q，et al. 2009. Concentrations，seasonal variations，and transport of carbonaceous aerosol at a remote mountainous region in Western China. Atmospheric Environment，43：4444-4452.
Chen L W，Moosmuller H，Arnott W P，et al. 2007. Emissions from laboratory combustion of wildland fuels：Emission factors and source profiles. Environmental Science and Technology，41：4317-4325.
Chen Y J，Zhi G R，Feng Y L，et al. 2009. Measurements of black and organic carbon emission

factors for household coal combustion in China: Implication for emission reduction. Environmental Science and Technology, 43: 9495-9500.

Cheng Y, He K B, Duan F K, et al. 2010. Improved measurement of carbonaceous aerosol: Evaluation of the sampling artifacts and inter-comparison of the thermal-optical analysis methods. Atmospheric Chemistry and Physics, 10: 8533-8548.

Cheng Y, He K B, Duan F K, et al. 2011a. Ambient organic carbon to elemental carbon ratios: Influences of the measurement methods and implications. Atmospheric Environment, 45: 2060-2066.

Cheng Y, Zheng M, He K B, et al. 2011b. Comparison of two thermal-optical methods for the determination of organic carbon and elemental carbon: Results from the southeastern United States. Atmospheric Environment, 45: 1913-1918.

Feng T T, Cheng S K, Min Q W, et al. 2009. Productive use of bioenergy for rural household in ecological fragile area, Panam County, Tibet in China: The case of the residential biogas model. Renewable and Sustainable Energy Reviews, 13: 2070-2078.

Friedman C L, Selin N E. 2012. Long- range atmospheric transport of polycyclic aromatic hydrocarbons: A global 3-D model analysis including evaluation of arctic sources. Environmental Science and Technology, 6: 9501-9510.

Fu T M, Cao J J, Zhang X Y, et al. 2012. Carbonaceous aerosols in China: Top-down constraints on primary sources and estimation of secondary contribution. Atmospheric Chemistry and Physics, 12: 2725-2746.

Guo H, Wang T, Simpson I J, et al. 2004. Source contributions to ambient VOCs and CO at a rural site in Eastern China. Atmospheric Environment, 38: 4551-4560.

Han Y M, Cao J J, Lee S C, et al. 2010. Different characteristics of char and soot in the atmosphere and their ratio as an indicator for source identification in Xi'an, China, Atmospheric Chemistry and Physics, 10, 595-607.

Han Y M, Han Z W, Cao J J, et al. 2008. Distribution and origin of carbonaceous aerosol over a rural high-mountain lake area, Northern China and its transport significance. Atmospheric Environment, 42: 2405-2414.

Ho K F, Ho S S H, Lee S C, et al. 2011. Summer and winter variations of dicarboxylic acids, fatty acids and benzoic acid in $PM_{2.5}$ in Pearl Delta River Region, China. Atmospheric Chemistry and Physics, 11: 2197-2208.

Huang X, Li M M, Friedli H R, et al. 2011. Mercury emissions from biomass burning in China. Environmental Science and Technology, 45: 9442-9448.

Huang X, Li M M, Li J F, et al. 2012. A high-resolution emission inventory of crop burning in fields in China based on MODIS Thermal Anomalies/Fire products. Atmospheric Environment, 50: 9-15.

Inomata Y, Kajino M, Sato K, et al. 2012. Emission and atmospheric transport of particulate PAHs in Northeast Asia. Environmental Science and Technology, 46: 4941-4949.

Ito A, Penner J E. 2004. Global estimates of biomass burning emissions based on satellite imagery for the year 2000. Journal of Geophysical Research Atmospheres, 109 (D14) 839-856.

Klimont Z, Streets D G, Gupta S, et al. 2002. Anthropogenic emissions of non- methane volatile organic compounds in China. Atmospheric Environment, 36: 1309-1322.

Kondo Y, Oshima N, Kajino M, et al. 2011. Emissions of black carbon in East Asia estimated from observations at a remote site in the East China Sea. Journal of Geophysical Research Atmospheres, 116 (D16) 971-978.

Lei Y, Zhang Q, He K B, et al. 2011. Primary anthropogenic aerosol emission trends for China, 1990-2005. Atmospheric Chemistry and Physics, 11: 931-954.

Li X H, Wang S X, Duan L, et al. 2009. Carbonaceous aerosol emissions from household biofuel combustion in China. Environmental Science and Technology, 43 (573): 6076-6081.

Liu G, Lucas M, Shen L. 2008. Rural household energy consumption and its impacts on eco-environment in Tibet: Taking Taktse county as an example. Renewable and Sustainable Energy Reviews, 12: 1890-1908.

Lu H, Zhu L, Zhu N. 2009. Polycyclic aromatic hydrocarbon emissions from straw burning and the influenceof combustion parameters. Atmospheric Environment, 43: 978-983.

Lu Z, Zhang Q, Streets D G. 2011. Sulfur dioxide and primary carbonaceous aerosol emissions in China and India, 1996-2010. Atmospheric Chemistry and Physics, 11: 9839-9864.

Oros D R, Simoneit B R T. 2001. Identification and emission rates of molecular tracers in organic aerosols from biomass burning Part 1. Temperate climate conifers. Applied Geochemistry, 16: 1513-1544.

Pan X L, Kanaya Y, Wang Z F, et al. 2013. Variations of carbonaceous aerosols from open crop residue burning with transport and its implication to estimate their lifetimes. Atmospheric Environment, 74: 301-310.

Parashar D C, Gadi R, Mandala T K, et al. 2005. Carbonaceous aerosol emissions from India. Atmospheric Environment, 39: 7861-7871.

Ping X G, Jiang Z G, Li C W. 2011. Status and future perspectives of energy consumption and its ecological impacts in the Qinghai- Tibet region. Renewable and Sustainable Energy Reviews, 15: 514-523.

Qin Y, Xie S D. 2011a. Estimation of county-level black carbon emissions and its spatial distribution in China in 2000. Atmospheric Environment, 45: 6995-7004.

Qin Y, Xie S D. 2011b. Historical estimation of carbonaceous aerosol emissions from biomass open burning in China for the period 1990-2005. Environmental Pollution, 159: 3316-3323.

Qin Y, Xie S D. 2012. Spatial and temporal variation of anthropogenic black carbon emissions in China for the period 1980-2009. Atmospheric Chemistry and Physics, 12: 4825-4841.

Qu W J, Zhang X Y, Arimoto R, et al. 2008. Chemical composition of the background aerosol at two sites in southwestern and northwestern China: Potential influences of regional transport. Tellus, 60B: 657-673.

Qu W J, Zhang X Y, Arimoto R, et al. 2009. Aerosol background at two remote CAWNET sites in

Western China. Science of the Total Environment, 407: 3518-3529.

Qu W J, Wang D, Wang Y Q, et al. 2010. Seasonal variation, source, and regional representativeness of the background aerosol from two remote sites in Western China. Environmental Monitoring and Assessment, 167: 265-288.

Shen G F, Yang Y F, Wang W, et al. 2010. Emission factors of particulate matter and elemental carbon for crop residues and coals burned in typical household stoves in China. Environmental Science and Technology, 44: 7157-7162.

Song Y, Xie S D, Zhang Y H, et al. 2006a. Source apportionment of PM2. 5 in Beijing using principal component analysis/absolute principal component scores and UNMIX. Science of the Total Environment, 372 (1): 278-286.

Song Y, Zhang Y H, Xie S D, et al. 2006b. Source apportionment of PM2. 5 in Beijing by positive matrix factorization. Atmospheric Environment, 40: 1526-1537.

Song Y, Dai W, Cui M M, et al. 2008. Identifying dominant sources of respirable suspended particulate in Guangzhou, China. Environmental Engineering Science, 25: 959-968.

Song Y, Liu B, Miao W J, et al. 2009. Spatiotemporal variation in nonagricultural open fire emissions in China from 2000 to 2007. Global Biogeochemical Cycles, 23 (2): 65-65.

Streets D G, Waldhoff S T. 1999. Greenhouse-gas emissions from biofuel combustion in Asia. Energy, 24 (10): 841-855.

Streets D G, Gupta S, Waldho S T, et al. 2001. Black carbon emissions in China. Atmospheric Environment, 35: 4281-4296.

Streets D G, Yarber K F, Woo J H, et al. 2003a. Biomass burning in Asia: Annual and seasonal estimates and atmospheric emissions. Global Biogeochemical Cycles, 17 (4): 1759-1768.

Streets D G, Bond T C, Carmichael G R, et al. 2003b. An inventory of gaseous and primary aerosol emissions in Asia in the year 2000. Journal of Geophysical Research-Atmospheres, 108: 8809.

Wei W, Wang S X, Chatani S, et al. 2008. Emission and speciation of non-methane volatile organic compounds from anthropogenic sources in China. Atmospheric Environment, 42: 4976-4988.

Wang H L, Zhuang Y H, Wang Y, et al. 2008. Long-term monitoring and source apportionment of $PM_{2.5}/PM_{10}$ in Beijing, China. Journal of Environmental Sciences, 20: 1323-1327.

Wang R, Tao S, Wang W T, et al. 2012. Black Carbon Emissions in China from 1949 to 2050. Environmental Science and Technology, 46: 7595-7603.

Wei W, Wang S X, Hao J M. 2011. Projection of anthropogenic volatile organic compounds (VOCs) emissions in China for the period 2010-2020. Atmospheric Environment, 45 (38): 6863-6871.

Wiedinmyer C, Akagi S K, Yokelson R J, et al. 2011. The fire inventory from NCAR (FINN): A high resolution global model to estimate the emissions from open burning. Geoscientific Model Development, 4: 625-641.

Woo J H, Streets D G, Carmichael G R, et al. 2003. Contribution of biomass and biofuel emissions to trace gas distributions in Asia during the TRACE-P experiment. Journal of Geophysical Research Atmospheres, 108 (D21): 8812.

Xu S S, Liu W X, Tao S. 2006. Emission of polycyclic aromatic hydrocarbons in China. Environmental Science and Technology, 40: 702-708.

Yan X Y, Ohara T, Akimoto H. 2006. Bottom- up estimate of biomass burning in mainland China. Atmospheric Environment, 40 (27): 5262-5273.

Yevich R, Logan J A. 2003. An assessment of biofuel use and burning of agricultural waste in the developing world. Global Biogeochemistry Cycles, 17 (4): 1095.

Zhang J, Ma Y, Ye S, et al. 2000. Greenhouse gases and other airborne pollutants from household stoves in China: A database for emission factors. Atmospheric Environment, 34: 4537-4549.

Zhang Q, Streets D G, He K, et al. 2007. Major components of China's anthropogenic primary particulate emissions. Environmental Research Letters, 2 (4): 045027.

Zhang Q, Streets D G, Carmichael G R, et al. 2009. Asian emissions in 2006 for the NASA INTEX-B mission. Atmospheric Chemistry and Physics, 9: 5131-5153.

Zhang X Y, Wang Y Q, Niu T, et al. 2012. Atmospheric aerosol compositions in China: Spatial/temporal variability, chemical signature, regional haze distribution and comparisons with global aerosols. Atmospheric Chemistry and Physics, 12: 779-799.

Zhang X Y, Wang Y Q, Zhang X C, et al. 2008. Carbonaceous aerosol composition over various regions of China during 2006. Journal of Geophysical Research Atmospheres, 113 (D14) 111.

Zhang Y, Tao S. 2009. Global atmospheric emission inventory of polycyclic aromatic hydrocarbons (PAHs) for 2004. Atmosphere Environment, 43: 812-819.

Zhang Y, Dou H, Chang B, et al. 2008. Emission of polycyclic aromatic hydrocarbons form indoor straw burning and emission inventory updating in China. Annals of the New York Academy of Science, 1140: 218-227.

Zhao Y, Nielsen C P, Lei Y, et al. 2011. Quantifying the uncertainties of a bottom- up emission inventory of anthropogenic atmospheric pollutants in China. Atmospheric Chemistry and Physics, 11: 2295-2308.

Zheng M, Salmon L G, Schauer J J, et al. 2005. Seasonal trends in $PM_{2.5}$ source contributions in Beijing, China. Atmospheric Environment, 39: 3967-3976.

Zheng M, Wang F, Hagler G S W, et al. 2011. Sources of excess urban carbonaceous aerosol in the Pearl River Delta Region, China. Atmospheric Environment, 45: 1175-1182.

Zhi G R, Chen Y J, Feng Y L, et al. 2008. Emission characteristics of carbonaceous particles from various residential coal-stoves in China. Environmental Science and Technology, 42: 3310-3315.

第 5 章　高分辨率生物质燃烧含碳气溶胶排放案例研究

作为中国经济发展最为迅猛、人口高度密集的地区，珠江三角洲地区的空气污染状况严重（Cao et al.，2003a，b；Deng et al.，2008）。而随着我国城市群区域性大气污染问题的日益加剧，构建完善的区域大气污染物排放清单逐渐成为开展区域联防联控的重要基础。郑君瑜等（Zheng et al.，2009，2010，2012；He et al.，2011）系统研究了珠三角地区的大气污染物排放清单及其时空分布规律。黄成等（2011）构建了长三角地区的人为源大气污染物排放清单。但是，具体到某一区域农村地区燃烧源排放的研究相对较少，其对区域大气污染的贡献有待进一步明确。

随着珠江三角洲地区经济的快速发展和城市化加剧，大量生物质被弃置野外并露天焚烧。一方面，该地区农村居民传统的生物质利用模式发生了巨大变化，商品能源进入农户家庭，导致传统的生物质能源利用比例下降。而在珠江三角洲外围地区，农户炊事等使用薪柴和秸秆的情况仍十分普遍。另一方面，珠江三角洲地区是广东省重要的农产品商品基地，农业生产机械化水平高，联合收割机等在水稻轮作系统中得到广泛应用，导致每年夏、秋收期间在田地里留下大量秸秆，部分在田间直接焚烧处理。生物质燃烧释放大量的含碳污染物，可随气团长距离传输，进一步恶化城市空气质量，加重局地城市群污染、危害人群健康，因此受到了持续的关注（He et al.，2011）。

已有的珠江三角洲地区生物质燃烧排放的相关研究存在一定的局限性，主要体现在：①生物质燃烧排放的研究工作主要集中在广东省级层面，且计算部分内容不完整（曹国良等，2004，2005a，2005b，2006；刘源，2006；李兴华，2007；Zhang et al.，2008）如表 5.1 所示。例如，Zhang 等（2008）只估计了三种主要秸秆（水稻、玉米、小麦）在广东地区的燃烧排放。Zheng 等（2009）估算了珠江三角洲生物质燃烧污染物排放，但缺乏城市水平上的排放研究，也忽略了该地区森林火灾的污染物排放。②本土化排放因子缺失。已有研究多采用国外发达国家测定的排放因子，未考虑其本地适用性。部分研究对秸秆野外焚烧排放采用简化后单一排放因子，可能造成较大偏差（Zheng et al.，2009）。③已有研究中关于作物秸秆焚烧量的不确定性较大。高祥照等（2002）研究认为广东省秸秆焚烧比例为7.6%，明显低于其他学者的评价。林日强和宋丹丽（2002）推算广东省农作物秸秆露天焚烧及弃置比例高达32.4%。李兴华（2007）于2006年对广东省秸秆使用情况做过问卷调查，得到秸秆露天焚烧比为19.7%。Cao等（2006）估计2000~2003年广东省秸秆焚烧比为36.5%。王书肖和张楚莹（2008）通过问卷调研的方式，得到广东省2006年农作物秸秆露天焚烧比例为32.9%。

表5.1　广东省及珠江三角洲生物质燃烧主要污染物排放量　（单位：t）

类型	地区	年份	$PM_{2.5}$	CO	VOCs	EC	文献来源
生物质燃烧	广东	2000	102 173	1 414 117	329 995	10 799	曹国良等，2004，2005a
生物质燃烧	广东	2003		276 600	58 500	2 600	曹国良等，2005b
生物质燃烧	广东	2000		484 690		3580	Streets et al.，2003a
生物质燃烧	广东	2002	114 866	1 929 695	84 762	19 872	李兴华，2007
三种主要秸秆	广东	2004		340 490			Zhang et al.，2008
生物质燃烧	PRD	2003	31 834	489 395	45 996	4 860	He et al.，2011
生物质燃烧	PRD	2004	31 670	490 767	45 917	4 881	He et al.，2011
生物质燃烧	PRD	2005	31 035	481 585	44 988	4 810	He et al.，2011
生物质燃烧	PRD	2006	27 703	426 485	34 000	6511	He et al.，2011
生物质燃烧	PRD	2007	25 430	407 656	32 433	6 028	He et al.，2011

注：Streets等（2003）的研究结果不包括家庭薪柴及秸秆使用排放；PRD表示珠江三角洲地区

目前，卫星遥感能在何种尺度上反映农田秸秆的焚烧状况研究较少，难以评估其可靠性。及时准确地监测秸秆焚烧的空间分布和动态变化情况有利于实施秸秆禁烧。传统的地面监测通过污染物来源解析技术可以获取秸秆焚烧的强度，并得出其对空气质量的影响程度，但一般只能在城区及近郊布设数量有限的点位，难以确定秸秆焚烧污染的分布和来源。利用卫星遥感数据结合土地利用信息监测生物质燃烧火点具有时效强、资料获取快捷和费用低廉等优点，可以动态、准确地监测大范围的生物质焚烧火点位置、数据及火点的分布规律（Korontzi et al.，2006；Justice et al.，2011；王桥等，2011）。目前，用于火点监测的为搭载在EOS TERRA和AQUA两颗卫星上的MODIS传感器、搭载在NOAA系列卫星上的AVHRR，以及国产的搭载在环境一号卫星上的红外相机（Giglio et al.，2003；王桥等，2011）等。由于MCD45A1为500m的中等分辨率卫星遥感产品，很难有效探测到燃烧范围一般较小的农业露天焚烧，因此利用卫星产品探测农田的焚烧状况的准确性较低（Roy et al.，2008）。目前，国外科学家正致力于算法改进，以提升卫星监测数据的可靠性（Freeborn et al.，2014；Giglio et al.，2016）。

本书尝试以珠江三角洲地区为例，结合卫星遥感与实际调研，构建更为可靠的珠江三角洲地区生物质燃烧排放清单。初步考察了卫星遥感数据与实际秸秆焚烧的关联程度，探讨了造成生物质燃烧排放估算不确定性的来源，并提出了相关控制策略，为进一步完善对该地区污染物排放的认识、准确评估生物质燃烧对大气污染的贡献、提高大气质量预测模型的准确度及后续制定有效的空气质量管理政策和相关措施提供支持。

5.1 高分辨率排放清单构建方法

采用“自下而上”（bottom-up）的方法估算珠江三角洲地区生物质燃烧污染物排放量。各县市的污染物排放量计算公式如下：

$$Q_{j,k} = \sum_{i} M_{i,k} \times \mathrm{EF}_{i,j} \tag{5-1}$$

式中，$Q_{j,k}$为 k 县市 j 种污染物生物质燃烧总排放量；$M_{i,k}$为第 i 种生物质类型的燃烧量；$\mathrm{EF}_{i,j}$为 i 种生物质类型燃烧排放 j 种污染的排放因子。

理论上，式（5-1）得出的排放总量需乘以污染物排放未去除比例，即 $(1-\eta)$，其中，η 代表去除效率（Woo et al.，2003；Zheng et al.，2009）。家庭炉灶燃烧时去除效率与不同燃烧器的设计构造有关。珠江三角洲地区农村家用炉灶普遍为烟道直排，由于烟道吸附容量有限，可认为由家庭燃烧排放的污染物基本上或绝大部分未被去除，所以本书中未考虑污染排放去除比例。开放式生物质燃烧（农田秸秆露天焚烧及森林火灾等）不存在去除一项。

5.2 活动水平

5.2.1 生物质田间焚烧活动水平

5.2.1.1 基于遥感数据的珠三角地区野外生物质焚烧状况

1）环境保护部数据

从2004年开始，国家环保总局（现环境保护部）利用国产及国外卫星遥感等现代科技手段（FY-1D、NOAA-12、NOAA-16、NOAA-18），监测了全国夏秋两季的秸秆焚烧情况。整理每日的焚烧火点数、焚烧时间、焚烧所在省地县名、经纬度、火区影响范围等信息，针对机场、铁路、高速公路等周围禁烧区，单独提取其内的火点进行统计，将监测图像及结果编制成《秸秆焚烧卫星遥感监测情况通报》，在环境保护部网站（http：//hjj. mep. gov. cn/stjc/）和“12369 中国环保热线”网站上公布（http：//www.12369.gov.cn），以便进行火点查验和禁烧监察。从2014年开始，增加了火点核定和核销环节，即卫星发现实时高置信度秸秆火点后即予以公开，并由环保部通知地方环保部门进行核实，若核查证实为非火点，则在月度的统计报表中予以核销，并在网站公开核销结果。

本书从环境保护部网站收集了2009年来逐日秸秆火点数据资料，并进行了整理。结果表明，2009～2014年，环保部报道了广东省内112次秸秆火点信息，包括夏收季节26次，秋收季节86次（表5.2）。其中，20次火点位于珠江三角洲城市的农村地区，包括惠州、佛山、江门、肇庆、广州、中山等6地。

表5.2　2009～2014年环境保护部公布的广东秸秆火点

年份	火点数			其中位于珠三角火点数
	夏收	秋收	合计	
2009	0	3	3	0
2010	0	7	7	1（江门1）
2011	11	19	30	6（佛山2，江门1，惠州1，广州1，中山1）
2012	5	48	53	9（肇庆3，惠州3，佛山1，江门1，广州1）
2013	7	9	16	4（佛山2，惠州1，江门1）
2014	3	0	3	0
合计	26	86	112	20（惠州5，佛山5，江门4，肇庆3，广州2，中山1）

2）MODIS数据

MODIS数据源自TERRA和AQUA卫星，获取自NASA火点信息资源系统（NASA Fire Information for Re-source Management System，FIRMS）。该数据库可提供接近实时、每小时的卫星火点数据（MODIS active fire data）MCD14DL产品。由于卫星遥感火点数据一般为实际焚烧值的低估值，因此本书将所有置信等级的火点均纳入统计。

2000年11月～2014年共计15578个MODIS着火点，1～2月的着火点占16.2%，3～4月的着火点占15.3%，5～6月的着火点占15.7%，7～8月的着火点占21.9%，9～10月的着火点占14.4%，11～12月的着火点占16.5%。从区域来看，着火点主要分布在江门、惠州、佛山、广州、肇庆等地，分别占珠三角着火点总数的26.13%、23.88%、17.37%、9.87%、9.67%，其他地市受生物质燃烧影响较小。

获取了2000年11月～2014年12月的共计15578个MODIS着火点数据，其分布见图5.1。因2000年度数据仅包含两个月份，在季节分布分析时予以剔除。从区域来看，着火点主要分布在江门、惠州、佛山、广州、肇庆等地，分别占珠江三角洲地区着火点总数的26.1%、23.9%、17.4%、9.9%、9.7%，其他地市受生物质燃烧影响不大，见表5.3。

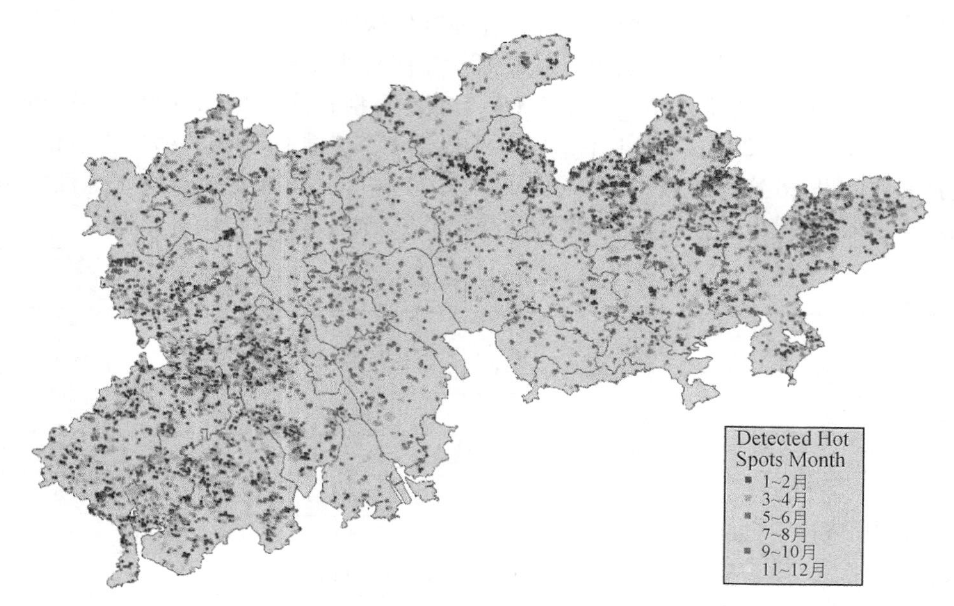

图5.1 珠三角着火点分季节分布（2000年11月~2014年12月，MODIS）

表5.3 MODIS监测到的珠三角地级市着火点数目 （单位：个）

年份＼地区	广州	深圳	珠海	惠州	东莞	中山	江门	佛山	肇庆	合计
2000*	20	0	0	27	13	0	126	9	9	204
2001	37	7	2	77	31	7	255	26	31	473
2002	60	9	7	94	11	8	243	29	27	488
2003	154	32	14	304	33	16	568	69	68	1 258
2004	131	30	10	573	30	28	518	76	125	1 521
2005	110	16	13	284	35	53	247	110	103	971
2006	78	26	14	296	54	69	277	179	93	1 086
2007	95	43	14	346	67	96	317	328	176	1 482
2008	129	42	9	295	66	59	292	283	144	1 319
2009	151	34	19	351	78	112	282	282	132	1 441
2010	105	24	9	186	44	72	133	205	126	904
2011	145	33	10	371	53	80	249	269	152	1 362

续表

年份＼地区	广州	深圳	珠海	惠州	东莞	中山	江门	佛山	肇庆	合计
2012	115	22	19	161	51	76	153	264	96	957
2013	89	20	11	154	41	44	170	230	81	840
2014	119	42	15	201	65	100	240	347	143	1 272
合计	1 538	380	166	3 720	672	820	4 070	2 706	1 506	15 578

注：* 2000 年仅为 11 ~ 12 月的数据

5.2.1.2　生物质燃烧外场调研

为了解珠江三角洲地区不同城市农村居民农业生产产生的生物质野外焚烧和家庭使用的比例，以及家庭常用生物质燃料的具体焚烧方式，自 2008 年起在江门、惠州等珠江三角洲地区主要粮食产区开展了多次农村生物质燃烧实地调研。惠州市与江门市是珠江三角洲地区的农业大市，2008 年粮食产量占珠江三角洲 9 个地市总产量的 50% 以上。由于秸秆产量与粮食产量密切相关，这两个市也是秸秆产量大市。选择惠州的博罗县和江门的新会市等作为调研地点，采用现场观测、入户访谈、问卷调查等方式，获得了当地生物质燃烧的相关特征。

调研发现，农户焚烧行为主要受以下几个因素的影响：①在农户种植操作中，面临着夏收作物收获和秋收作物播种之间播种茬口（收割以后马上要投入第二季的稻谷或蔬菜种植）较紧的实际问题。②收割机收获后残余秸秆收集困难，只能通过秸秆返田或焚烧来处理。由于珠江三角洲地区农村外出打工者众多，家庭多老弱妇幼，无力人工收割，收获时一般采用联合收割机。采用进口机粉碎的水稻秸秆往往有 6 ~ 15cm，而采用国产机粉碎的水稻秸秆长度在 20cm 以上，如图 5.2 所示。③采用还田或其他利用方式，增加了作业量，提高了成本，对收入较低的农民增加了压力，且秸秆返田需要较长的时间才能腐烂，而秸秆焚烧产生的灰分则能促进土壤肥力的增加。④随着经济的发展，珠江三角洲地区农民家庭陆续使用液化气、煤气等燃料烧水、做饭和煲汤，对秸秆的需求大大减少，加之农户畜禽分散养殖逐渐转向规模化养殖等因素，秸秆有效利用途径减少。⑤夏季多雨导致稻草不易晒干和存储。以上多种原因导致夏收产生的相当比例的稻草秸秆在田间晾晒 2 ~ 3d 后被直接焚烧。

燃烧方式（堆烧/铺烧）取决于农户对焚烧后灰烬的需求情况，如果农户家庭种植蔬菜，其一般将稻草堆烧，产生的灰烬压实装袋后用作肥料，没有此类需求的农户则直接将秸秆在田间平铺焚烧后归田，总体来看，平铺焚烧在该地区占据主导地位。

调研结果显示，秸秆焚烧具有明显的季节和类别特点。夏季水稻秸秆焚烧比例为40%，高于文献中提到的最高值35%。秋冬季有充足的时间将水稻秸秆晒干，且有农闲时间去做各种处理（如用作饲料、养殖场垫料或家庭燃料等），30%稻田秸秆被直接焚烧。甘蔗梢叶因燃料热值低且占空间大不适合用作饲料，60%在田间晒干后被直接焚烧。玉米秸秆一般在晒干后直接焚烧，焚烧比为20%。

(a)进口机收获后残余秸秆

(b)国产机收获后残余秸秆

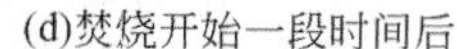

(c)刚开始焚烧的秸秆

(d)焚烧开始一段时间后

(e)焖烧为主

(f)焚烧后的稻田

图5.2　调研地区秸秆田间焚烧

焚烧状况主要取决于秸秆的含水量和当地天气（日照、温度、风速、湿度等），以及堆放秸秆的厚度。铺放的秸秆底部一般有收割剩余的秸秆茎作为支撑，有一定透风性。秸秆整体含水量较高，取回实验室实测含水量发现，上层秸秆为13%～18%，中层秸秆为35%～47%，下层较湿的秸秆含水量达58%～62%。燃烧过程中有大量白烟冒出（图5.2），表明夏季秸秆田间燃烧是明火燃烧和焖烧的结合，以焖烧为主。而在秋冬季，由于农作物收获后无耕作计划，农户一般将秸秆晾晒在田间，待秸秆彻底风干后焚烧。此时秸秆含水量较低（小于10%），点火引燃初期为焖烧状态，后续明火燃烧（flaming）占主要地位。

已有研究认为，发展中国家野外焚烧以焖烧（smoldering）占主导地位（Liousse et al.，2004），然而现有的估算大多是基于明火燃烧，而明火燃烧和焖烧状态下的污染物排放特征差异巨大。因此，已有的计算方式可能低估了排放量水平，需特别计算夏季秸秆燃烧污染物的排放。

2014年的调研结果表明，珠江三角洲地区农村收获季节后，秸秆露天焚烧的现象仍普遍，惠州等地秸秆焚烧比例在30%～40%，江门地区的秸秆焚烧比例也高于30%。秋季晚稻收获季节焚烧尤其严重。调研共发现田间焚烧秸秆火点14处。由于调研时处于非收获期，因此观察到的火点数目较少。其中，2014年12月18日在梅州观察到的较大火点（约$25m^2$）未在遥感数据中显示。通过访谈了解，部分农户偏爱秸秆烧成的灰做肥料，且农民基本不了解禁止焚烧秸秆的相关法律法规。调研过程中，未见禁止焚烧秸秆的标语及标识。

5.2.1.3 外场调研结果与遥感数据比较

2014年12月开展调研时，晚稻已收获约1月，实时火点很少，但能明显观察到焚烧后土地表层残余的灰烬。为更好地反映该地区的卫星遥感火点情况，本书获取了该地区前推3个月的MODIS卫星遥感数据以更好地反映其有效性。以调研的惠州市为例，2014年9月、10月、11月捕捉到的火点数分别为19个、9个、15个。环境保护部《秸秆焚烧卫星遥感监测情况通报》则在整个晚稻收获季节都没有报道火点。

因此，现有的卫星遥感产品在解译田间秸秆焚烧方面存在着严重的低估问题，仅能反映当地实际焚烧情况中极小的一部分，推测主要与卫星传感器的分辨率及辐射算法有关。一般，秸秆燃烧燃烧温度在500～1000K，因此其辐射能量集中在2.8～5.7μm，其中，高温燃烧火强带在4～5μm，弱带在2～3μm（Justice et al.，2002a，2002b；王桥等，2011）。环境一号卫星与MODIS在火点探测的原理基本一致，均为利用传感器中红外与热红外通道辐射能量的差异，识别热异常点。因此，环境一号卫星在火点识别上有分辨率的优势，但其光谱覆盖范围显著小于 MODIS 传感器，对虚假火点的去除能力低，检测出的火点数偏少，具体见表 5.4。

表 5.4　不同卫星火点监测算法

类别	通道序号	光谱范围 /μm	空间分辨率 /m	用途
MODIS	1	0.62 ~ 0.67	250	虚假火点去除，云检测
	2	0.84 ~ 0.88	250	虚假火点去除，云检测
	7	2.10 ~ 2.16	250	虚假火点去除
	21	3.93 ~ 3.99	250	火点探测与火点特性反演（高响应范围）
	22	3.93 ~ 3.99	250	火点探测与火点特性反演（低响应范围）
	31	10.75 ~ 11.25	250	火点探测，云检测
	32	11.75 ~ 12.25	250	云检测
环境一号星 HJ-1B	1	0.75 ~ 1.10	150	
	2	1.55 ~ 1.75	150	
	3	3.50 ~ 3.90	150	动态范围 300 ~ 500K
	4	10.50 ~ 12.50	300	动态范围 200 ~ 340K

注：资料来源：王桥等，2011

另外，珠江三角洲地区农村地区人口密集、人均土地资源有限。以 2015 年调研的江门地区为例，人均耕地面积仅为 0.3 亩（1 亩≈666.67m²）左右，土地碎片化导致较小的焚烧活动难以被现有分辨率水平的卫星传感器捕捉到。

进一步搜集整理了环境保护部公开的全国尺度的秸秆焚烧数据，具体见图 5.3。2011 ~ 2014 年报道的田间焚烧数据主要集中在华北平原、长三角周边及东北地区，说明卫星数据能较好地捕捉该地区的秸秆焚烧活动。对珠三角及更大范围的广东省则无法做到有效监测，推测一是与南方高空云较多有关；二是由于该地区户均耕地面积较小。另外，实地调研表明，珠三角地区收获后的秸秆含水量在 30% 以上就被农民点燃，以焖烧冒白烟为显著特征，燃烧温度偏低，使卫星传感器难以从周围背景元中检测，造成漏检。而北方收获后的秸秆含水量普遍在 10% 以下，燃烧更为剧烈，易于从周边背景元中检出。

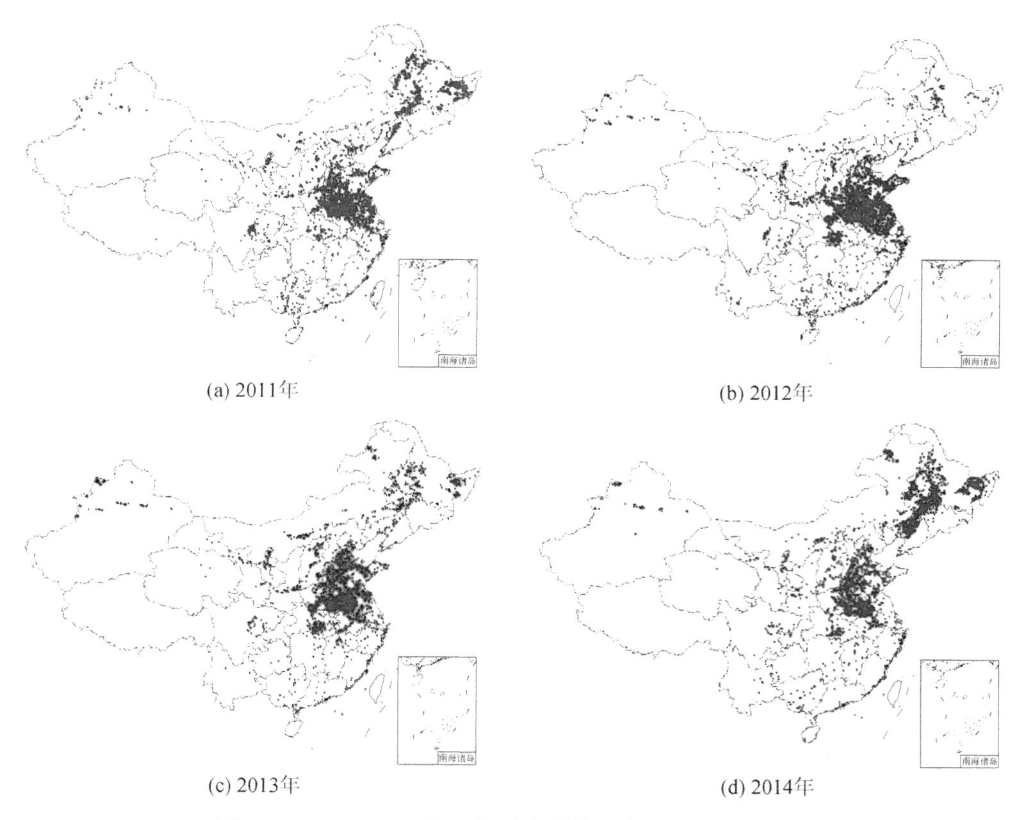

(a) 2011年　(b) 2012年

(c) 2013年　(d) 2014年

图 5.3　2011～2014 年田间秸秆焚烧火点（环保部数据）

5.2.1.4　田间秸秆焚烧量确定

农作物秸秆产量结合作物产量和相应的草谷比获得。农作物秸秆燃烧量根据计算式（5-2）得出（Streets et al.，2003b）：

$$M_{露天} = P \times R \times D \times W \times E \tag{5-2}$$

式中，P 为农作物产量；R 为草谷比；D 为干物质比；W 为燃烧比（可分为露天焚烧比和家庭燃料比）；E 为燃烧效率。

排放因子的计算使用燃料干燥基，因此在计算排放通量时，焚烧量也使用相应的干物质量。干物质比与秸秆含水量相关，由于夏季日晒时间短（1～2d），晒干过程在潮湿的稻田进行，秸秆的含水量高，而秋冬季水稻秸秆可充分晒干，本书水稻秸秆干物质比分夏季和冬季取值，分别为 85% 和 90%。甘蔗叶是在充分晒干后露天焚烧，本书中甘蔗叶的干物质比取为 90%。其他作物秸秆采用 Streets 等（2003b）的数据。具体参数值见表 5.5。

表 5.5　田间秸秆焚烧排放清单计算有关参数

种类	草谷比[a]	秸秆焚烧比例[b]	干物质比重	燃烧效率
水稻秸秆（夏季）	1.0	0.40	0.85[b]	0.90[b]
水稻秸秆（秋季）	1.0	0.30	0.90[b]	0.95[b]
甘蔗秆	0.1	0.60	0.90[b]	0.95[b]
玉米秸秆	2.0	0.20	0.40[c]	0.92[c]

注：a表示引自刘刚和沈镭（2007）；b表示本书结论；c表示引自 Streets 等（2003b）

从燃烧效率来看，夏季水稻秸秆仍有部分未燃尽就直接翻耕到土里，而秋冬季水稻秸秆可以得到充分燃烧，燃烧效率分别为 90%（Streets et al.，2003b）和 95%。实验室模拟甘蔗叶焚烧和实地调研发现，其燃烧较为充分，取其燃烧效率值为 100%。其他作物的燃烧效率仍采用 Streets 等（2003b）的数据。

5.2.2　家庭生活燃料

调研结果显示，江门市和惠州市的家庭炉灶均为省柴灶（图 5.4）。其中，

图 5.4　调研地区典型炉灶

一个为主要做饭的大锅（铁锅），另有一至三个小锅（铝锅）利用烟气余温煮水。部分农户还有一个中等大小的铝锅用于煲汤，但采用其他通道烧火。珠江三角洲地区以薪柴作为主要能源的农户年消耗薪柴量为 1500 ~ 2500kg，取其均值，即每个农户每年消耗 2000kg。薪柴种类以桉树柴、荔枝柴和灌木枯枝等为主。干稻草一般用来引燃薪柴，由于热值偏低，存储不便，使用量不多。使用秸秆为主要能源的农户年均消耗量约 2100kg，以水稻秸秆为主，花生秆、玉米秆、大豆秆等为辅。

计算家庭能源时，采用县（含县级市）和区级的农户数与相应的单位农户能源消耗量的乘积。珠江三角洲地区城市农户以秸秆或薪柴作为主要能源的比例，见表 5.6。家庭使用秸秆主要来自水稻、玉米、大豆、油料作物等四种农作物，根据广东省各县市农业统计资料，其秸秆产量占农作物产量的 75% 以上。具体到每种秸秆作为家庭能源的使用比例，本书借鉴了已有研究结果（Huang et al.，2011）。

表 5.6　珠江三角洲各城市以秸秆、薪柴和煤炭作为主要能源的比例[a]

地区	农户数	秸秆/%	薪柴/%	煤炭/%
广州	612 114	7	17	0.7
深圳	15 154	0	15	1.3
珠海	71 922	3	7	0.8
惠州	356 454	10[b]	40[b]	1.0
东莞	271 016	1	3	0.3
中山	255 163	1	2	0.4
江门	573 383	10[b]	40[b]	0.9
佛山	544 494	1	10	0.5
肇庆	612 957	8	45	0.7
珠江三角洲合计	3 312 657	2	8	0.7
广东-珠江三角洲[c]	7 164 689	21	43	5.4

注：a数值来自第二次全国农业普查数据；b本书调研结果；c除珠江三角洲外的广东省其他城市值

根据广东省第二次全国农业普查数据，广东省农户以煤炭作为主要炊事能源的比例为 3.88%，其中，珠江三角洲地区的比例仅为 0.7%，比 1996 年的煤炭使用比例有大幅下降，表明经过多年的快速发展，清洁能源已逐渐替代了煤炭等能源。

5.2.3　森林火灾

森林大火的燃烧量采用田晓瑞等（2003）和王效科等（2001）的计算公式：

$$M = A \times B \times E \tag{5-3}$$

式中，*M* 为森林火灾生物质损失量；*A* 为生物量载量；*B* 为火灾过火面积，*E* 为燃烧效率。珠江三角洲地区森林植被生物量载量根据已有文献调研结果得到（杨昆和管东生，2006），燃烧效率参考 Streets 等（2003b）的数据，取值 0. 6。地级市森林火灾过火面积来自《广东农村统计年鉴》，按照各县市的林业用地面积比例进行分配。

5. 2. 4　活动水平小结

珠江三角洲地区生物质燃烧类型主要分为四类，包括秸秆露天焚烧、秸秆家庭炉灶燃烧、薪柴家庭炉灶燃烧和森林火灾。

2008 年，珠江三角洲地区生物质燃烧量为 267 万 t，其中，薪柴使用量为 180 万 t，秸秆田间焚烧为 68. 5 万 t，秸秆家庭使用为 18. 5 万 t，森林植被为 0. 35 万 t。折算成百分比，薪柴量占 67. 3%，秸秆田间焚烧量占 25. 7%，家庭秸秆使用量占 6. 9%，森林火灾燃烧的植被量仅占 0. 1%（图 5. 5）。

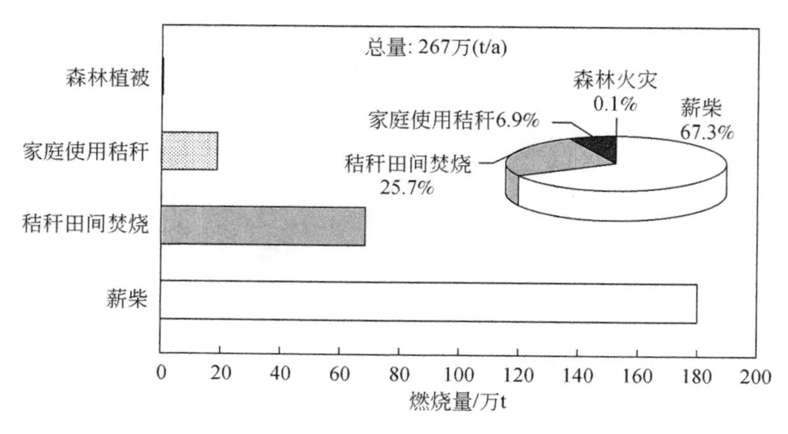

图 5. 5　2008 年珠江三角洲生物质燃烧活动水平

5. 3　排放因子测定

利用本书搭建的烟尘罩–稀释通道采样系统（详见第 2 章）模拟秸秆、薪柴等的炉灶燃烧和秸秆露天焚烧的状况并实测排放因子。实验用生物质燃料类型包括水稻秸秆、甘蔗梢叶、玉米秆、花生秆、豆类秸秆、桉树枝、荔枝柴等，代表了珠三角地区农户的典型炊事能源类型。实验测定了 CO_2、CO、$PM_{2.5}$、OC、EC、VOCs、OVOCs、PAHs 等的排放因子。基于调研结果，夏季秸秆湿度较高，秋季秸秆湿度较低，假定夏季水稻秸秆全部为焖火燃烧，秋冬季全部为明火燃烧。

鉴于生物质燃烧的复杂性及实际监测的难度，无法做到对所有子类型全面的测量，部分缺失的排放因子主要来自近期国内及亚洲相关国家排放因子的归纳总结，最终得到适合珠江三角洲地区生物质燃烧状况的污染物排放因子，具体见表5.7。

表5.7　生物质燃烧污染物种排放因子取值[a]

生物质	燃烧类型	CO	VOCs	$PM_{2.5}$	OC	EC
水稻秸秆	露天明火	53.2±17.9[b]	6.05±1.16[b]	12.1±4.4[b]	10.53±4.87[b]	0.49±0.22[b]
水稻秸秆	露天闷火	110.6±37.9[b]	20.23±21.7	18.3±13.5[b]	8.77±4.81[b]	0.37±0.11[b]
水稻秸秆	家庭炉灶	91.60±54.98	8.40±5.43	1.80±0.98	1.07±3.10	0.10±0.34
甘蔗叶	露天焚烧	40.08±15.66[b]	11.02±7.78[b,c]	4.12±1.10[b]	1.25±0.67[b]	1.22±0.66[b]
玉米秸秆	露天焚烧	78.45±32.80	10.00±6.56	11.70±8.90	2.79±3.54	0.69±0.72
玉米秸秆	家庭炉灶	90.64±50.80	4.49±4.83	3.85±2.11	1.92±1.64	0.30±0.44
豆类秸秆	家庭炉灶	76.10±35.30	5.87±2.10	3.28±1.98	1.17±2.31	0.71±0.64
薪柴	家庭炉灶	67.11±18.70	3.00±2.66	2.82±3.12	1.00±1.22	1.33±0.78
亚热带森林	森林大火	107.00±37.00	5.70±4.60	13.00±7.00	9±2.12	0.56±0.19

注：a排放因子单位为g/kg干物质，除$PM_{2.5}$中OC和EC单位为g/kgC；b数值来自实验室实测；c测量次数为1次，设定不确定性为50%

5.4　高分辨率含碳污染物排放清单

5.4.1　排放量

珠江三角洲地区2008年因生物质燃烧排放的$PM_{2.5}$、EC、CO、VOCs总量分别为1.356万t、0.225万t、18.636万t和1.594万t（表5.8）。其中，秸秆燃烧对各种污染物排放量均有很大的贡献，尤其是$PM_{2.5}$和VOCs。对CO排放，薪柴燃烧排放和秸秆燃烧（含家庭炉灶和野外焚烧）排放量接近。EC排放方面，薪柴燃烧的贡献明显高于其他生物质燃烧类型，占EC总排放量80%以上，这与薪柴燃烧EC的排放因子很高有关。另外，珠江三角洲地区森林大火的排放几乎可以忽略。

与已有研究结果的比较结果见表5.9。本书构建的排放清单中，CO、VOCs、$PM_{2.5}$、OC、EC的排放显著低于He等（2011）估算的2007年珠江三角洲地区生物质燃烧排放量，分别为其38%、35%、49%、59%和46%。这主要是活动水平与排放因子选取的差异造成的。本书活动水平与排放因子主要来自实地调研和实验室实测数据，而已有研究多采用早期的调研数据和国外发达国家测量的排放因子，这会引入较大偏差。

表 5.8　2008 年珠江三角洲地区生物质燃烧排放情况　（单位：10^3t）

种类	CO	VOCs	$PM_{2.5}$	OC	EC
秸秆田间焚烧	47.82	7.94	8.53	5.11	0.25
水稻秸秆	42.97	6.96	7.91	4.95	0.17
玉米秸秆	2.42	0.31	0.36	0.09	0.02
甘蔗杆	2.43	0.67	0.25	0.08	0.06
秸秆家庭燃料	41.06	3.64	0.91	0.51	0.07
水稻秸秆	36.64	3.36	0.72	0.43	0.04
玉米秸秆	2.29	0.11	0.10	0.05	0.01
大豆秸秆	0.83	0.06	0.04	0.01	0.01
油料作物	1.30	0.10	0.06	0.02	0.01
薪柴	97.13	4.34	4.08	1.45	1.93
森林大火	0.36	0.02	0.04	0.03	0.00
合计	186.36	15.94	13.56	7.10	2.25

表 5.9　与已有研究排放量的对比　（单位：10^3t）

年份	CO	VOCs	$PM_{2.5}$	OC	EC	参考文献
2008	186.38	15.94	15.56	7.10	2.25	本研究
2009	—	—	28.51	12.67	4.97	Zheng et al., 2012
2007	489.40	46.00	31.83	12.01	4.86	He et al., 2011
2006	490.77	45.92	31.67	12.06	4.88	He et al., 2011
2005	481.59	44.99	31.03	11.78	4.81	He et al., 2011
2004	426.48	34.00	27.70	9.83	6.51	He et al., 2011
2003	407.66	32.43	25.43	9.25	6.03	He et al., 2011

5.4.2　生物质燃烧排放时空分布

结合珠江三角洲地区人口分布，土地利用类型分布、实际的调研结果等进行生物质燃烧污染物排放空间分布分析，具体分析方法见图 5.6。

各种污染物排放强度表现出明显的空间分布特征（表 5.10 和图 5.7）。排放强

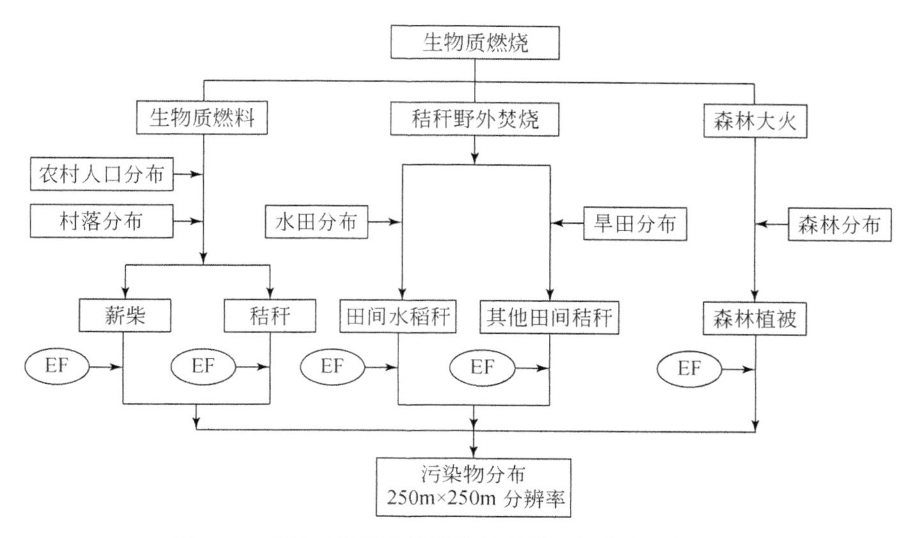

图 5.6　珠江三角洲生物质燃烧排放空间分布研究方法

度处于第一阶梯的县市有：肇庆的四会、高要；江门的台山、开平；珠海的斗门和金湾区；惠州的惠城区。环珠江口的几个县市中除了中山市外，其余各县市生物质燃烧排放的污染物均比较少。生物质燃烧源时间和空间分布不均可能会导致严重的局地污染。例如，秸秆焚烧主要发生在产粮地区，秸秆野外焚烧主要发生在收获季节的下午和傍晚，这可能造成某些区域短时间内空气质量的急剧恶化。

表 5.10　2008 年珠江三角洲地区各县市生物质燃烧主要污染物排放量　　(单位：t)

地区	县级市	CO	VOCs	$PM_{2.5}$	OC	EC
广州	荔湾区	35	2	4	3	0
	越秀区	0	0	0	0	0
	海珠区	88	4	4	1	2
	天河区	29	1	1	0	1
	白云区	2 534	212	173	88	29
	黄埔区	78	7	3	1	1
	番禺区	1 919	300	191	87	27
	花都区	4 094	398	357	195	41
	南沙区	744	117	73	30	11
	萝岗区	1 481	116	90	46	17

续表

地区	县级市	CO	VOCs	$PM_{2.5}$	OC	EC
广州	增城市	9 652	904	781	424	102
	从化市	11 240	909	721	379	128
深圳	福田区	5	0	1	0	0
	罗湖区	1	0	0	0	0
	南山区	12	1	0	0	0
	宝安区	242	11	10	4	5
	龙岗区	69	3	3	1	1
	盐田区	2	0	0	0	0
珠海	香洲区	143	8	7	3	3
	金湾区	472	69	31	11	8
	斗门区	1 472	162	152	84	13
惠州	惠城区	5 307	507	427	212	59
	惠东县	10 128	960	851	474	106
	惠阳区	2 587	224	193	102	28
	博罗县	12 160	1 047	832	429	140
东莞	东莞市	1 857	137	94	42	23
中山	中山市	2 793	296	266	142	28
江门	蓬江区	728	54	55	30	7
	江海区	281	44	21	8	5
	新会区	6 764	726	669	378	64
	台山市	23 095	2 071	1 737	943	249
	开平市	13 071	1 210	1 056	587	137
	鹤山市	6 081	506	417	226	68
	恩平市	8 754	809	675	362	94
佛山	禅城区	684	31	29	10	14
	南海区	2 675	140	125	50	48
	顺德区	3 901	186	159	57	73
	高明区	1 646	203	211	127	13
	三水区	2 151	181	152	77	24
肇庆	端州区	2 350	119	117	52	41
	鼎湖区	2 374	232	209	117	24

续表

地区	县级市	CO	VOCs	$PM_{2.5}$	OC	EC
肇庆	四会市	30 068	1 774	1 517	664	494
	高要市	12 615	1 258	1 148	649	123
珠江三角洲合计		186 382	15 939	13 562	7 095	2 251

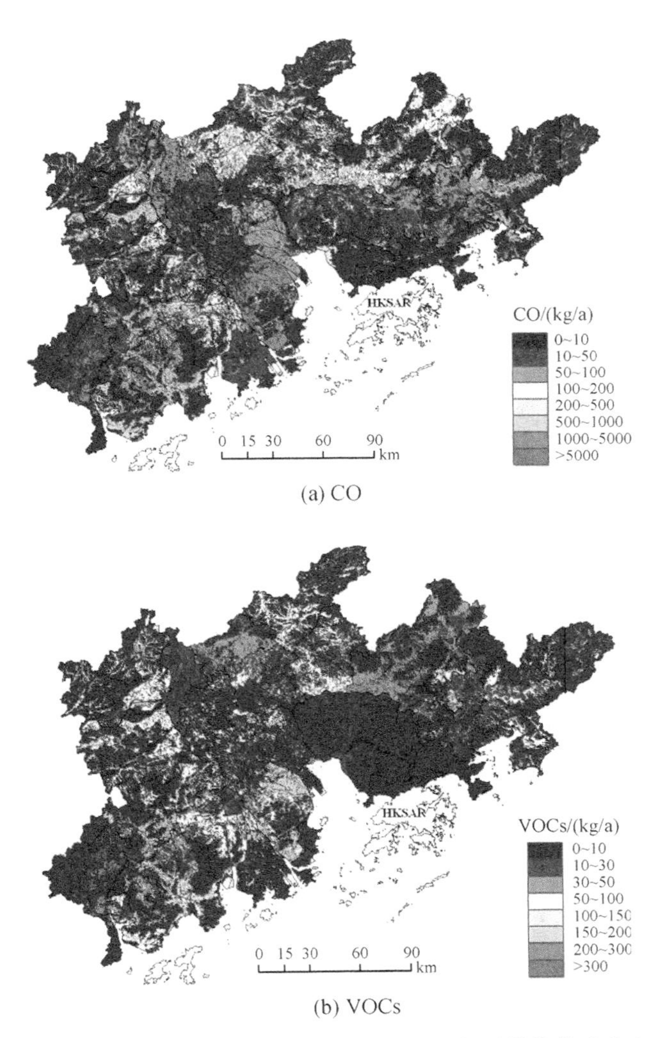

(a) CO

(b) VOCs

图 5.7 珠江三角洲 250m×250m 尺度上生物质燃烧排放分布

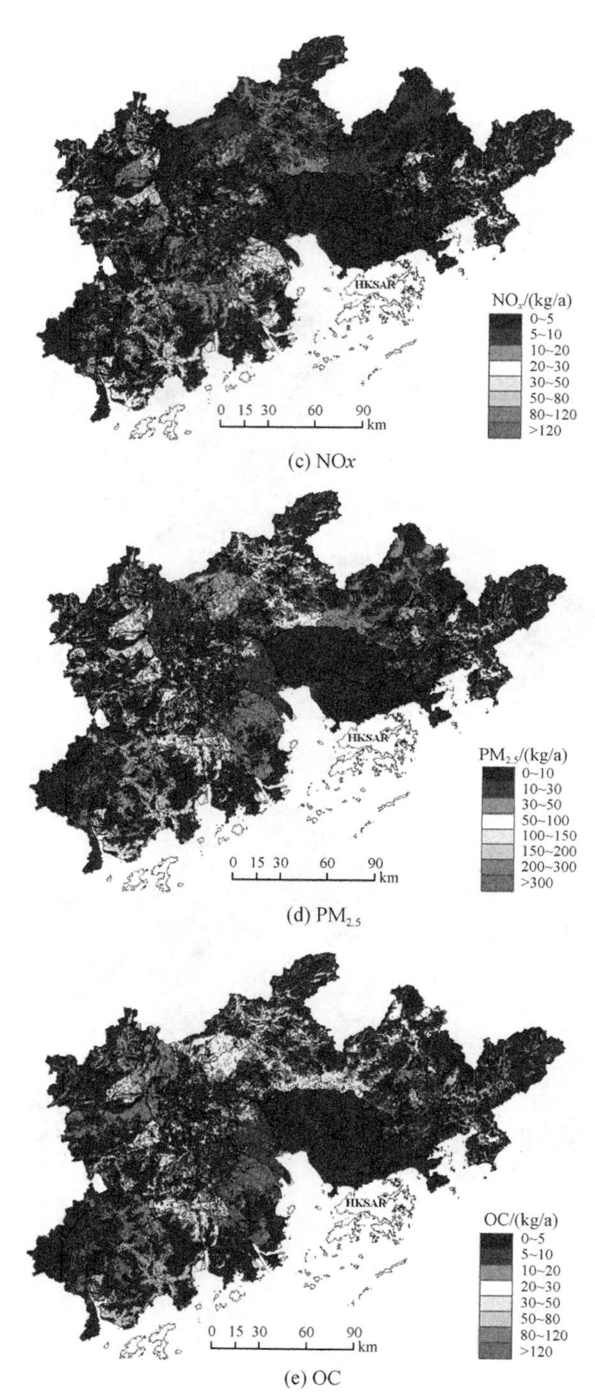

(c) NO*x*

(d) $PM_{2.5}$

(e) OC

图 5.7　珠江三角洲 250m×250m 尺度上生物质燃烧排放分布（续）

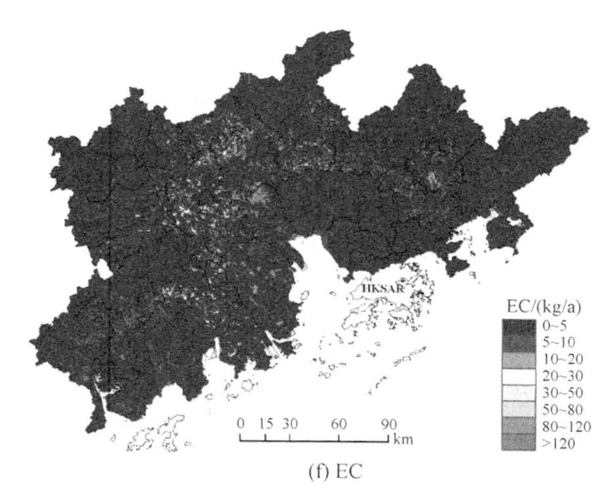

(f) EC

图5.7 珠江三角洲250m×250m尺度上生物质燃烧排放分布（续）

5.4.3 生物质燃烧对珠江三角洲大气污染贡献

5.4.3.1 区域总体贡献

选取含碳污染物$PM_{2.5}$、VOCs、CO，考察生物质燃烧污染物排放对珠江三角洲地区污染物排放总量的贡献（表5.11）。由表5.11可见，生物质燃烧排放对CO和$PM_{2.5}$贡献最大，对VOCs贡献次之。根据粤港空气质量管理规划，2010年珠江三角洲地区生物质燃烧排放占削减后PM_{10}、VOCs总排放量的比例分别为6.53%和3.17%。

表5.11 珠江三角洲地区生物质燃烧污染物排放对区域大气污染贡献

年份	污染物	生物质燃烧排放/t	珠江三角洲所有人为源排放/t	生物质燃烧贡献/%	来源
2008	$PM_{2.5}$	13 560[a]	402 660[b]	3.37	本书
	VOCs	15 940[a]	875 561[b]	1.82	本书
	CO	186 360[a]	4 159 221[b]	4.48	本书
2010[a]	PM_{10}	13 560[a]	207 500[c]	6.53[a]	本书
	VOCs	15 940[a]	503 600[c]	3.17	本书
2009	$PM_{2.5}$	28 506	302 543	9.42	Zheng et al., 2012
2006	PM_{10}	7 200	418 400	1.72	Zheng et al., 2009
	$PM_{2.5}$	3 100	204 600	1.52	Zheng et al., 2009

续表

年份	污染物	生物质燃烧排放/t	珠江三角洲所有人为源排放/t	生物质燃烧贡献/%	来源
2006	VOCs	19 500	1 180 100	1.65	Zheng et al., 2009
	$PM_{2.5}$	27 703	229 203[b]	12.09	He et al., 2011
	VOC	34 000	1 194 600[b]	2.85	He et al., 2011

注：a本书结论，以生物质燃烧 $PM_{2.5}$ 排放量替代 PM_{10} 排放量；bPRD2008 年排放清单由华南理工的郑君瑜课题组提供；c出处为 http://www.legco.gov.hk/yr07-08/chinese/panels/ea/papers/ea0128cb1-666-4-ec.pdf

本书生物质燃烧排放对 VOCs 的贡献与已有研究一致。本书生物质燃烧排放对颗粒物（$PM_{2.5}$和 PM_{10}）的贡献高于 Zheng 等（2009）的研究结果，但显著低于 He 等（2011）和 Zheng 等（2012）的研究。

5.4.3.2 对各地市大气污染贡献

选取 CO、$PM_{2.5}$、VOCs 三类污染物，考察生物质燃烧污染物排放对珠江三角洲地区地级市污染物排放总量的贡献（表 5.12）。由表 5.12 可见，生物质燃烧排放对肇庆、江门、惠州的贡献最大。贡献顺序依次为：肇庆>江门>惠州>广州>珠海>中山>佛山>东莞>深圳。虽然，广州生物质燃烧排放污染物量较大，但由于其总人为源排放量极大，拉低了生物质燃烧排放在城市水平上的贡献。值得注意的是，在广州下属的县级市中，如从化等，生物质燃烧排放的贡献比较高。

表 5.12 珠江三角洲地级市水平上生物质燃烧排放贡献

地区	CO			$PM_{2.5}$			VOCs		
	生物质/t/a	总排放/t/a	比例/%	生物质/t/a	总排放/t/a	比例/%	生物质/t/a	总排放/t/a	比例/%
广州	31 894	1 045 875	3.05	2 398	111 297.6	2.15	2 970	206 079.6	1.44
深圳	331	581 832.8	0.06	14	31 819.71	0.04	15	131 167.1	0.01
珠海	2 087	112 108	1.86	190	11 414.44	1.66	239	31 398.49	0.76
惠州	30 182	216 492	13.94	2 303	38 768.72	5.94	2 738	51 127.39	5.36
东莞	1 857	525 268.6	0.35	94	46 408.45	0.20	137	110 985.9	0.12
中山	2 793	161 617.8	1.73	266	14 218.59	1.87	296	62 501.11	0.47
江门	58 774	358 443.6	16.40	4 630	55 395.75	8.36	5 420	96 229.78	5.63
佛山	11 057	965 994	1.14	676	71 317.99	0.95	741	142 519.8	0.52
肇庆	47 407	191 589	24.74	2 991	22 018.34	13.58	3 383	43 551.94	7.77
合计	186 382	4 159 221	4.48	13 562	402 660	3.37	15 939	875 561	1.82

注：2008 年珠江三角洲各污染物总排放数据来自华南理工大学郑君瑜教授课题组，含其估算的生物质燃烧排放数据

自 20 世纪 90 年代以来，珠江三角洲地区开展了一系列的大气监测，以研究珠江三角洲空气质量状况及其变化规律和影响因素，进而研究珠江三角洲光化学污染和能见度下降的原因。研究者运用受体模型，包括化学质量平衡受体模型（chemical mass balance method，CMB）、正矩阵分解模型（PMF）、特征指示物（Tracers）等对获得的监测数据进行解析，获得了生物质燃烧排放对该地区城市大气污染的贡献。相关研究结果列于表 5.13。

表 5.13　生物质燃烧排放对珠江三角洲城市大气质量的贡献

地点		采样时间	污染物	方法	贡献	参考文献
广州	市区	2004.12~2005.11	PM_{10}	PMF	17.0%~18.5%	Song et al., 2008
	郊区	2004.12~2005.11	PM_{10}	PMF	14.7%~24.1%	Song et al., 2008
广州	市区	2006.7	PM_{10}	OT	7%（日间）	Zhang et al., 2010
	市区	2006.7	PM_{10}	OT	14%（夜间）	Zhang et al., 2010
广州	郊区	2002.10~2003.6	$PM_{2.5}$	CMB	26.6%	Zheng et al., 2011
广州	市区	2002.10~2003.6	$PM_{2.5}$	CMB	20.6%	Zheng et al., 2011
中山	市区	2002.10~2003.6	$PM_{2.5}$	CMB	18.0%	Zheng et al., 2011
深圳	市区	2002.10~2003.6	$PM_{2.5}$	CMB	14.1%	Zheng et al., 2011
广州	市区	2004.10.6~2004.10.31	$PM_{2.5}$	OT	4.0%~19.0%	Wang et al., 2007
	郊区	2004.10.6~2004.10.31	$PM_{2.5}$	OT	3.0%~16.8%	Wang et al., 2007
广州	市区	2010.4.30~2010.5.22	$PM_{0.2\sim1.2}$	单粒子形态	20.3%	Bi et al., 2011
香港	农村/海岸	2001.8~2002.12	NMVOC	PCA/APCS	25%[b]	Guo et al., 2006
广州	郊区	2004.10	VOCs	CMB	14.3%	Liu et al., 2008
江门	农村	2008.10.19~2008.11.18	VOCs	示踪物种	9.5%~17.7%	Yuan et al., 2010
香港	市区	2007.10~2007.12	VOCs	PMF	(9±2)%	Guo et al., 2011
广州	农村	2007.10~2007.12	VOCs	PMF	(11±1)%	Guo et al., 2011
广州	郊区	2007.10.23~2007.12.1	VOCs	PMF	(12±2)%	Ling et al., 2011
广州	2 市区点 2 郊区点 2 农村点	2009.11.28~2009.12.23	$PM_{2.5}$中的 PAHs	PMF	(31±4)%	Gao et al., 2012

注：PMF 为正矩阵分解方法；OT（Organic tracer）为有机示踪物；CMB 指化学质量平衡法；PCA 指主成分分析法；APCS（absolute principal component scores）指绝对主成分得分法；b来自中国大陆的气团

考虑不同年度之间生物质燃烧及排放情况可能存在差异，选取了 2006~2009 年的研究结果与本书结果进行比对。结果显示，Yuan 等（2010）通过对江门地区大气监测数据解析获得的生物质燃烧的贡献下限与本书结果比较接近。考虑其监测时间为作物秋收后的秸秆焚烧时期，受到了明显的田间秸秆焚烧的影响，可认为其研究结果与本书结果具有一致性。本书的生物质燃烧对广州市区及郊区的贡献显著低于“自上而下”法研究的报道值，一个可能的推测是广州受珠江三角洲外围区域的影响，另外可能与相关研究选取的监测时段有关。

5.4.4 排放清单不确定性分析

在源排放清单估算时，不确定性来自生物质燃烧量和相应的排放因子。一般认为，排放因子的不确定性是导致源排放清单估算值范围偏差较大的主要原因。本书采用 Streets 等估算排放清单不确定性的方法来估算各污染物排放量的不确定性。

$$\mathrm{CV} = \frac{U}{Q} = 1.96 \times \sqrt{(1 + C_\mathrm{a}^2)(1 + C_\mathrm{f}^2) - 1} \tag{5-4}$$

$$U = \sqrt{\sum_i (U_i^2)} \tag{5-5}$$

式中，Q 为排放源排放量；i 为生物质的燃烧方式；C_a 为排放源活动水平的相对标准差；C_f 为排放源排放因子的相对标准差；U 为排放源的不确定性；CV 为排放量的相对标准差。

秸秆露天明火燃烧和焖火焚烧量、秸秆和薪柴作为燃料消耗量的不确定度均取 20%，森林火灾生物质燃烧量不确定度取 20%（Huang et al.，2012）。以 2008 年为例，结合排放因子的相对标准偏差，确定各污染物排放量的不确定度。结果显示，CO 排放不确定度最小，EC、VOCs 排放不确定度最大，$PM_{2.5}$ 和 OC 排放不确定度居中，具体见表 5.14。

表 5.14 生物质燃烧各污染物排放不确定度 （单位：%）

生物质	燃烧类型	CO	VOCs	$PM_{2.5}$	OC	EC
水稻秸秆	露天闷火	79	55	153	116	76
水稻秸秆	露天明火	78	298	83	100	98
水稻秸秆	家庭炉灶	126	135	116	580	681
甘蔗叶	露天焚烧	87	146	66	114	115
玉米秸秆	露天焚烧	92	137	157	257	212
玉米秸秆	家庭炉灶	119	219	116	175	296
豆类/油料秸秆	家庭炉灶	101	82	127	273	184
薪柴	家庭炉灶	68	182	225	247	124
亚热带森林	森林大火	79	166	115	61	78
平均		46	95	81	81	107

注：95% 置信区间内

5.5　田间秸秆焚烧控制措施

基于对珠江三角洲城市及周边地区开展的野外调研及入户访谈结果，秸秆焚烧在当地仍很普遍，是影响珠江三角洲地区大气质量的一个重要因素。本书以课题组 2015 年 4 月江门市新会区开展的调研为例，进一步分析当地田间秸秆焚烧现状及提出控制措施。

调研地点为新会区下辖双水镇、崖门镇和大泽镇（表 5.15），三个镇的粮食总产量约占新会粮食作物产量的 1/3，其中，双水镇是新会区粮食播种面积和产量最大的镇。由于调研时间为非农耕高峰季节，只有少部分当地农民在田间进行除草、施肥等工作。调研对象 65.6% 为男性，34.4% 为女性，年龄普遍偏大，≥60 岁的占 65.6%，50～59 岁的占 18.8%，40～49 岁的占 15.6%，未访谈到 40 岁以下的农民。受教育程度普遍偏低，小学及以下的占 53.1%，其余均为初中水平。调研的三个镇人均耕地面积为 0.29～0.39 亩。水稻秸秆全部田间焚烧和仅晚稻田间焚烧占比仍然较高，由于当地水稻均是一年两作，早稻收获期间潮湿多雨，秸秆难以晒干后焚烧，便要转入晚稻的插秧时期，所以一般采取打碎还田处理。若遇上天气晴朗足以晒干秸秆时，农户更愿意将秸秆焚烧处理。晚稻收获季降水少、天气干燥，为了防治虫卵，秸秆直接焚烧，灰烬可作肥料。调研地区年轻人大多外出打工，劳动力有限，老年人没有能力收集和运输秸秆，无论是直接还田还是焚烧，处理起来都很方便，并且这样处理后能为农田提供很好的肥料，既节约了运输的劳力财力，还能改善稻田的种植环境，这种方法被多数农户所接受。

表 5.15　江门新会调研结果

镇村		耕地面积/(亩/人)	家庭燃料使用情况	秸秆处理方式
双水镇	玉堂村	0.22	电 80%，煤气 80%，薪柴 40%	直接还田 20%，直接焚烧 40%，早还晚烧 40%
	雅西村	0.33	煤气 100%、电 100%	早还晚烧 66.7%，直接还田 33.3%
	塘河村	0.41	煤气 66.7%，秸秆 33.3%，薪柴 33.3%，电 33.3%	早还晚烧 33.3%，直接焚烧 66.7%
	富美村	0.32	煤气 100%，薪柴 66.7%，电 33.3%	早还晚烧 66.7%，无 33.3%
	邦龙东头村（接龙村）	0.69	薪柴 100%，电 66.7%，煤气 33.3%	早还晚烧 33.3%，直接焚烧 66.7%

续表

镇村		耕地面积/(亩/人)	家庭燃料使用情况	秸秆处理方式
双水镇	张屋村	0.38	煤气100%，电100%，薪柴50%	直接焚烧100%
	均值	0.39	煤气80.0%，电68.9%，薪柴48.3%，秸秆5.6%	早还晚烧 40.0%，直接焚烧45.6%，直接还田8.9%，无5.6%
崖门镇	水背村	0.14	薪柴100%，煤气100%，电100%	喂养牲畜100%
	洞北村	0.50	薪柴100%，煤气33.3%	直接焚烧 33.3%，早还晚烧33.3%，其他（带回烧火）33.3%
	甜水村	0.22	薪柴 100%，煤气 33.3%，电66.7%	早还晚烧66.7%，其他（用于盖柑树头）33.3%
	均值	0.29	薪柴 100%，电 55.6%，煤气55.5%	早还晚烧33.3%，喂养牲畜33.3%，直接焚烧11.1%，其他22.2%
大泽镇	大泽村（吕村）	0.20	煤气100%，薪柴50%，电50%	早还晚烧50%，直接焚烧50%
	南分村	0.41	秸秆 100%，薪柴 100%，煤气33.3%	早还晚烧 33.3%，其他（带回烧火）66.7%
	均值	0.31	薪柴75.0%，煤气66.7%，秸秆50.0%，电25.0%	早还晚烧 41.7%，直接焚烧25.0%，其他33.4%

注：秸秆处理方式中，早还晚烧指早稻秸秆还田、晚稻秸秆田间焚烧

在秸秆禁烧方面，多数农户认为农村地区秸秆焚烧问题一直得不到解决的主要原因是农民自己处理秸秆很麻烦，费时、费力、费钱；部分农户认为政府补助过低，农户难以依靠自己的收入来更换成其他清洁燃料；少数农户认为禁止秸秆焚烧的法律制度、监督不完善，以及农民对秸秆的多种利用方式不了解。多数农户认为秸秆燃烧（田间焚烧和做柴火燃烧）不会引起大的环境问题，少部分农户认为秸秆燃烧会污染空气，个别农户认为易引发火灾。在政府管理方面，政府针对秸秆焚烧的监管及宣传比较薄弱。多数农户对于秸秆资源化利用还处于陌生阶段，对秸秆资源化利用的方式不了解。市郊的少数农户知道秸秆可用来造纸，但具体实施起来相比现有秸秆处理方法费时、费力，农户参与积极性低，收益不明显。

农户土地流转方面，近几年，农户将自家耕地租给承包户已成为趋势。在大泽镇大泽村尤为明显，农户将自家中原来种植水稻的耕地租给承包户种柑橘，租

金由原来的 350 元/（亩·a）增至 800～1000 元/（亩·a），租期 15 年，租金每年一付。作为国家农村综合改革示范试点和广东省内最早推进土地流转的区域之一，江门市新会区建设了土地流转信息服务平台，土地流转逐步向规范化、规模化方向发展。通过实行土地流转，一方面将原来分散式的耕作方式转变成集约化、规模化生产，有利于农作物秸秆集中处理和禁烧监管；另一方面，农户土地被承包后用于经济作物的种植，农田废弃物减少，其家庭燃料类型由原来薪柴、秸秆逐渐转变成煤气、电等洁净燃料，这均会对农村生物质燃烧最终排放量产生影响。

进一步结合课题组 2008～2015 年在珠江三角洲农村的调研结果，提出以下对策与建议。

（1）进一步发展和提高秸秆资源化利用科技水平。当地农户对秸秆资源化利用的认识仍然薄弱，政府部门应在促进秸秆资源化利用方面进一步提供技术和资金支持，如政府扶持运营生物质发电厂或制作生物质成型燃料的企业，给予农户回收生物秸秆适当补助，为农户参与秸秆资源化利用提供便捷的通道。补贴农户及企业加工木制品残余树皮等的分类收集，提高生物质集中处理效率。进一步推广秸秆高效还田技术。目前，通过田间观察，水稻收获多用国产收割机，留茬较高，不易秸秆的腐烂和还田。通过加大投资，增加农机购置补贴，不断改善还田配套机械，为秸秆的还田利用提供支持。调研中发现部分地区玉米秸秆被畜禽饲养大户购买粉碎后用来喂养牲畜，实现了资源的合理利用。

（2）结合最新卫星遥感技术，通过法律和行政手段加强监管。通过卫星遥感等手段，构建区域的火点监控网络，在作物收获季（特别是晚稻收获季）进行高强度的监控，政府部门应当将具体监督措施实施到位，适时采取法律和行政手段；同时，加强区域间环保部门的合作。

（3）加大秸秆禁烧宣传力度。通过秸秆燃烧危害和秸秆资源化利用益处的宣传，提高农户参与的积极性。通过广播、电视等媒体宣传普及秸秆燃烧危害和秸秆资源化利用益处，可采取的媒体途径主要包括：广播播报、电视宣传、在水稻种植密集区悬挂条幅、农村聚集区粉刷一些宣传标语等形式。宣传时期可从作物收获期的前一个月开始，一直持续到收获完毕之后的一个月左右，此时轮作基本已经完毕。

参考文献

曹国良，郑方成，王亚强. 2004. 中国大陆生物质燃烧排放的 TSP，PM_{10}，$PM_{2.5}$ 清单. 过程工程学报，4（增刊）：700-704.

曹国良，张小曳，王丹，等. 2005a. 中国大陆生物质燃烧排放的污染物清单. 中国环境科学，25（4）：389-393.

曹国良，张小曳，王丹，等. 2005b. 秸秆秸秆露天焚烧排放的TSP等污染物清单. 农业环境科学学报，24（4）：800-804.

曹国良，张小曳，郑方成，等. 2006. 中国大陆秸秆露天焚烧的量的估算. 资源科学，28（1）：9-13.

高祥照，马文奇，马常宝，等. 2002. 中国作物秸秆资源利用现状分析. 华中农业大学学报，21（3）：242-247.

黄成，陈长虹，李莉，等. 2011. 长江三角洲地区人为源大气污染物排放特征研究. 环境科学学报，31（9）：1858-1871.

李兴华. 2007. 生物质燃烧大气污染物排放特征研究. 北京：清华大学博士学位论文.

林日强，宋丹丽. 2002. 广东省作物秸秆的利用现状与问题. 土壤与环境，11（1）：110.

刘刚，沈镭. 2007. 中国生物质能源的定量评价及其地理分布. 自然资源学报，22（1）：9-19.

刘源. 2006. 中国含碳气溶胶来源研究. 北京：北京大学硕士学位论文.

田晓瑞，舒立福，王明玉. 2003. 1991～2000年中国森林火灾直接释放碳量估算. 火灾科学，12（1）：6-10.

王桥，厉青，陈良富，等. 2011. 大气环境卫星遥感技术及其应用. 北京：科学出版社.

王书肖，张楚莹. 2008. 中国秸秆露天焚烧大气污染物排放时空分布. 中国科技论文在线，3（5）：329-333.

王效科，冯宗炜，庄亚辉. 2001. 中国森林火灾释放的 CO_2、CO 和 CH_4 研究. 林业科学，37（1）：90-95.

杨昆，管东生. 2006. 珠江三角洲森林的生物量和生产力研究. 生态环境，15：84-88.

Bi X H, Zhang G H, Li L, et al. 2011. Mixing state of biomass burning particles by single particle aerosol mass spectrometer in the urban area of PRD, China. Atmospheric Environment, 45: 3447-3453.

Cao G L, Zhang X Y, Zheng F C. 2006. Inventory of black carbon and organic carbon emissions from China. Atmospheric Environment, 40: 6516-6527.

Cao J J, Lee S C, Ho K F, et al. 2003a. Characteristics of carbonaceous aerosol in Pearl River Delta Region China during 2001 winter period. Atmospheric Environment, 37: 1451-1460.

Cao J J, Lee S C, Ho K F, et al. 2003b. Spatial and seasonal distributions of atmospheric carbonaceous aerosols in Pearl River Delta region, China. China Particuology, 1: 33-37.

Deng X, Tie X, Wu D, et al. 2008. Long-term trend of visibility and its characterizations in the Pearl River Delta Region (PRD). Atmospheric Environment, 42: 1424-1435.

Freeborn P H, Wooster M J, Roy D P, et al. 2014. Quantification of MODIS fire radiative power (FRP) measurement uncertainty for use in satellite-based active fire characterization and biomass burning estimation. Geophysical Research Letters, 141: 1988-1994.

Gao B, Guo H, Wang X M, et al. 2012. Tracer-based source apportionment of polycyclic aromatic hydrocarbons in $PM_{2.5}$ in Guangzhou, Southern China, using positive matrix factorization (PMF). Environmental Science and Pollution Research 20 (4): 2398-2409.

Giglio L, Descloitres J, Justice C O, et al. 2003. An enhanced contextual fire detection algorithm for

MODIS. Remote Sensing of Environment, 87 (3): 273-282.

Giglio L, Schroeder W, Justice C O, et al. 2016. The collection 6 MODIS active fire detection algorithm and fire products. Remote Sensing of Environment, 178: 31-41.

Guo H, Wang T, Blake D R, et al. 2006. Regional and local contributions to ambient non-methane volatile organic compounds at a polluted rural-coastal site in Pearl River Delta China. Atmospheric Environment, 40 (13): 2345-2359.

Guo H, Cheng H R, Ling Z H, et al. 2011. Which emission sources are responsible for the volatile organic compounds in the atmosphere of Pearl River Delta. Journal of Hazardous Materials, 188: 116-124.

He M, Zheng J Y, Yin S, et al. 2011. Trends, temporal and spatial characteristics, and uncertainties in biomass burning emissions in the Pearl River Delta, China. Atmospheric Environment, 45: 4051-4059.

Huang X, Li M M, Friedli H R, et al. 2011. Mercury emissions from biomass burning in China. Environmental Science and Technology, 45: 9442-9448.

Huang X, Li M M, Li J F, et al. 2012. A high-resolution emission inventory of crop burning in fields in China based on MODIS Thermal Anomalies/Fire products. Atmospheric Environment, 50: 9-15.

Justice C O, Giglio L, Korontzi S, et al. 2002a. The MODIS fire products. Remote Sensing of Environment, 83: 244-262.

Justice C O, TownshendJ R G, VermoteE F, et al. 2002b. An overview of MODIS land data processing and product status. Remote Sensing of Environment, 83: 3-15.

Justice C O, Giglio L, Roy D, et al. 2011. MODIS-Derived Global Fire Products // Ramachandran B, Justice C O, Abrams M J. In Land Remote Sensing and Global Environmental Change . New York : Springer.

Korontzi S, McCarty J, Loboda T, et al. 2006. Global distribution of agricultural fires in croplands from 3 years of Moderate Resolution Imaging Spectroradiometer (MODIS) data. Global Biogeochemical Cycles, 20 (2): 601-612.

Ling Z H, Guo H, Cheng H R, et al. 2011. Sources of ambient volatile organic compounds and their contributions to photochemical ozone formation at a site in the Pearl River Delta, Southern China. Environmental Pollution, 159: 2310-2319.

Liousse C, Andreae M O, Artaxo P, et al. 2004. Deriving global quantitative estimates for spatial and temporal distributions of biomass burning emissions// Granier C, Artaxo P, Reeves C E. Emissions of atmospheric trace compounds. Dordrecht: Kluwer Academic Publisher.

Liu Y, Shao M, Lu S H, et al. 2008. Volatile organic compound (VOC) measurements in the Pearl River Delta (PRD) region, China. Atmospheric Chemistry and Physics, 7 (5): 1531-1545.

Roy D P, Boschetti L, Justice C O, et al. 2008. The collection 5 MODIS burned area product: Global evaluation by comparison with the MODIS active fire product. Remote Sensing of Environment, 112: 3690-3707.

Song Y, Dai W, Cui M M, et al. 2008. Identifying dominant sources of respirable suspended particulate in Guangzhou, China. Environmental Engineering Science, 25: 959-968.

Streets D G, Yarber K F, Woo J H, et al. 2003a. Biomass burning in Asia: Annual and seasonal estimates and atmospheric emissions. Global Biogeochemical Cycles, 17 (4): 1759-1768.

Streets D G, Bond T C, Carmichael G R, et al. 2003b. An inventory of gaseous and primary aerosol emissions in Asia in the year 2000. Journal of Geophysical Research- Atmospheres, 108 (21): GTE30, 1-23.

Wang Q Q, Shao M, Liu Y, et al. 2007. Impact of biomass burning on urban air quality estimated by organic tracers: Guangzhou and Beijing as cases. Atmospheric Environment, 41: 8380-8390.

Woo J H, Streets D G, Carmichael G R, et al. 2003. Contribution of biomass and biofuel emissions to trace gas distributions in Asia during the TRACE-P experiment. Journal of Geophysical Research, 108 (D21): 8812.

Yuan B, Liu Y, Shao M, et al. 2010. Biomass burning contributions to ambient VOCs species at a receptor site in the Pearl River Delta (PRD), China. Environmental Science and Technology, 44: 4577-4582.

Zhang H F, Ye X N, Cheng T T, et al. 2008. A laboratory study of agricultural crop residue combustion in China: Emission factors and emission inventory. Atmospheric Environment, 42 (36): 8432-8441.

Zhang Z S, Engling G, Lin C Y, et al. 2010. Chemical speciation, transport and contribution of biomass burning smoke to ambient aerosol in Guangzhou, a mega city of China. Atmospheric Environment, 44: 3187-3195.

Zheng J Y, Zhang L J, Che W W, et al. 2009. A highly resolved temporal and spatial air pollutant emission inventory for the Pearl River Delta Region, China and its uncertainty assessment. Atmospheric Environment, 43 (32): 5112-5122.

Zheng J Y, Zheng Z Y, Yu Y F, et al. 2010. Temporal, spatial characteristics and uncertainty of biogenic VOC emissions in the Pearl River Delta region, China. Atmospheric Environment, 44: 1960-1969.

Zheng J Y, He M, Shen X L, et al. 2012. High resolution of black carbon and organic carbon emissions in the Pearl River Delta region, China. Science of the Total Environment, 438: 189-200.

Zheng M, Wang F, Hagler G S W, et al. 2011. Sources of excess urban carbonaceous aerosol in the Pearl River Delta Region, China. Atmospheric Environment, 45: 1175-1182.

第6章　农村典型燃烧源排放含碳污染物的环境风险评价

6.1　环境风险评价方法

本章主要评价农村典型燃烧源排放含碳污染物对室内典型人群的健康风险。健康风险评价（health risk assessment，HRA）是指收集和利用科学可靠、设计合理的毒理学、流行病学及其他实验室研究的最新成果，遵循一定的评价准则，对某种环境有害因素造成暴露人群的不良健康效应进行综合定性和定量分析评价的过程。健康风险评价兴起于20世纪70年代的美国等几个工业发达国家，其发展经历了萌芽、高峰、发展和完善三个阶段，1983年，美国国家科学院在其出版的红皮书《联邦政府的风险评价：管理程序》中首次提出风险评价"四步法"（图6.1），即危害鉴定、剂量-仅应关系评价、暴露评价和危险度特征分析，这在健康风险评价研究史上具有里程碑意义。随后，美国国家环境保护局（简称美国环保局）又陆续发布《致癌风险评价指南》《暴露风险评价指南》《内吸毒物的健康评价指南》等指导性文件，目前健康风险评价在欧盟、日本等国家和地区也得到了一定的应用，也成为某些国际组织制定安全管理制度的一个重要指标（毛小苓和刘阳生，2013）。

中国的环境健康风险评价始于20世纪90年代，主要以介绍和应用国外的研究成果为主，1990年和1997年先后在核工业、燃煤大气污染方面开展了健康风险评价研究，随后广泛应用在水环境方面（史春风等，1999；高继军等，2004；钱家忠等，2004；孙树青等，2006）。2008年，环境保护部发布了《环境影响评价技术导则：人体健康》的征求意见稿，为今后我国环境影响人体健康的评价工作提供了指引。

本书按照美国国家科学院提出的健康风险评价"四步法"，采用美国EPA推荐的健康风险评价模型，对农村家庭燃用生物质和煤炭排放的几种主要致癌污染物的人体健康风险进行评价。农村妇女由于烹饪及取暖等活动在厨房的停留时间显著高于其他人群，面临更高的风险，有必要对其职业暴露风险进行评估。

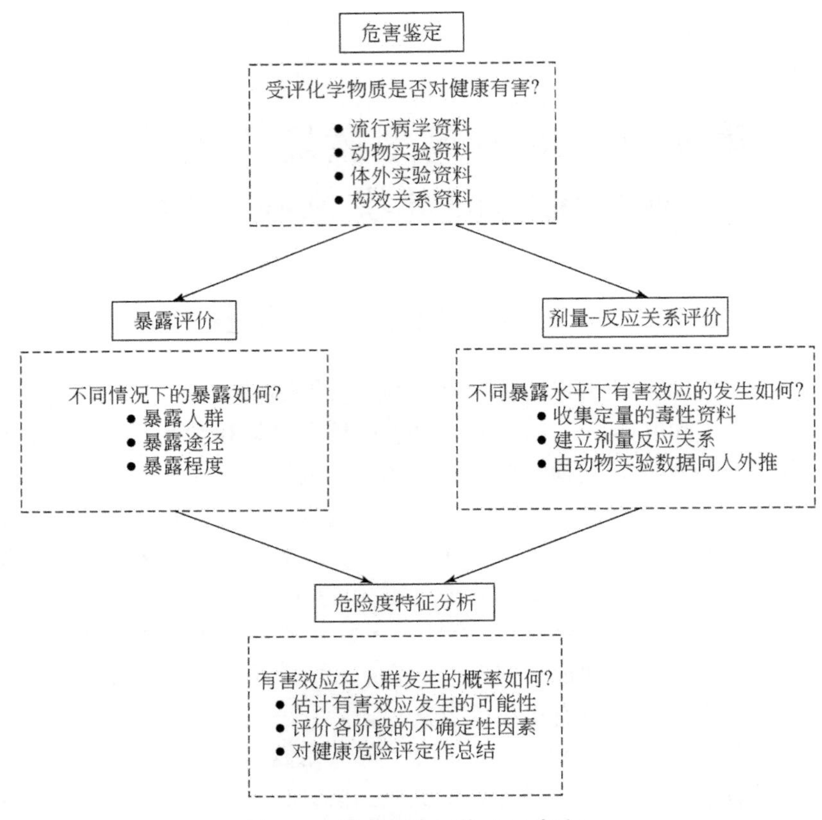

图 6.1　健康风险评价“四步法”

6.1.1　危害鉴定

危害鉴定是健康与风险评价的首要步骤，属于定性评价阶段。目的在于确定在一定的接触条件下，被评价的化学物质是否会产生健康危害，从而确定对该污染物进行风险评价的必要性和可能性。危害鉴别的依据主要来自流行病学、毒理学和动物实验资料。国际癌症研究机构依据化学物质对人体的致癌危险，对已有资料报告的化学物质进行了分类，共分为 4 组，具体分组标准见表 6.1（IARC，2014）。本书筛选的全部为 2B 组及以上污染物种。

表 6.1　国际癌症机构对致癌物的分组评定

分组		描述
1	人类致癌物（human carcinogen）	充分的流行病学证据，剂量反应关系，调查资料或动物实验支持

续表

分组			描述
2	2A	极可能人类致癌物 (probable human carcinogen)	动物致癌证据充分，人类致癌证据有限
	2B	可能人类致癌物 (possible human carcinogen)	人类致癌证据有限，动物证据不充分或人群证据不足，动物证据充分
3		可疑人类致癌物 (inadequate evidence for classification)	动物与人群证据均不足或无资料
4		对人很可能不致癌 (no evidence for human carcinogenicity)	至少在 2 个不同种属的动物实验（设计良好、实施良好）均出现阴性结果，或在动物实验与流行病学研究中均不显示致癌性

6.1.1.1　多环芳烃

根据 IARC 分类，测定的燃烧源排放的 16 种优控多环芳烃中共有 8 种致癌分组为 2B 及以上，其吸入单元危险度及致癌强度系数列于表 6.2。其中，苯并［a］芘致癌等级为 1 组，二苯并［a，h］蒽致癌等级为 2A 组，萘、苯并［a］蒽、䓛、苯并［b］荧蒽、苯并［k］荧蒽、茚并［1，2，3-cd］芘等 6 种多环芳烃致癌等级为 2B 组。

表 6.2　多环芳烃致癌物质信息

中文名称	英文名称	CAS 号	致癌分组	IUR/[(μg/m^3)$^{-1}$]	ISF/[(mg/kg·d)$^{-1}$]
萘*	Naphthalene	91-20-3	2B	3.4×10^{-5}	0.12
苯并［a］蒽	Benz［a］anthracene	56-55-3	2B	1.1×10^{-4}	0.39
䓛	Chrysene	218-01-9	2B	1.1×10^{-5}	0.039
苯并［b］荧蒽*#	Benzo［b］fluoranthene	205-99-2	2B	1.1×10^{-4}	0.39
苯并［k］荧蒽*#	Benzo［k］fluoranthene	207-08-9	2B	1.1×10^{-4}	0.39
苯并［a］芘*#	Benzo［a］pyrene	50-32-8	1	1.1×10^{-3}	3.9
二苯并［a，h］蒽#	Dibenz［a，h］anthracene	53-70-3	2A	1.2×10^{-3}	4.1
茚并［1，2，3-cd］芘*#	Indeno［1-2-3-c-d］pyrene	193-39-5	2B	1.1×10^{-4}	0.39

注：*已列入“中国环境优先污染物黑名单”的 7 种 PAHs；#美国 EPA 列出的 7 种具有潜在人体致癌性的 PAHs；致癌分组来自国际癌症研究中心 IARC；风险系数来自 OEHHA 化学品风险数据库，IUR 为 inhalation unit risk，吸入单元危险度 ISF 为 inhalation slope factor，致癌强度系数

6.1.1.2 杂环胺

测定的杂环胺中，IQ 被 IARC 归为致癌物质 2A 组。在对动物的入口暴露毒性研究中，发现 IQ 对小鼠有显著的致癌效果，主要致癌器官为肝脏、肺和前胃，此外也会导致白血病（IARC，1986）。仅有几项研究证明了 IQ 对人类直肠和胃有潜在的致癌可能（IARC，1993）。MeIQ 为致癌物质 2B 组，在对小鼠的入口暴露毒性研究中，在实验组发现了胃癌和肝癌病例。AaC 为致癌物质 2B 组，在一项对小鼠的入口暴露毒性研究中，发现了肝癌病例。MeAaC 为致癌物质 2B 组，在一项对小鼠的入口暴露毒性研究中，发现了肝癌病例。PhIP 为致癌物质 2B 组，在极低的剂量下就可致癌，但目前仍未探明安全的剂量水平，本书未开展分析，具体见表 6.3。

表 6.3　杂环胺致癌物质信息

中文名称	英文名称	CAS 号	致癌分组	IUR/ [(μg/m³)⁻¹]	ISF/ [mg/(kg·d)⁻¹]
2-氨基-3-甲基咪唑并（4，5-f）喹啉	IQ	76180-96-6	2A	4.0×10^{-4}	1.4
2-氨基-3，4-二甲基-3H-咪唑并喹啉	MeIQ	77094-11-2	2B	—	1.5
2-氨基-9H-吡啶［2，3-b］吲哚	AaC	26148-68-5	2B	1.1429×10^{-4}	0.4
2-氨基-3-甲基-9H-吡啶［2，3-b］吲哚	MeAaC	68006-83-7	2B	3.4×10^{-4}	1.2

6.1.1.3 含氧挥发性有机物

本书测定的含氧挥发性有机物中，甲醛为致癌物 1 组，乙醛为 2B 组，具体见表 6.4。

表 6.4　含氧挥发性有机物致癌物质信息

中文名称	英文名称	CAS 号	致癌等级	IUR/ [(μg/m³)⁻¹]	ISF/ [mg/(kg·d)⁻¹]
甲醛	Formaldehyde	50 000	1	6.00×10^{-6}	0.021
乙醛	Acetaldehyde	75 070	2B	2.70×10^{-6}	0.01

6.1.2　暴露评价

6.1.2.1　暴露剂量及参数设置

暴露评价是环境健康风险评价的关键部分，主要是确定污染物的来源、暴露途径和暴露人群，测定和估计暴露的浓度、暴露持续时间及暴露人群的特征，然后计算人体的暴露剂量率。暴露评价的最终目的是计算人群的暴露剂量率，根据美国 EPA 推荐的环境健康风险评价模型，有阈化合物（即非致癌物和非遗传毒性的致癌物）通常采用日均暴露剂量（average daily dose，ADD）来表示，无阈化合物通常采用终身日均暴露剂量（life average daily dose，LADD）来表示。本书目标污染物均为致癌物，因此采用 LADD 来评价健康风险。

终身日均暴露剂量的计算见下式：

$$LADD = (C \cdot IR \cdot ED)/(BW \cdot AT) \tag{6-1}$$

式中，LADD 单位为 mg/（kg · d）；C 为污染物浓度（mg/m^3）；IR 为呼吸速率（m^3/d）；ED 为暴露持续时间（d）；BW 为体重（kg）；AT 为平均暴露时间（d）。本书设定家庭主妇为唯一进行炊事活动的个体，依据“中国人群环境暴露行为模式”研究的相关结果选取暴露参数值（环境保护部，2013），具体见表 6.5。

表 6.5　成年女性暴露参数

人群	IR/(m^3/d)	BW/kg	ED/d	AT/d
成年女性	10.9*	56.1	30min×365	70min×365

注：IR 按炊事属轻微活动计，短期呼吸量按 7.6L/min 计

由于暴露人群自身特征的差异，暴露参数不尽相同，关于暴露参数的选取一直是健康风险评价的难点之一。美国环保局基于大量类似研究和全国性大规模调查的数据，于 1989 年出版了第一版的《暴露参数手册》（*Exposure Factor Handbook*），1997 年进一步补充和完善，2006 年再次对暴露参数手册进行修订。《暴露参数手册》中详细规定了不同人群呼吸、饮食、饮水和皮肤接触的各种参数，并提出了在各种情况和需求下暴露参数选用原则的建议（USEPA，1997）。我国由于在暴露参数研究方面缺乏基础数据支持，早期在健康风险评价中一般引用美国的暴露参数。考虑我国居民环境暴露行为模式与国外居民存在较大差异，环境保护部在“十二五”期间，组织开展我国人群环境暴露行为模式研究，并完成了对 18 岁及以上人群环境暴露行为模式的研究报告（环境保护部，2013）。本书采用的暴露参数选取主要依据该报告的相关结果。

6.1.2.2 暴露情景

结合本课题组在湖北、河北、辽宁、贵州和广东等5个省份农村的调研结果，确定农村家庭主妇在厨房每日累计停留70min（龚巍巍等，2014；Zhang and Smith，2007）。厨房大小为2m×3m×3m，共18m^3（龚巍巍等，2014）。由于中国各省份炊事炉灶、燃煤炉配备烟筒的情况差异较大（沈芳，2006；龚巍巍等，2014），考察了极端不利条件，即厨房缺乏有效排烟措施，且整个炊事过程厨房污染物浓度维持一致情景下的健康风险。

影响厨房污染物浓度的主要因素之一是炊事燃料的类型。根据炊事能源不同，本书设计了四种简化后的情景。情景一至情景四分别以秸秆、薪柴、无烟煤、烟煤为唯一炊事燃料，每餐使用量均为2.00kg，折算为年使用量为2.19t。排放因子来自本书实测及文献报道值整合后的均值。其中，秸秆为水稻、玉米和小麦三种主要粮食作物秸秆家庭燃用污染物排放因子的均值；薪柴PAHs及OVOCs排放因子为实测桉树、荔枝柴及文献报道薪柴结果处理后值，HAs排放因子为杨树、刺槐、国槐、柳树、桦树、水曲柳、柞树、银杏等典型薪柴排放因子处理后均值；烟煤为块煤燃烧排放因子，其PAHs及HAs排放因子主要来自本书实测，甲醛及乙醛的排放来自本课题组王琴等在北京测试的产自山西大同、内蒙古东胜、宁夏银川及贵州织金等地煤炭的测试结果；无烟煤选用主要来自实测的型煤（蜂窝煤）排放因子。表6.6列出了四种情景使用的排放因子。

表6.6 固体燃料致癌污染物排放因子 （单位：μg/kg）

污染物	情景一秸秆	情景二薪柴	情景三烟煤	情景四无烟煤
萘	45.89	6.42	20.09	1.64
苯并[a]蒽	1.90	0.32	12.09	0.14
䓛	2.14	0.31	10.03	0.32
苯并[b]荧蒽	1.61	0.18	11.12	0.19
苯并[k]荧蒽	0.96	0.17	8.86	1.20
苯并[a]芘	1.29	0.16	9.93	ND
二苯并[a，h]蒽	0.11	0.01	1.97	0.12
茚并[1，2，3-cd]芘	0.68	0.12	10.61	0.14
IQ	—	—	—	—
MeIQ	—	—	—	—
AaC	37.8	22.0	6.6	0.6
MeAaC	93.7	18.8	142.9	5.2

续表

污染物	情景一秸秆	情景二薪柴	情景三烟煤	情景四无烟煤
甲醛	843.7	527.6	37 379	1 203.3
乙醛	468.3	191.2	16 473	752.2

6.1.3　剂量-反应关系

剂量-反应关系是环境健康风险评价的核心部分，主要是确定某环境污染物暴露量与人群有害效应之间的定量关系。剂量-反应关系最可靠的来源是从流行病学调查得到，但多数情况下，很难得到完整的与健康效应相对应的人群暴露资料，另一种来源是通过动物的剂量-反应关系，对数-正态模型等各种模型外推到人群。根据美国 EPA 推荐的健康风险评价模型，无阈化合物的剂量-反应关系通常用斜率系数（slope factor，SF）来表示，也称致癌强度系数，其含义是：实验动物或人终身暴露于剂量为每日每公斤体重 1mg 致癌物时的终生超额致癌概率（危险度），其值为剂量-反应关系曲线斜率的 95% 上限，以 $[(mg/(kg \cdot d))^{-1}]$ 表示。该值越大，表明单位剂量致癌物导致人体的超额患癌率越高。美国 EPA 致癌物评价小组对数百种致癌物进行了评价，并计算出致癌强度系数，储存在综合危险度数据库（integrated risk information system，IRIS）。在 IRIS 数据库中，部分污染物的致癌强度系数表达为单位风险的形式，需进行换算。美国加利福尼亚州环保局制定的 65 号议案是该州政府为了更好地保护其居民健康和饮用水安全等，对可能引起癌症和生殖遗传毒性的致癌物进行识别和鉴定的法案，对致癌物质名单定期更新并发布在环境健康危害评估系统数据库（office of environmental health hazard assessment，OEHHA）中，该平台化合物涵盖量较全面。本书使用的吸入途径的致癌强度系数主要来自 OEHHA 系统 Toxicity Criteria Database，具体参见表 6.2 ~ 表 6.4。

6.1.4　危险度特征分析

危险度特征分析是环境健康风险评价的最后一个步骤，目的是在综合上述定性与定量评价的基础上，按一定准则及数学推导，得到相对定量的信息，即在特定条件下，预期人群出现有害效应的终生或年均超额危险度，同时，对评价过程的不确定性进行分析和评估。危险度表征通常根据暴露评价中的终生日均暴露剂量结合剂量效应关系中致癌强度系数，根据一定的公式进行计算，一般情况下，采用人群的年均超额危险度来表示。

本书中，污染物的吸入途径致癌危险度通过农村炊事妇女的年均超额危险度来表征，公式如下：

$$R=[1-\exp(-LADD\cdot ISF)]/77.4 \tag{6-2}$$

式中，R 为成年女性年均超额危险度，无量纲；ISF 为致癌化学物质的吸入致癌强度系数 $[(mg/(kg\cdot d))^{-1}]$；77.4 为中国农村女性人均寿命（a）（环境保护部，2013）。

由于不同物质的健康效应不同，且多种有毒有害物质共同作用于受体时可能存在协同或拮抗作用，因此危险度评价一般只针对单一的化学物质，若考虑多种污染物的共同毒性作用时比较复杂。鉴于已有研究未报道污染物单体之间的相互作用，本书忽略污染物之间的彼此相互作用，将其危险度水平直接叠加的结果作为多种污染物综合作用的考量指标。

6.2 环境风险评价结果

6.2.1 污染物总体吸入致癌风险及主要致癌物

四种情景下使用不同燃料排放致癌性风险为 2B 组及以上的 8 种 PAHs、2 种 HAs 和 2 种 OVOCs 的农村家庭主妇年超额危险度列于表 6.7。使用秸秆、薪柴、烟煤和无烟煤的超额危险度分别为 1.81×10^{-5}、5.51×10^{-6}、1.42×10^{-4} 和 4.86×10^{-6}。美国 EPA认为超额危险度 R 值小于 10^{-6} 为风险可接受水平，$10^{-7}\sim10^{-8}$ 为可忽略风险水平（USEPA，1997，2008）。健康风险评价结果表明，在缺乏有效排烟措施的情况下，使用烟煤和使用秸秆炊事的农村妇女的超额危险度远高于 EPA 推荐的可接受的风险水平，特别是使用烟煤炊事时面临更高的致癌风险。使用薪柴和无烟煤的年超额危险度处于临界范围，略高于 EPA 推荐的可接受风险水平，具体见表 6.7。

表 6.7 各情境农村家庭主妇年超额危险度

污染物	情景一秸秆	情景二薪柴	情景三烟煤	情景四无烟煤
萘	9.21×10^{-8}	9.21×10^{-8}	2.88×10^{-7}	2.35×10^{-8}
苯并［a］蒽	1.49×10^{-8}	1.49×10^{-8}	5.64×10^{-7}	6.53×10^{-9}
䓛	1.45×10^{-9}	1.45×10^{-9}	4.68×10^{-8}	1.49×10^{-9}
苯并［b］荧蒽	8.39×10^{-9}	8.39×10^{-9}	5.18×10^{-7}	8.86×10^{-9}
苯并［k］荧蒽	7.93×10^{-9}	7.93×10^{-9}	4.13×10^{-7}	5.59×10^{-8}
苯并［a］芘	7.46×10^{-8}	7.46×10^{-8}	4.63×10^{-6}	0.00×10^{0}
二苯并［a，h］蒽	4.90×10^{-9}	4.90×10^{-9}	9.65×10^{-7}	5.88×10^{-8}

续表

污染物	情景一秸秆	情景二薪柴	情景三烟煤	情景四无烟煤
茚并［1，2，3-cd］芘	5.59×10^{-9}	5.59×10^{-9}	4.95×10^{-7}	6.53×10^{-9}
AaC	1.81×10^{-6}	1.05×10^{-6}	3.16×10^{-7}	2.87×10^{-8}
MeAaC	1.34×10^{-5}	2.70×10^{-6}	2.05×10^{-5}	7.46×10^{-7}
甲醛	2.12×10^{-6}	1.32×10^{-6}	9.35×10^{-5}	3.02×10^{-6}
乙醛	5.60×10^{-7}	2.29×10^{-7}	1.97×10^{-5}	8.99×10^{-7}
合计	1.81×10^{-5}	5.51×10^{-6}	1.42×10^{-4}	4.86×10^{-6}

注：杂环胺中 IQ 及 MeIQ 均未检出，这里未列出致癌风险

使用秸秆作为炊事能源，单一污染物的年超额危险度高于 EPA 推荐的可接受风险水平的为 MeAaC、甲醛和 AaC，R 值分别为 1.34×10^{-5}、2.12×10^{-6} 和 1.81×10^{-6}。使用薪柴作为炊事能源，单一污染物的年超额危险度高于 EPA 推荐的可接受风险水平的同样为 MeAaC、甲醛和 AaC，R 值分别为 2.70×10^{-6}、1.32×10^{-6} 和 1.05×10^{-6}。使用烟煤作为炊事能源，单一污染物的年超额危险度高于 EPA 推荐的可接受风险水平的为甲醛、MeAaC 和乙醛，R 值分别为 9.35×10^{-5}、2.05×10^{-5} 和 1.97×10^{-5}。使用烟煤作为炊事能源，单一污染物的年超额危险度高于 EPA 推荐的可接受风险水平的仅有甲醛，R 值为 3.02×10^{-6}。

6.2.2　污染物分类吸入致癌风险

四种情景下，不同类污染物的农村家庭主妇年超额危险度列于表 6.8。结果表明，使用生物质（秸秆、薪柴）作为炊事燃料时，吸入途径致癌风险主要来自排放的杂环胺，占比分别为 84% 和 68%；其次是含氧挥发性有机物，占比分别为 15% 和 28%。使用烟煤和无烟煤作为炊事燃料时，吸入途径致癌风险主要来自排放的含氧挥发性有机物，占比分别为 80% 和 81%；其次是杂环胺，占比分别为 15% 和 16%。四种情景下，多环芳烃吸入途径的致癌风险占比均较小。

表 6.8　各情境各类污染物的农村家庭主妇年超额危险度

污染物	情景一秸秆		情景二薪柴		情景三烟煤		情景四无烟煤	
	超额风险	占比/%	超额风险	占比/%	超额风险	占比/%	超额风险	占比/%
PAHs	2.10×10^{-7}	1	2.10×10^{-7}	4	7.92×10^{-6}	6	1.62×10^{-7}	3
HAs	1.52×10^{-5}	84	3.75×10^{-6}	68	2.08×10^{-5}	15	7.75×10^{-7}	16
OVOCs	2.68×10^{-6}	15	1.55×10^{-6}	28	1.13×10^{-4}	80	3.92×10^{-6}	81
合计	1.81×10^{-5}	100	5.51×10^{-6}	100	1.42×10^{-4}	100	4.86×10^{-6}	100

6.2.3 不确定性分析

本书初步评价了极端不利条件下农村家庭主妇使用炊事能源面临的吸入途径的致癌风险，但由于在计算过程中有多处简化，因此致癌风险评价结果具有较大的不确定性，主要表现在以下几个方面。

（1）排放因子。本书使用的排放因子具有较高的可靠性，但由于在处理时，将具体种类的燃料排放因子平均化，消弭了其间的差异。实验测试结果表明，水稻、玉米和小麦秸秆家庭燃用其甲醛、乙醛及几种典型的杂环胺排放因子波动较大。特别是几种烟煤燃烧时，受煤炭本身性质及燃烧条件的影响，排放因子有数量级上的差距，导致计算的超额危险度也存在显著的差异。

（2）炊事燃料使用量及污染物扩散场景。本书设定炊事每餐使用2kg（6kg/d）能源为调研了部分地区及结合文献结果的简化值，不同地区之间可能差异较大。本书设定的情景为极端不利条件下的扩散，即排放的污染物均匀分布于厨房密闭的空间，且污染物浓度保持不变。因此，计算所得的吸入途径致癌风险值较通风良好的环境显著偏高。

（3）剂量-反应关系。由于我国目前尚没有相关的研究，本书采用的致癌强度系数全部来自美国加利福尼亚州的环境健康危害评估系统数据库（OEHHA）。根据《环境影响评价技术导则人体健康》（征求意见稿），无阈化学物危害鉴定应根据肿瘤流行病学调查及长期动物实验两方面资料，并参考短期试验、药物动力学、比较代谢研究、构效关系和其他毒理学研究的结果。因此，现有的剂量-反应关系参数是否适用于中国仍待进一步研究。

（4）危险度水平直接叠加。考虑已有研究未见污染物单体之间相互作用的相关报道，本书将单体污染物吸入途径致癌危险度叠加后的值作为总的危险度，这种处理方法存在较大不确定性，仍需要大量的研究探讨污染物之间的相互作用。

参考文献

高继军，张力平，黄圣彪，等．2004．北京市饮用水源水重金属污染物健康风险的初步评价．环境科学，25（2）：47-50.

龚巍巍，赵亚娟，栾胜基．2014．中国5省份农村室内空气$PM_{1.0}$和CO污染特征．科学通报，59（16）：1553-1563.

环境保护部．2013．中国人群暴露参数手册（成人卷）．北京：中国环境出版社．

毛小苓，刘阳生．2003．国内外环境风险评价研究进展．应用基础与工程科学学报，11（3）：266-273.

钱家忠，李如忠，汪家权，等．2004．城市供水水源地水质健康风险评价．水利学报，8：90-93.

史春风，李文东，倪锋．1999. 松花江干流哈尔滨段水环境健康风险评价．黑龙江水利科技，27（3）：75-76.

孙树青，胡国华，王勇泽，等．2006. 湘江干流水环境健康风险评价．安全与环境学报，6（2）：12-15.

沈芳．2006. 农村贫困地区妇女儿童室内燃烟暴露现状及干预策略探讨．成都：四川大学硕士学位论文．

IARC. 1986. IARC Monographs on theevaluation of the carcinogenic risk of chemicals to humans: Some naturally occurring and synthetic food components. Furocoumatins and Ultraviolet Radiation. France: Lyon.

IARC. 1993. IARC Monographs on the evaluation of the carcinogenic risk of chemicals to humans: Some naturally occurring and synthetic food components. Furocoumatins and Ultraviolet Radiation. France: Lyon.

IARC. 2014. Agents Classified by the IARC Monographs, Volumes 1-118. http://monographs.iarc.fr/ENG/Classification/index.php.

USEPA. 1997. Exposure Factors Handbook. Washington DC: U. S. EPA.

USEPA. 2008. Child-Specific Exposure Factors Handbook. Washington DC: U. S. EPA.

Zhang J J, Smith K R. 2007. Household air pollution from coal and biomass fuels in China: Measurements, health impacts, and interventions. Environmental Health Perspective, 115 (6): 848-855.

第 7 章　结论与讨论

7.1　主 要 结 论

本书选取我国农村典型燃烧源，包括生物质燃烧（秸秆和薪柴的家庭炉灶燃烧、秸秆露天焚烧等）及家庭炊事燃煤，实地调研其活动水平，并开展实验室模拟，研究了生物质燃烧和农户燃煤含碳物质的排放特征，获得了各类含碳污染物的排放因子。在此基础上，初步分析了影响含碳污染物质排放的主要因素。根据实测结果及国内外已有研究构建了本土化的排放因子库，进而构建了珠三角地区和全国的生物质燃烧及农户燃煤主要含碳气体与气溶胶的排放清单，并分析了清单的不确定性。

7.1.1　测试系统

在参考国内外同类成果的基础上，搭建了一套稀释倍数可调、可运用离线和在线采样方式实现全组份测量的烟尘罩–稀释通道采样系统。设计的生物质燃烧源颗粒物稀释烟道采样系统具有以下特点：①燃烧条件接近实际燃烧情况，可模拟生物质自然燃烧状态下的污染物排放；②可完全收集生物质短时间内燃烧释放的大量烟气；③多通道同时采样，平行性好；④稀释比可在 8 ~ 100 倍内调节，使待测污染物浓度落在仪器最佳检测范围内；⑤温度及 CO_2 和 CO 等气态污染物的浓度实时显示，可实时评估燃烧状态。烟尘罩稀释采样系统的性能测试结果表明，该系统运行稳定，细颗粒物损失低，测量结果可靠。该系统可进一步扩展应用于分析其他民用燃烧源污染物排放特征。

7.1.2　排放特征

依托稀释通道采样系统，实测了典型秸秆野外焚烧、落叶野外焚烧、秸秆炉灶燃烧、薪柴炉灶燃烧和蜂窝煤燃烧排放的主要含碳物质 CO_2、CO、CH_4、$PM_{2.5}$、OC、EC、VOCs、OVOCs、PAHs（g）和 PAHs（s）及 HAs 的排放因子。秸秆露天焚烧产生的 10 种主要 VOCs 物种为 ethene、ethane、propene、toluene、ethyne、propane、benzene、isoprene、1-butene 和 m/p-xylene，合计占总排放的 85.7% ~90.0%。碳环数为 2 个和 3 个的 VOCs 物种占总排放的 70% 以上。含氧挥发性有机物（OVOCs）排放中，甲醛、乙醛、丙醛、丁醛、异戊醛等是主要的物种，占总排放的70%以上。

OC/EC值可用来指征颗粒物的来源，秸秆野外焚烧、落叶野外焚烧、秸秆炉灶燃烧、薪柴炉灶燃烧和蜂窝煤燃烧排放的OC/EC值分别为28.1±21.6、23.8±12.1、3.3±1.3、3.0±1.6和33.6±34.6，生物质野外焚烧排放的OC/EC值约为家庭炉灶燃烧的5.5～26.9倍，这主要由于野外燃烧时燃料含水量大，燃料不完全燃烧。生物质野外焚烧排放的总碳以OC为主，占80%上。薪柴炉灶燃烧排放的总碳有60%以OC存在，其余主要以EC存在。

秸秆野外焚烧、落叶野外焚烧、秸秆炉灶燃烧、薪柴炉灶燃烧和蜂窝煤燃烧排放的BC/EC值分别为0.2～3.3、0.2～0.5、0.3～5.5、2.5～4.2和0，表明不同源样品的BC/EC差异较大。因此，在计算源排放黑炭量时，不能笼统地由EC值作为BC值进行估算。秸秆的野外焚烧和家庭燃用PAHs排放因子差别较大，须严格区分其活动水平。本书获得的秸秆野外焚烧PAHs排放因子较已有研究高，表明已有清单可能低估了其实际排放量。谱分布研究结果表明，生物质燃烧排放的16种优控PAHs中，中高环（4～6环）物种占总PAHs的22.2%～28.8%，明显低于民用燃煤源。采用某单一异构体比值作为生物质燃烧源PAHs特征比的取值，并将其运用于PAHs的来源解析可能会造成显著偏差。

7.1.3　中国农村典型燃烧源含碳物质排放清单

构建了本土化的排放因子库，并进一步优化了活动水平数据库，使用县级能源结构来估算县级生物质能的使用量，可削减活动水平不确定性的13%～29%，提高了排放清单空间分布的可靠性。2006年中国农村生物质及煤燃烧源含碳物质排放清单显示，2006年全国生物质燃烧及农户燃煤向大气排放CO_2 118 060.7万t、CO 6673.2万t、CH_4 295.9万t、VOCs 325.6万t、$PM_{2.5}$575.8万t、OC 204.5万t、EC 59.3万t、PAHs 5.95万t。研究发现中国生物质露天燃烧OC与EC排放量显著高于已有文献报道值。基于构建的本土化排放因子库，获得中国生物质露天燃烧的OC和EC排放量均显著高于已知文献报道值，分别为已知文献报道值的1.5～8.9倍和1.4～5.7倍，这主要受排放因子选取、森林大火及因统计数据出处不同造成的活动水平差异等影响。这一发现对于准确评估中国在全球碳循环和气候变化中的贡献有重要修正作用。

我国农村地区典型燃烧源含碳物质排放地区分布不均衡，以四川、河南、山东、河北等地区排放量最大，主要受该地区农村人口数量及分布、经济发展水平、地理及气候条件等因素影响。秸秆炉灶燃烧是PAHs、CO、CH_4、VOCs、$PM_{2.5}$、CO_2和EC的主要排放来源，分别占其总量的68%、55%、51%、42%、

39%、38%和34%；秸秆露天焚烧排放是OC的主要排放来源，占其总量的46%；作为国内已有排放清单普遍忽视的源，动物粪便燃烧排放是青藏高原和内蒙古北部等地区OC、EC、VOCs等的主要来源。

受秸秆野外焚烧、生物质能源家庭使用量和森林大火的影响，华北平原地区、四川盆地部分地区和黑龙江省北部是我国典型的OC排放区。OC/EC高值主要分布在大量使用动物粪便作燃料的青藏高原和内蒙古东北部，以及秸秆作为炊事能源比例和秸秆露天焚烧比例均比较高的江苏、山东、福建、江西、黑龙江和吉林等地。

7.1.4 高分辨率珠江三角洲生物质燃烧源含碳物质排放清单

通过2008~2015年对珠江三角洲地区的实地调研，发现该地区秸秆田间焚烧具有明显的季节和类别特点。水稻秸秆夏季和秋冬季的焚烧比例分别为40%和30%，甘蔗梢叶和玉米秸秆的焚烧比例分别为60%和20%。平铺焚烧在该地区占据主导地位。结合实验室测定的南方地区典型秸秆、薪柴炉灶燃烧含碳物质排放特征和排放因子，进一步完善了区域含碳物质排放清单。

2008年珠三角地区生物质燃烧排放的$PM_{2.5}$、EC、CO、VOCs总量分别为13.56×10^3t、2.25×10^3t、186.36×10^3t和15.94×10^3t。其中，秸秆燃烧对各种污染物排放量均有较大的贡献，尤其是$PM_{2.5}$、VOCs。薪柴燃烧排放的EC占区域生物质燃烧EC总排放的80%以上，森林大火的排放几乎可以忽略。珠三角生物质燃烧污染物排放量处于第一阶梯的县市包括：肇庆的四会、高要，江门的开平，珠海的斗门和金湾区，惠州的惠城区等。环珠江口的几个县市中除广州的番禺、南沙及中山外，其余各县市因生物质燃烧排放的污染物较少。

7.1.5 环境风险评估

运用健康风险评价“四步法”，评估了由于烹饪及取暖等活动在厨房的停留时间显著高于其他人群的农村妇女面临的职业暴露风险。选择国际癌症研究机构划定为2B组及以上含碳污染物种，包括8种PAHs、2种HAs和2种OVOCs，评估了四种情景下使用不同燃料的致癌性风险。在缺乏有效排烟措施的情况下，使用烟煤和使用秸秆炊事的农村妇女的超额危险度远高于EPA推荐的可接受的风险水平，特别是使用烟煤炊事时面临更高的致癌风险。使用薪柴和无烟煤的年超额危险度处于临界范围，略高于EPA推荐的可接受风险水平。使用生物质（秸秆、薪柴）作为炊事燃料时，吸入途径致癌风险主要来自排放的杂环胺，其次是含氧挥发性有机物。使用烟煤和无烟煤作为炊事燃料时，吸入途径致癌风险主要来自排放的含氧挥发性有机物，其次是杂环胺。四种情景下，多环芳烃吸入途径的致癌风险占比均较小。

7.2　本书的局限性及展望

（1）燃烧平台的进一步完善。包括：①稀释采样系统的进一步优化，包括部分设备的更新、实验过程各参数的可视化（温湿度、在线仪器等）；②燃烧器具的进一步完善，如增加燃煤灶种类、燃烧方法的改进；③排放污染物大气中理化特性的进一步研究，如构建老化室，考察燃烧排放新鲜颗粒物在空气中的变化规律。

（2）中国本土化排放因子库的进一步完善。包括：①随着生物质等燃烧源谱及排放因子研究的不断完善，有必要建立相关测试结果的评价指标体系和遴选原则，以便作为相关清单构建的基本参数运用；②进一步补充某些遗漏源，如民用固体成型生物质燃料的排放因子。

（3）细分类物质的进一步研究，包括 VOCs 组分及 PAHs 衍生物组分的排放特征和排放清单。例如，相较于母体多环芳烃，衍生多环芳烃一般具有更直接和强的毒害作用，但目前衍生多环芳烃的相关研究还较少，其一次排放量及其在大气中的相关反应机理尚不明确。同时，污染物组分细分类的排放清单构建还需进一步完善，如构建 VOCs 特定物种的排放清单。

（4）野外焚烧生物质燃烧源动态排放清单的编制。我国目前已通过风云系列卫星及欧美的 NOAA 和 EOS 系列卫星等获取的遥感影像信息对秸秆焚烧火点进行了实时动态监测和通报，但受其分辨率过低等影响，在排放清单的估算中使用程度偏低。随着国内外更高分辨率卫星影像产品的出现（如日本葵花 8 号卫星），以及先关算法的不断优化，通过充分利用遥感影像信息、结合实地核查，可对我国秸秆焚烧面积和焚烧量进行更为精确的计算。通过野外实测反推清单（top-down）与“自下而上”（bottom-up）排放清单结果的比对，进一步发现现有清单编制中的问题，优化排放清单的时空分布，提高排放清单可靠性。

（5）通过大气污染物来源解析等受体模型定量评估生物质燃烧排放对区域空气质量的影响。目前尚缺乏区域尺度上评估生物质燃烧对空气质量影响的可靠技术方法和体系。本书以珠三角地区为例，综合运用实验室模拟、基于 GIS 的高分辨率清单、基于 MM5-SMOKE-CMAQ 及 GEOS-Chem 等大气化学模型预测的浓度分布等，准确评估区域生物质燃烧对不同城市的大气污染物贡献，以期成为其他地区进行相关研究的参考范例。

（6）民用燃烧源健康风险的进一步评估。本书初步评估了典型敏感人群农村家庭妇女炊事燃用生物质及煤的健康风险。结果显示，在换气不良的环境中，生物质及煤炭燃烧排放的杂环胺及甲醛等致癌风险较高。但本书结果建立在美国相关的暴露-剂量函数基础上，且评估的污染物种有限，仍需通过进一步的流行病性、毒理学等研究结果验证。

后　　记

本书由我的博士论文《农村地区典型燃烧源含碳物质排放研究》、博士后报告《基于卫星数据的亚洲生物质燃烧含碳、氮物质排放时空分布研究》中的部分内容、以及我到青岛理工大学工作后开展的后续研究，结合课题组多项研究，经过整理和修改得到。

2008 年初，正值课题组获得 863 计划重大项目“重点城市群大气复合污染综合防治技术与集成示范”之子课题“珠江三角洲大气复合污染防治技术集成和综合示范”专题资助之际，针对生物质燃烧的基础研究还比较薄弱，基于区域尺度上分析和评估生物质燃烧对空气质量影响的技术方法和体系的状况，课题组确定了搭建实验室用于组装稀释采样系统，并设计燃烧平台的方案，刚入学博士研究生的我即作为主力之一承担这项富有挑战性的任务。初步接手时，也深感这一方向的复杂、资料的缺乏和任务的繁重，基本上是摸着石头过河，特别是很多的系统改进都是在不断的摸索下实现的。从 2008 年 9 月参与生物质燃烧实验室建设，到 2015 年 7 月实验室还在进一步改造升级，再到 2017 年 2 月论文初稿定稿，这段时间是我个人快速成长的宝贵经历。特别感谢栾胜基老师，栾老师是智慧的师长，一直推动着我的成长，让我各方面的能力得到了锻炼，在我懈怠不前时不断给予我鼓励、关心和支持，让我在磕绊而又坚定中走完了论文写作之路。感谢邵敏老师，邵老师看问题敏锐的视角，对科研孜孜不倦的追求，给了我很大的激励，在我困惑时，帮我拨开迷雾，勇敢向前，在科研的路上有了更多的底气。感谢何凌燕、黄晓锋、吴健生等几位老师对我学术研究上的指导，感谢曾立武、冯凝、陆思华等老师以及兰紫娟、林云、龚巍巍等博士在实验方面的帮助，感谢李文秀、王庆霞、徐鹏、曹美娜等几位课题组师弟妹们的协助，正是有了他们的无私帮助，我开始了在科研之路上的跋涉。

本书定稿时，犹记当时跟课题组的老师和师弟妹们在 8 月深圳的酷暑中施工建设，在烟雾缭绕中烧柴、烧秸秆、烧煤，起早贪黑分析样品、撰写论文。犹记在江门、惠州等郊县村落里调研的热情农户，在田间观察农户如何焚烧秸秆。2008 年到 2015 年，珠三角每个城市的农村都留下了我们的脚印，也让我意识到农村环境管理这项事业的艰难与背后蕴含的重大机遇及意义。在 Mr. Luan Group 这个大家庭里这些毕生难忘的经历，必将成为我宝贵的财富。

搁笔之际，深深地感到，尽管书中的内容经过反复调整和修改，但鉴于农村生物质和煤炭燃烧排放影响因素的复杂性，以及研究条件和能力所限，本书难免存在疏漏和不足之处，敬请各位专家、学者不吝提出宝贵的意见和建议。

张宜升
2017 年 7 月 7 日于青岛理工大学

索　　引

P

R

W

X

Y

Z